现代信息管理与信息系统系列教材

上海市第四期教育高地（信息管理与信息系统）建设成果

计算机网络理论与应用

JISUANJI WANGLUO LILUN YU YINGYONG

王裕明　高圣国／主　编
李红艳　李跃文　范君晖／副主编

清华大学出版社
北　京

内容简介

本书从理论和实际相结合的角度，系统而全面地介绍了计算机网络的概念和分类、数据通信的相关概念和术语、OSI的参考模型和TCP/IP参考模型、局域网和广域网技术、以TCP协议为代表的传输层、网络互连技术、网络应用层协议和局域网组网技术。

本书可作为高等院校信息管理与信息系统及相关专业的基础课程教材或参考书，亦可作为信息工作者的参考书。

图书在版编目(CIP)数据

计算机网络理论与应用/王裕明等主编. --北京：清华大学出版社，2011.10
(现代信息管理与信息系统系列教材)
ISBN 978-7-302-26495-8

Ⅰ.①计…　Ⅱ.①王…　Ⅲ.①计算机网络－高等学校－教材　Ⅳ.①TP393

中国版本图书馆CIP数据核字(2011)第170804号

责任编辑：刘志彬
责任校对：宋玉莲
责任印制：何　芊
出版发行：清华大学出版社　　　**地　　址**：北京清华大学学研大厦A座
http://www.tup.com.cn　　　**邮　　编**：100084
社　总　机：010-62770175　　　**邮　　购**：010-62786544
投稿与读者服务：010-62776969，c-service@tup.tsinghua.edu.cn
质量反馈：010-62772015，zhiliang@tup.tsinghua.edu.cn
印 装 者：三河市李旗庄少明印装厂
经　　销：全国新华书店
开　　本：185×230　**印　张**：16.25　**字　数**：338千字
版　　次：2011年10月第1版　　**印　次**：2011年10月第1次印刷
印　　数：1～5000
定　　价：28.00元

产品编号：042962-01

现代信息管理与信息系统系列教材
编委会

总 序

作为一种资源，信息是人类智慧的结晶和财富，是社会进步、经济与科技发展的源泉。信息同物质、能源一起，成为现代科学技术的三大支柱：物质向人类提供材料，能量向人类提供动力，而信息奉献给人类的则是知识和智慧。

在人类发展的历史上，还没有哪种技术能够像信息技术这样对人类社会产生如此广泛而深远的影响。而现代信息技术，特别是采用电子技术来开发与利用信息是时代的需要，是世界性潮流，是人类社会发展的必然趋势，正以空前的速度向前发展。

环顾当今世界，几乎每一个国家都把信息技术视为促进经济增长、维护国家利益和实现社会可持续发展的最重要的手段，信息技术已成为衡量一个国家的综合国力和国家竞争实力的关键因素。

在国内，随着信息化建设的进一步深化，特别是电子商务和电子政务的兴起，社会各界对于信息管理人才的需求越来越多，要求越来越高。这表明，"信息管理与信息系统"作为管理科学的一个重要分支，已经成为信息时代人才培养不可缺少的一个重要方面。

作为上海市优秀教学团队，上海工程技术大学信息管理与信息系统专业教师队伍在学科建设中，秉承面向国际、面向服务国家和地区经济建设的宗旨，坚持教学与研究相结合，理论与实践相结合，在近20年的专业建设中取得了一系列丰硕的教学与研究结果。

为了使读者进一步掌握信息管理理论和技术，也为了让研究成果更好地服务社会，我们组织了长期从事信息管理与信息系统教学和研究的教师撰写了本系列教材。

本着培养"宽口径、厚基础、重应用、高素质"之德才兼备、一专多能的信息管理类人才的原则，本系列教材以理论与实践相结合，注重系统性、基础性，突出应用性作为编写理念。因此，体现了以下几个方面的特点。

(1) 构建与人才培养目标相适应的教材体系

教材建设的关键在于构建与人才培养目标相适应的知识内容体系。新世纪信息管理与信息系统专业的教材必须适应"以信息化带动工业化"的国家发展战略，以运筹学、系统工程等管理科学为研究方法，以计算机科学与技术为支持工具，构建培养学生掌握企业实施管理信息化所必备的知识体系。

本系列教材密切结合我国社会主义市场经济的发展对人才的需要，紧跟时代的发展，补充和引进新的教学内容，增补信息技术方面最新进展，紧紧围绕上述培养目标建设面向21世纪的信息管理与信息系统专业课程体系，并在此基础上进行教材体系的建设。

(2) 重视理论体系架构的完整性和鲜明性

本系列教材可以使学生了解信息管理过程中，各个环节所应用的信息技术，了解信息管理系统的规划、开发和管理的内容，从而体会到信息管理的三大支撑学科——经济学、管理学和计算机科学在信息技术和信息系统所实现的信息管理中的内在联系和作用。

本系列教材由三个层次模块的十二本教材组成，三个层次模块既有本身的核心知识内容，又紧密联系，形成了知识结构系统性的特点。其中有：

- 信息管理的基础理论模块，如《信息资源管理》、《系统工程——方法应用》、《运筹学》等；
- 信息管理的技术模块，如《JAVA语言编程实践教程》、《信息系统分析与设计》、《数据结构与程序设计》、《数据库系统原理及应用》等；
- 信息管理的应用模块，如《电子商务》、《管理信息系统理论与实践》等。

(3) 体现专业知识内容的应用性

本系列教材强调理论联系实际，充分结合信息技术的实践和我国信息化的实际，注重理论的实际运用，全面提升“知识”与“能力”。在教材编写过程中，教材案例编排的逻辑关系清晰，应用广泛，针对性强。本系列教材在注重理论与实践相结合的同时，提高了实际应用的可操作性。

本系列教材内容丰富，信息量大，章节结构符合教学需要和计算机用户的学习习惯。在每章的开始，列出了学习目标和本章重点，便于教师和学生提纲挈领地掌握本章知识点，每章的最后还附有案例分析和习题两部分内容，教师可以参照上机练习，实时指导学生进行上机操作，使学生及时巩固所学的知识。

丛书编著做到了专业知识体系框架完整。在内容安排上，系列教材内容广泛吸取了同类教材的精华，借鉴了本领域内的众多专家和学者的观点和见解。

本系列教材在编写过程中参阅了大量的中外文参考书和文献资料，在此对国内外有关作者表示衷心的感谢。

由于编者水平和时间所限，如有错误和遗漏之处，敬请读者提出宝贵意见。

汪　泓
2010年4月
于上海工程技术大学

前言

计算机网络是计算机技术和通信技术相结合的产物，在过去的几十年里取得了长足的发展，尤其是在近十几年来得到了高速发展。在21世纪，计算机网络尤其是Internet技术已经并必将继续改变人们的生活、娱乐、学习、工作乃至思维方式，并对科学、技术、政治、经济乃至整个社会产生巨大的影响，每个国家的经济建设、社会发展、国家安全乃至政府的高效运转都将越来越依赖于计算机网络。

计算机网络技术不仅非常复杂，而且发展十分迅速，新技术、新标准、新产品不断涌现并得到应用。本书重点论述了目前计算机网络采用的比较成熟的思想、结构和方法，并且力求做到深入浅出、通俗易懂。在内容选择上，我们一方面以ISO/OSI参考模型为背景，介绍了计算机网络的基本概念、原理和设计方法；另一方面以TCP/IP协议族为线索，详细讨论了各种常用的网络互连协议和网络应用协议。

本书共分9章。第1章简单介绍计算机网络的产生和发展、主要功能、分类。第2章介绍数据通信的概念、原理和技术。第3章内容包括计算机网络的体系结构、ISO参考模型和TCP/IP参考模型。第4、5章分别介绍局域网和广域网技术。第6章介绍传输层的TCP协议和UDP协议。第7章介绍网络互连技术和IP协议。第8章介绍常用的应用层协议。第9章介绍局域网组网技术和几个常用的实例。

本书在编写过程中，一直得到国家教育部管理科学与工程教学指导委员会副主任委员、上海工程技术大学校长汪泓教授的关心和支持。上海工程技术大学信息管理与信息系统系的老师们对本书的编写提出了宝贵的修改意见，在此一并表示感谢！

本书参考和引用了大量国内外的著作和各种网页资料。由于篇幅有限，本书仅仅列举了主要文献。我们向所有被参考和引用论著的作者表示由衷的感谢，他们辛勤劳动的成果为本书提供了丰富的资料。

由于计算机网络技术发展非常迅速，涉及的知识面广，加之编者水平和时间有限，虽经编者艰苦努力，但书中难免有错漏之处，敬请读者提出宝贵意见。

编　者

2010年12月

目 录

第1章 计算机网络概述

本章关键词

计算机网络(computer networks)　　拓扑结构(topological structure)
局域网(LAN)　　广域网(WAN)

本章要点

本章讲述计算机网络的基本概念、基本组成和基本功能,以及计算机网络的拓扑结构和计算机网络的分类。通过本章的学习,了解计算机网络的产生、发展阶段以及各个阶段的特点和发展的推动力;掌握计算机网络的各种拓扑结构的特点和适用性,并能按计算机网络分类的标准对生活中的网络进行正确分类。

过去的300年中,每一个世纪都有一种技术占据主要地位。18世纪伴随着工业革命而来的是伟大的机械时代;19世纪是蒸汽机时代;20世纪的关键技术是信息的获取、存储、传送、处理和利用。计算机是20世纪人类最伟大的发明之一,它改变了人类生产和生活的方式,它的产生标志着人类开始迈向一个崭新的信息社会。在20世纪的最后10年中,电话、电视及计算机迅速地融合,曾经独立发展的电信网、电视网和计算机网合而为一,新的信息产业以强劲的势头迅速崛起。因此,在未来社会中,信息产业将成为社会经济中发展最快的产业之一。为了提高信息社会的生产力,提供一种快捷、便利、经济的和安全的交换信息和处理信息的手段是十分必要的,而这种手段是由计算机网络来实现的。

1.1　计算机网络的形成与发展

计算机网络是计算机技术与通信技术相结合的产物,是计算机应用发展的重要领域,是社会信息化的重要技术基础,也是一门正在迅速发展的新技术。计算机网络自20世纪60年代末70年代初开始发展,经历了从简单到复杂、从初级到高级的发展过程。

1.1.1 计算机网络的产生

1835 年莫尔斯发明电报，1876 年贝尔发明电话，开辟了近代通信技术发展的历史。通信技术在人类生活和两次世界大战中都发挥了极其重要的作用。

1946 年诞生了世界上第一台电子计算机，从而开创了向信息社会迈进的新纪元。20 世纪 50 年代，美国利用计算机技术建立了半自动化的地面防空系统，它将雷达信息和其他信号通过远程的通信线路送到计算机进行处理，第一次利用计算机网络实现了集中控制，这是计算机网络的雏形。

1969 年，美国国防部高级研究计划署建立了世界上第一个分组交换网——ARPANET，即互联网的前身。1972 年在首届国家计算机通信会议上首次公开展示了 ARPANET 的远程分组交换技术。1976 年，美国 Xerox 公司开发了以太网。

1.1.2 计算机网络的发展

随着计算机网络技术和通信技术的不断发展，计算机网络也经历了从简单到复杂、从单机到多机的发展过程。演变过程大致可分为四个阶段：面向终端的计算机网络、计算机通信网络、计算机互联网络和高速互联网络。

第一个阶段是面向终端的计算机网络，它建于 20 世纪 50 年代，由一台计算机和若干个终端组成。在这种联机方式中，主机是网络中心和控制者，终端分布在各处，与主机相连，用户通过终端使用远程的主机。其结构如图 1-1 所示。

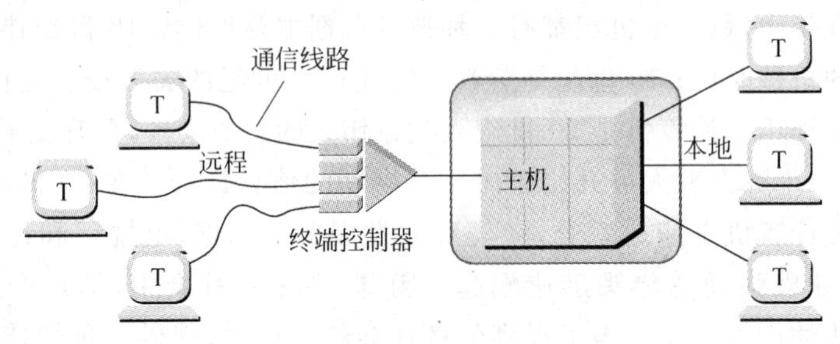

图 1-1　面向终端的计算机网络

20 世纪 50 年代，美国半自动地面环境防空系统第一次把计算机技术和通信技术相结合，成功地将远距离雷达和其他测控设备的信息通过通信线路汇集到一台计算机里进行集中处理和控制。后来，又相继出现了许多类似的系统，它们将地理上分散的多个终端通过通信线路连接到一台中心计算机上。用户可以在自己的办公室终端上输入程序的同时（微观上看是分时地使用主机）使用系统中的资源，完成自己的任务。这种由一台中心计算机连接大量地理上分散终端的“终端-通信线路-计算机”系统就成了计算机网络的雏形。

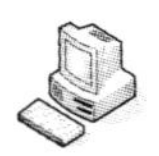

严格地说，这种远程联机系统与发展成熟的计算机网络相比有着根本的区别。因为这样的系统除了一台中心计算机之外，其余的终端均不具备自主处理功能。尽管如此，由于远程联机系统在计算机网络发展和演变过程中有着重要的地位，所以人们在回顾计算机网络的发展史时还是不会忘记它，并且把它作为计算机网络发展和演变过程中的一个重要阶段。

在远程联机系统中，随着连接终端数目的增多，中心计算机要承担的通信和处理任务加重，从而使整个系统的效率下降。为减轻承担数据处理的中心计算机的负载，在通信线路和中心处理计算机之间设置了一个前端处理机或通信控制处理机专门负责与终端之间的通信控制，从而出现了数据处理和通信控制的分工，更好地发挥了中心计算机的数据处理能力。另外，在终端较集中的地方，还设置了集中器和多路复用器，它首先通过低速线路将附近群集的终端连至集中器或复用器，然后经过高速通信线路与远程中心计算机的前端设备相连。远程联机系统（第一代计算机网络）的构成如图 1-2 所示。

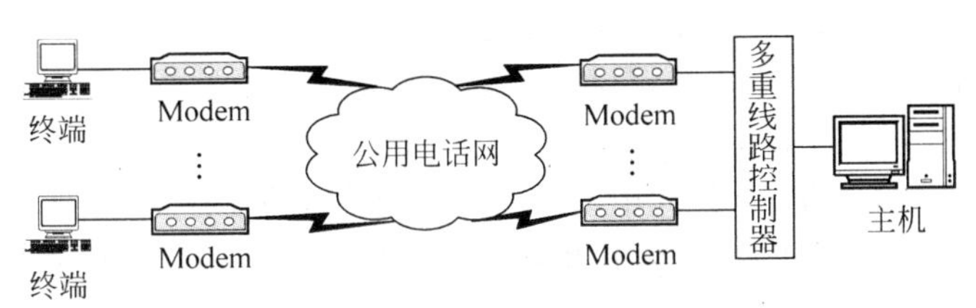

图 1-2　第一代计算机网络结构图

第二代计算机网络是从 20 世纪 60 年代兴起的，它是由多台计算机通过通信线路互连而成的系统。第一个计算机-计算机网络是由美国国防部高级研究计划局提供经费，联合计算机公司和大学共同研制而发展起来的 ARPANET。

ARPANET 的出现标志着真正意义上的计算机网络的兴起，它使得网内各计算机间通过通信系统能够共享资源。ARPANET 在概念、结构和网络设计方面都为后续的计算机网络打下了基础，目前有关计算机网络的许多知识还都与 ARPANET 的研究结果有关。ARPANET 中所提出的一些概念和术语至今仍被引用。

比较第一代的远程联机系统和第二代的计算机-计算机网络，两者的一个重要区别是：前者以前台计算机为中心，前台计算机被各终端所共享；后者以通信子网为中心，用户共享的资源则在资源子网中。

ARPANET 是计算机网络技术发展的一个里程碑，它的研究成果对促进网络技术发展和理论体系的研究产生了重要的作用，并为 Internet 的形成奠定了基础。

第二代计算机网络是以共享资源为目的的计算机通信网络。计算机通信网络在逻辑上可以分为通信子网和资源子网两大部分，两者合一构成以通信子网为核心、以资源共享为目的的计算机通信网，如图 1-3 所示。

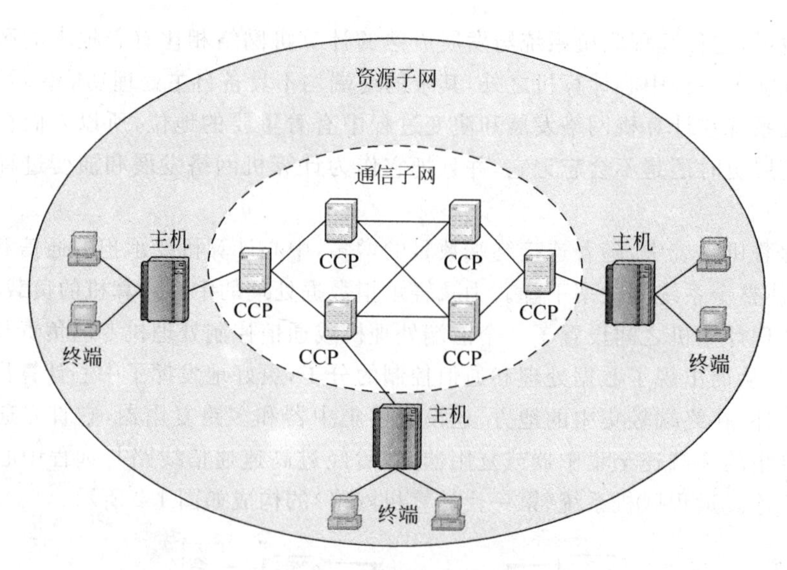

图 1-3　第二代计算机网络结构图

第三个阶段从 20 世纪 70 年代中期开始。70 年代中期国际上各种广域网、局域网与公用分组交换网发展十分迅速，计算机生产商纷纷发展各自的计算机网络系统，但随之而来的是网络体系结构与网络协议的国际标准化问题。国际标准化组织(ISO)在推动开放系统参考模型与网络协议的研究方面做了大量的工作，对网络理论体系的形成与网络技术的发展起到了重要的作用，但它同时面临 TCP/IP 的严峻挑战。

第三代计算机网络是开放式标准化网络，它具有统一的网络体系结构，遵循标准化协议，使得不同的计算机方便地互连在一起，如图 1-4 所示。标准化带来了大规模生产、产品标准化和降低成本等一系列好处，进一步促进了计算机网络技术和应用的发展。

早在 20 世纪 70 年代后期人们就开始认识到第二代计算机网络的不足，并开始提出发展新一代计算机网络的问题。国际标准化组织下属的计算机与信息处理标准化技术委员会成立了一个专门研究此问题的分委员会。经过若干年卓有成效的工作，于 1984 年正式颁布了一个称为开放系统互连参考模型的国际标准——OSI/RM 参考模型。

这里，“开放系统”是相对于第二代计算机网络中只能和相同体系结构的计算机网络互连造成的封闭性而言的，它可以和任何其他遵循相同标准的系统相互通信。OSI/RM 作为计算机网络体系结构的基础，已被国际社会普遍接受。

遵循开放标准组建的计算机网络是开放的，以开放为主要特征的第三代计算机网络的出现大大推动了计算机网络的发展。

目前，许多国家都有了自己的公用分组数据交换网，尽管这些网络的内部结构、采

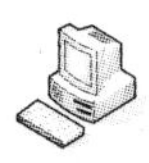

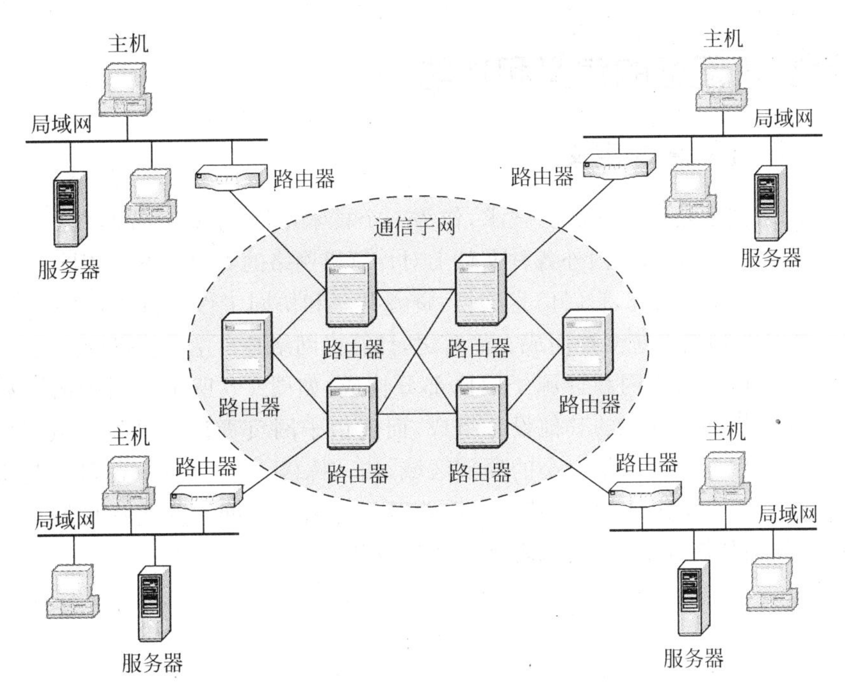

图 1-4　第三代计算机网络结构图

用的信道及设备不尽相同，但它们向外部提供的互连界面是相同的，因而可以很方便地实现互连和互通。另一个开放式标准化网络的例子就是互联网使用的 TCP/IP 参考模型。

1.1.3　计算机网络发展的新阶段

随着信息高速公路计划的实施，在地域、用户和功能等方面的不断拓展，技术应用越来越广泛，计算机的发展已进入网络计算的新时代。现在，任何一台计算机都必须以某种形式连网，以共享信息或协同工作，否则就无法充分发挥其效能，计算机网络本身的发展也进入一个新的阶段。主要表现在：

以传统电信网络为信息载体的计算机互联网络已不能满足人们对网络速度的要求，促使网络由低速向高速、由共享到交换、由窄带向宽带方向迅速发展，即由传统的计算机互联网络向高速互联网络发展。

近年来，随着光纤通信技术的发展，计算机网络技术得到了迅猛的发展。光纤作为一种高速率、高带宽、高可靠性的传输介质，在信息基础设施建设中使用越来越广泛，为建立高速网络奠定了基础。40G/100G 以太网标准正在制定中。网络应用正朝着宽带化、实时化、智能化、集成化和多媒体化的方向发展。

1.2 计算机网络的定义和功能

1.2.1 计算机网络的定义

计算机网络技术是迅速发展的技术，作为一个技术术语，很难如数学概念那样对它下一个严格的定义。实际上，国内外各种文献上对计算机网络的界定也不尽相同。一般来说，计算机网络是一个复合系统，它以信息交换、资源共享和协同工作为目的，由多个具有自主功能的计算机通过通信系统互连而成。简言之，计算机网络是自主计算机的互连集合。

计算机网络由通信子网和资源子网两部分构成，如图 1-5 所示。图中的资源子网由互连的主机或提供共享资源的其他设备组成，而通信子网负责计算机间的数据传输。通信子网覆盖的地理范围可以是很小的局部区域，如一栋楼、一个单位；也可以是很大的区域，如一个城市、一个国家或地区，甚至可以跨国界。通信子网中除包括传输信息的物理媒体外，还包括诸如转发器、交换机之类的通信设备。

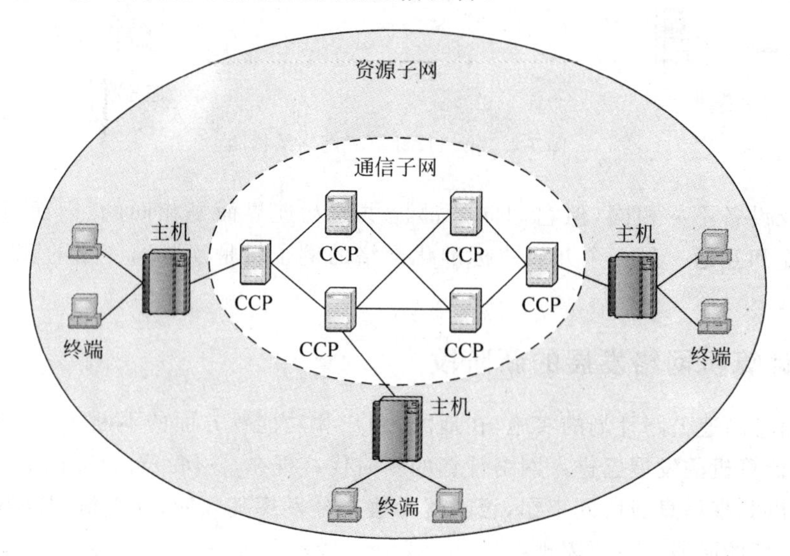

图 1-5 计算机网络结构图

通过通信子网互连在一起的计算机负责运行对信息进行处理的应用程序，它们是网络中信息流动的信源和信宿。这些计算机负责向用户提供可供共享的硬件、软件和信息资源，构成资源子网。

将通信子网和资源子网分离开来，使得这两部分可以单独规划与管理，简化整个网络的设计和管理。在近程局部范围内，一个单位可同时拥有通信子网和资源子网；在远程广域范围内，通信子网可以由政府部门或电信经营公司拥有，它们向社会开放服务。拥有

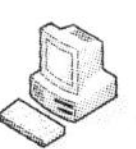

计算机资源的单位可以通过申请接入通信子网，成为计算机网络中的成员，使用网络提供的服务。

计算机网络由资源子网、通信子网和通信协议三部分组成，其中资源子网是网络的数据处理资源和数据存储资源，负责全网数据处理和向网络用户提供资源及网络服务；通信子网是由负责数据通信处理的通信控制处理机和传输链路组成的独立的数据通信系统，它负担着全网的数据传输、加工和变换等通信处理工作，而通信双方必须共同遵守的规则和约定就称为通信协议，它的存在与否是计算机网络与一般计算机互连系统的根本区别。

就局域网而言，通信子网由集线器、中继器、网桥、路由器和交换机等设备以及相关软件组成。资源子网由连网的服务器、工作站、共享的打印机和其他设备以及相关软件组成。

就广域网而言，通信子网由一些专用的通信处理机（即节点交换机）及其运行的软件等设备和连接这些节点的通信链路组成。资源子网由所有主机和其外部设备组成。

1.2.2　计算机网络与分布式系统的区别

从物理结构上看，计算机网络和分布式系统好像是一回事。然而，只要进行仔细的分析就会发现，计算机网络和分布式系统完全是两个不同的概念。从功能上说，计算机网络主要提供通信和资源共享功能，而分布式系统主要是提供分布计算和分布处理功能。分布式系统有如下几个方面的特征：

(1) 系统拥有多种通用的物理资源和逻辑资源，可以动态地给它们分配任务。

(2) 系统中分散的物理资源和逻辑资源通过计算机网络实现信息交换。

(3) 系统存在一个以全局方式管理系统资源的分布式操作系统。

(4) 系统中互连的各计算机既合作又自治。

(5) 系统内部结构对用户是完全透明的。

由此可知，计算机网络和分布式系统的共同点主要表现在物理结构上，而其主要区别则表现在操作系统及高层软件上。分布式系统是一个建立在网络之上的软件系统，这种软件保证了系统高度的一致性与透明性。计算机网络为分布式系统提供了技术基础，而分布式系统是计算机网络技术的高级应用。

1.2.3　计算机网络的功能

计算机网络自 20 世纪 60 年代末诞生以来，仅 20 多年的时间就以异常迅猛的速度发展起来，被广泛地应用于政治、经济、军事、生产及科学技术的各个领域。计算机网络的主要功能包括如下几个方面。

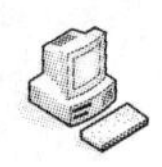

1. 数据通信

现代社会信息量激增，信息交换也日益增多，每年有几万吨信件要传递。利用计算机网络传递信件是一种全新的电子传递方式。电子邮件比现有的通信工具有更多的优点，它不像电话那样需要通话者同时在场，也不像广播系统那样只是单方向地传递信息，在速度上比传统邮件快得多。另外，电子邮件还可以携带声音、图像和视频，实现了多媒体通信。如果计算机网络覆盖的地域足够大，则多种信息可以通过电子邮件在全国乃至全球范围内快速传递和处理。

除电子邮件以外，计算机网络给科学家和工程师们提供了一个网络环境。在此基础上，可以建立一种新型的合作方式——计算机支持协同工作，它消除了地理上的距离限制。

2. 资源共享

在计算机网络中，有许多昂贵的资源，如大型数据库和巨型计算机等，并非每一个用户都拥有，所以必须实行资源共享。资源共享既包括硬件资源的共享，如打印机、大容量磁盘等；也包括软件资源的共享，如程序和数据等。资源共享的好处是避免重复投资和劳动，从而提高了资源的利用率，使系统整体性能价格比得到改善。

3. 提高系统的可靠性

可靠性问题对于军事、金融和工业控制等部门的应用特别重要。计算机通过网络中冗余的设备可以显著地提高可靠性。例如，在工作过程中，一台机器出了故障，可以使用网络中的其他机器；网络中的一条通信线路出了故障，可以取道另一条线路，从而提高网络的整体系统的可靠性。

计算机网络的功能可概括成分散用户间通信、共享资源、提高可靠性、分担负载及协同处理等多个方面。这些方面的功能本身是相互联系的、相辅相成的。其中，通信功能是其他各种功能的基础，它是计算机网络最基本的功能。

计算机网络为分散在各地的用户提供强有力的通信手段。通过计算机网络，用户可以传输电子邮件、发布新闻消息，以及传输图形、图像和语音信息，这使得生活、工作在不同地方的人们可以很方便地进行交流和合作。一个人修改了某个文件，其他人通过网络立即可以看到；某个地方发生了新闻事件，其他地方的用户可以及时、方便地了解到。正是由于计算机网络提供了强大的通信功能，才使得真正意义上的“海内存知己，天涯若比邻”得以实现，才使得地球变成了一个“地球村”。长期以来人们已经习惯了使用互联网上的电子邮件，它极大地缩短了人们之间通信的时间和距离。互联网上还有许多特殊兴趣组，加入了某一组后就能和分布在世界各地的许多人就共同感兴趣的问题交换意见、进行交流和展开讨论。

因此，通信功能是计算机网络提供的最基本也是最重要的功能。

分布共享资源是计算机网络提供的另一项重要功能，也是推动计算机网络产生和发

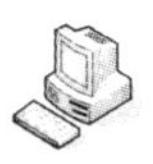

展的源动力之一。计算机网络最早就是以消除地理距离限制、共享分布资源为目的而产生和发展起来的。无论是第一代面向终端的计算机网络，还是第二代、第三代计算机网络，都是把方便、高效地共享分布资源作为设计和追求的目标。

计算机网络中可供共享的资源可以是硬件，诸如计算机、具有特殊功能的处理部件以及大容量的外部存储器等；也可以是软件和数据。由于实现了资源共享，可以避免硬件设备的重复购置，提高了设备的利用率，降低了系统成本；软件和数据共享可以避免软件研制上的重复劳动、数据的重复存储，也便于集中管理，减少运行成本。

计算机网络中拥有的可替代资源提高了整个系统的可靠性。比如，存储在某一台计算机中的文件，若被偶然破坏，在网络的其他计算机中仍然能找到可供使用的副本。又如某台计算机失效了，网络中其他计算机就可以承担起它的处理任务，从而不会使整个系统崩溃。计算机网络提供的这种功能在某些可靠性要求比较高的应用场合如军事、银行、实时控制等领域是十分重要的。

通过计算机网络的管理，可以在各个资源主机间分担负载，使得在某时刻负载过重的主机可以将一些任务分配给远地空闲的计算机去处理。尤其对于地理跨度大的远程网来说，还可以利用时差来均衡日夜负载的不均现象。

在网络操作系统的合理调度下，计算机网络中的多个计算机可以协同完成依靠一个计算机难以完成的大型任务。这种协同计算是计算机网络支持下的分布式系统应用研究的一个重要方向。

1.2.4 计算机网络的应用

正如前面所述，计算机网络有通信、共享资源、均衡负载和提高可靠性等诸多功能。因此，它在工业、农业、交通运输、文化教育、商业、国防以及科学研究等领域已获得越来越广泛的应用。

工厂企业可以利用网络来实现生产过程的自动监督、控制和管理。交通运输行业可以利用网络进行优化调度和运营的自动化管理。教育科研部门不仅可以利用网络的通信和资源共享功能来进行情报资料的检索、科技协作、学术交流，还可以进行远程教育。在国防上可以利用网络来实现信息的快速收集、跟踪、控制与指挥。电子商务、电子政务的出现和发展则从商业和行政管理等方面展现了计算机网络广泛的应用前景。总而言之，计算机网络的应用十分广泛。可以毫不夸张地说：在当代人类社会里，计算机网络的应用无处不在，它已经深入到社会的方方面面。

1.3 网络的拓扑结构

拓扑学是一种研究与大小、距离无关的几何图形特征的方法。计算机网络的拓扑结构是指一个网络的通信链路和节点的几何排列或抽象的布局图形。

利用拓扑学的观点，将网络中计算机和通信设备等网络单元抽象为"节点"，把网络中的传输介质抽象为"线"。网络拓扑就是通过网中节点和通信线路之间的几何关系表示网络结构，反映出网络中各实体的结构关系。这种采用拓扑学方法抽象出的计算机网络结构称为网络的拓扑结构。用计算机网络中的各个节点与通信链路之间的几何关系来表示网络的结构，并反映网络中实体之间的关系。拓扑设计是设计计算机网络的第一步，也是实现各种网络协议的基础，它对网络性能、系统可靠性和通信费用都有重大影响。

计算机网络按照不同的网络拓扑结构，通常可分为总线型结构、环型结构、星型结构、树型结构和网状结构等。

1. 总线型结构

总线型结构采用单根传输线(或称总线)作为公共的传输通道，所有的节点都通过相应的接口直接连接到总线上，并通过总线进行数据传输，如图 1-6 所示。

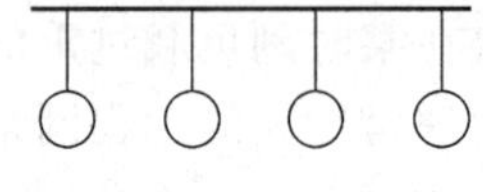

图 1-6 总线型拓扑结构

总线型结构使用广播式传输技术，总线上的所有节点都可以发送数据到总线上，数据沿总线传播。由于所有节点共享同一公共通道，因此在任何时候只允许一个节点发送数据，数据可以被总线上的其他节点接收，并分析目的地址，再决定是否真正接收该数据。以太网就是这种结构的典型代表。

总线型拓扑结构采用一个共享信道作为传输介质，所有站点都通过相应的硬件接口直接连到这一称为总线的传输介质上。任何一个站点发送的数据信号都沿着传输介质传播，而且能被所有其他站点所接收。

因为所有站点共享一条公用的传输信道，所以任何时刻只能有其中一个站点进行数据传输。总线型拓扑结构中通常采用分布式控制策略来确定哪个站点可以发送。发送时，发送站点将报文分成分组，然后逐个依次发送这些分组，有时还要与其他站来的分组交替地在公共信道上传输。当分组经过各站时，其中的目的站会识别到分组所携带的目的地址，然后复制这些分组的内容。

总线型拓扑结构的优点如下：

(1) 总线结构所需要的电缆数量少。

(2) 总线结构简单，又是无源工作，有较高的可靠性。

(3) 易于扩充，可以延伸出很多分支和子分支，增加或减少用户比较方便。

总线型拓扑结构的缺点如下：

(1) 总线的传输距离有限，通信范围受到限制。

(2) 故障诊断和隔离比较困难。

(3) 分布式协议不能保证信息的及时传送，不具有实时功能。

(4) 访问控制需要具有智能的介质，从而增加了站点硬件和软件的开销。

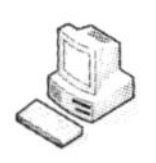

2. 环型结构

环型结构是将各个网络节点通过通信线路连成一条首尾相接的闭合环，如图 1-7 所示。

在环型结构网络中，每个站点能够接收从一条链路传来的数据，并把该数据沿环送到另一端的链路上。信息可以是单向的，也可以是双向的。单向是指所有的传输都是同方向的，所以，每个设备只能和一个邻近节点通信。双向是指数据能在两个方向上进行传输，因此，设备可以和两个邻近节点直接通信。令牌环就是这种结构的典型代表。

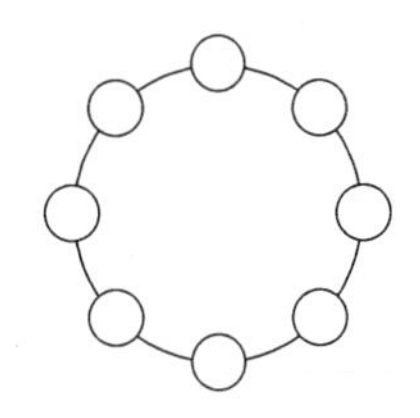

图 1-7　环形拓扑结构

数据以分组形式发送，如环上的 A 站希望发送一个报文到 C 站，先要把报文分成若干个分组，每个分组除了数据还要加上某些控制信息，其中包括 C 站的地址。A 站依次把每个分组送到环上，开始沿环传输，C 站识别到带有它自己地址的分组时，便将其中的数据复制下来。由于多个设备连接在一个环上，因此需要用分布式控制策略来进行控制。

环形拓扑结构的优点如下：

(1) 电路长度短。环形拓扑网络所需的电线长度与总线拓扑网络相似，网络要短得多。

(2) 增加或减少工作站时，仅需简单的连接操作。

(3) 可使用光纤。光纤的传输速率很高，十分适合于环形拓扑的单方向传输。

环形拓扑结构的缺点如下：

(1) 节点的故障会引起全网故障。这是因为环上的数据传输要通过接在环上的每一个节点，环中任一节点发生故障都会影响全网的正常运行。

(2) 故障检测困难。这与总线拓扑网络相似，因为不是集中控制，故障检测需在网上各个节点进行，因此很不容易。

(3) 环形拓扑结构的媒体访问控制协议都采用令牌传递的方式，在负载很轻时，信道利用率相对来说就比较低。

3. 星型结构

星型结构是以中央节点为中心，其他各节点通过单独的线路与中央节点连接，相邻节点之间的通信必须经过中央节点。这种拓扑结构的特点是利于集中控制，中央节点就是控制中心。

中央节点执行集中式通信控制策略，因此中央节点相当复杂，而各个站点的通信处理负担都很小。星形网采用的交换方式有电路交换和报文交换，尤以电路交换更为普遍。这种结构一旦建立了连接通道，就可以无延迟地在连通的两个站点之间传送数据。目前

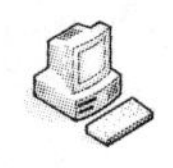

流行的专用交换机就是星形拓扑结构的典型实例。

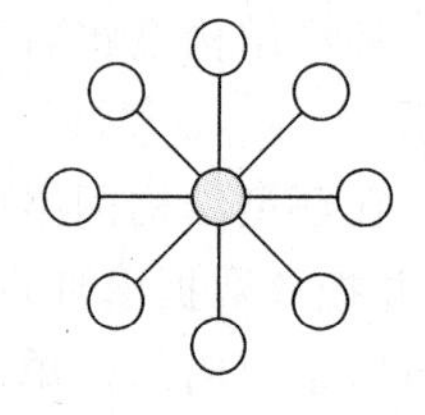

图 1-8　星型拓扑结构

星型拓扑结构具有以下优点：

(1) 控制简单。在星形网络中，任何一个站点只和中央节点相连接，因而介质访问控制方法很简单，访问协议也十分简单。

(2) 故障诊断和隔离容易。在星形网络中，中央节点对连接线路可以逐一地隔离，以进行故障检测和定位，单个连接点的故障只影响一个设备，不会影响全网。

(3) 方便服务。中央节点可以方便地为各个站点提供服务。

星形拓扑结构的缺点如下：

(1) 电缆长度和安装工作量较大。因为每个站点都要和中央节点直接连接，需要耗费大量的电线，安装、维护的工作量骤增。

(2) 中央节点的负担较重，容易成为系统瓶颈。一旦中央节点发生故障，整个网络都要受到影响，因而对中央节点的可靠性和冗余度方面的要求很高。

(3) 各站点的分布处理能力较低。

星形拓扑结构广泛应用在网络智能集中于中央节点的场合。从目前的趋势看，计算机已经从集中式的主机系统发展到功能很强的微型机和工作站。在这种形势下，传统的星形拓扑结构的使用有所减少，但以高速交换设备为中心的星形拓扑结构发展迅猛，应用也越来越广泛。

4. 树型结构

树型结构是从总线型结构和星型结构演变而来的。各节点按一定的层次连接起来，其形状像一棵倒置的树，所以取名为树型结构。在树型结构的顶端有一个根节点，它带有分支，每个分支也可以带有子分支，如图 1-9 所示。

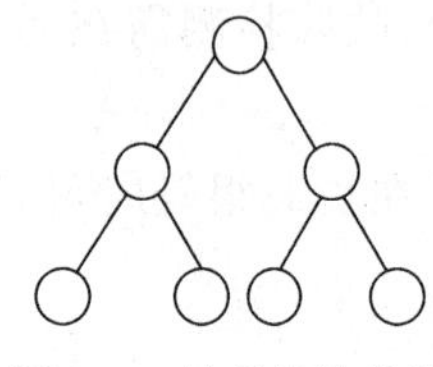

图 1-9　树型拓扑结构

树型拓扑结构的特点如下：

(1) 易于扩展，易隔离故障，可靠性高。

(2) 电缆成本高。

(3) 对根节点的依赖性大。一旦根节点出了故障，则整个网络不能工作。

这种树型结构含有几个段的总线型结构，由根接收信号，然后再重新广播送至全网。

5. 网状结构与混合结构

网状结构是指将各网络节点与通信线路互连成不规则的形状，每个节点至少与其他两个节点相连，或者每个节点至少有两条链路与其他节点相连。

大型互联网一般都采用网状结构，例如，中国教育科研示范网(CERNET)以及

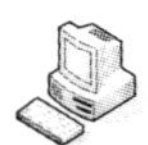

Internet 的主干网。

网状拓扑结构的特点如下：

(1) 可靠性高，结构复杂，不易管理和维护。

(2) 线路成本高，适用于大型广域网。

(3) 因为有多条路径，所以可以选择最好的路径，减少时延，改善流量分配，提高网络的可靠性，但路由选择比较复杂。

混合结构是由以上几种拓扑结构混合而成的，如环型或星型结构是有令牌环网和 FDDI 网常用的结构。

1.4 计算机网络的分类

计算机网络可以按不同的标准分类，如按网络覆盖的地理范围分类，按网络的控制方式分类，按网络的拓扑结构分类，按传输介质分类，等等。其中，按地理范围分类是常见的分类方法。另外，按网络使用范围分类和按传输技术分类也比较常见。

1.4.1 局域网、城域网和广域网

按网络覆盖的地理范围的大小，可把网络分为局域网、城域网和广域网三种。

1. 局域网

局域网(local area network，LAN)是一种在小范围内实现的计算机网络，一般设在一个建筑物内或一个工厂、一个单位内部。局域网覆盖范围要在十多千米以内，结构简单，因而也可靠。局域网数据传输速率高，从 10～100Mb/s，乃至 10Gb/s。一想到局域网，人们一般就能联想到其范围小、速度快、可靠性高。局域网的传输方式一般采用广播方式。常用的网络协议有 Ethernet、Token Ring、FDDI。用于局域网的介质有细同轴电缆、粗同轴电缆、双绞线、光缆。

局域网的示意图见图 1-10。

局域网的主要特点有：

(1) 覆盖的地理范围较小，仅工作在一个有限的地理区域。

(2) 传输率高，误码率低。

(3) 拓扑结构简单，一般的拓扑结构是总线、环型或者星型。

(4) 局域网通常属于一个组织机构。

2. 城域网

城域网 (metropolitan area network，MAN)是在一个城市内部组建的计算机信息网络，覆盖范围从几千米到几万米，是对局域网的延伸。城域网可以为一个或几个单位所拥

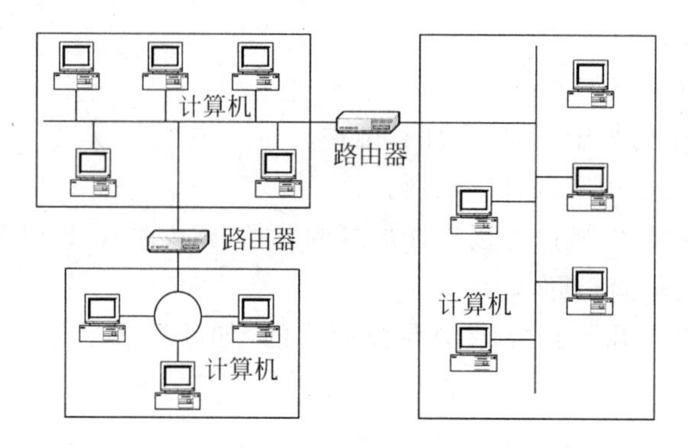

图 1-10 局域网示意图

有,但也可以是一种公用设施,用于局域网之间的连接。作为本地的公共信息服务平台组成部分,城域网可提供全市的信息服务,可实现大量用户的多媒体信息传输。目前,我国许多城市正在建设城域网,如“校校通”工程。从技术上看,很多城域网采用的是以太网技术。由于城域网与局域网使用相同的体系结构,有时也常被并入局域网进行讨论。

城域网的示意图见图 1-11。

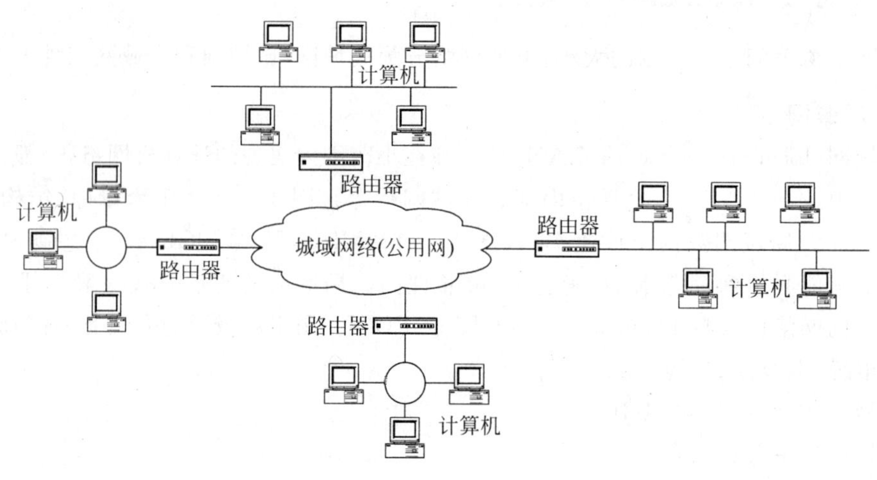

图 1-11 城域网示意图

3. 广域网

广域网(wide area network,WAN)是影响广泛且复杂的网络系统,它连接两个以上的局域网,这些局域网间的连接可以穿越 30 千米以上的距离,因而有时也称为远程网。广域网是互联网的核心部分,其任务是远距离(例如,跨越不同的国家)传输主机发送的数据。连接广域网的各节点交换机的链路一般都是高速链路,具有较大的通信容量。广域

网在采用技术、应用范围和协议标准方面与局域网有所不同，由专业部门经营。

广域网示意图见图 1-12。

图 1-12　广域网示意图

广域网的主要特点有：

(1) 覆盖的地理范围广，网络可以跨越城市、地区甚至国家。

(2) 传输速率比较慢，网络拓扑结构复杂。

(3) 广域网的连接常借用公用电信网络。

1.4.2　广播式网络与点对点式网络

按使用的传输技术不同，可将网络分为广播式网络和点对点式网络。

1. 广播式网络

广播式网络仅有一条通信信道，由网络上的所有机器共享。短的消息，即按某种语法组织的分组或包，可以被任何机器发送并被其他所有的机器接收。分组的地址字段指明此分组应被哪台机器接收。一旦收到分组，各机器将检查它的地址字段。如果是发送给它的，则处理该分组，否则将它丢弃。例如，假如下课时，某个人站在教室走廊里大喊："张三，有个人找你"。虽然很多人听到了(收到了这一分组)叫声，但只有张三会答应，其余的人根本不会管这件事。还有，当候机室公告："请 1234 航班的乘客从 1 号登机口登机"时，只有 1234 航班的乘客才会响应。

广播系统通常也允许在地址字段中使用一段特殊代码，以便将分组发送到所有目标。使用此代码的分组发出以后，网络上的每一台机器都会接收和处理它，这种操作被称为广播。广播系统还支持向机器的一个子集发送的功能，即多点播送(multicasting)。一种常见的方案是保留地址字段的某一位来指示多点播送，而剩下的 $n-1$ 位地址字段存放组号。每台机器可以注册到任意组或所有的组。当某一分组被发送给某个组时，它被发送到所有注册到该组的机器。

总线型以太网是典型的广播式网络。

2. 点对点式网络

点到点式网络由一对对机器之间的多条连接构成，在每对机器之间都有一条专用的

通信信道,因此在点对点式网络中不存在信道共享和复用的情况。为了能从源地址到达目的地,这种网络上的分组可能必须通过一台或多台中间机器,通常是多条路径,并且可能长度不一样,因此在点到点式网络中路由算法十分重要。一般来讲,小的、地理上处于本地的网络采用广播方式,而大的网络则采用点到点方式。

1.4.3 公用网和专用网

按使用范围不同,可将网络分为公用网和专用网。

1. 公用网

公用网简称公用数据通信网,通常是指国家的电信公司(国有或私有)出资建造的大型网络。"公用"的意思就是所有愿意按电信公司的规定交纳费用的人都可以使用,因此公用网也称为公众网。

近几年来,我国的公用数据网有了较大的发展,继公用电话交换网(PSTN)、中国分组交换数据网(CHINA PAC)和中国公用数字数据网(CHINADDN)之后,又建立了中国公用帧中继网(CHINAFRN),为我国高速信息网的发展打下了坚实的基础。

2. 专用网

专用网简称专网,是指某个部门为自身的特殊业务工作的需要而建造的网络。这种网络不向本单位以外的人提供服务。例如,军队、铁路、电力、银行、证券等系统均有本系统的专用网。

专用网可以租用电信部门的传输线路。专用网根据网络环境又可细分为部门网络、企业网络和校园网络。

部门网络是局限于一个部门的LAN,一般供一个分公司或部门使用。这种网络通常由几十个工作站、若干个服务器,以及可共享的打印机等设备组成。

企业网络是在一个企业中配置的、能覆盖整个企业的计算机网络。企业网络通常由两级网络构成,高层用于互联企业内部各个部门网络的主干网,低层则是各个部门或分支机构的部门网络。

校园网络是指在学校中配置的、能覆盖整个学校的计算机网络。校园网络通常也是两级网络形式,它利用主干网把院系、行政、后勤、图书馆和宿舍等多个局域网连接起来。大部分校园网都有一个网络中心负责管理和运营维护。

1.5 标准化组织

标准化不仅使不同的计算机可以通信,而且可以使符合标准的产品扩大市场,这将导致大规模生产、制造业的规模经济以及降低成本,从而推动计算机网络的发展。标准可分

为两大类：既成事实的标准和合法的标准。既成事实的标准是指那些没有正式计划，仅仅是出现了的标准，如 TCP/IP 协议、UNIX 操作系统。合法的标准是指由一些权威标准化实体采纳的正式的、合法的标准。

1.5.1　标准化委员会

在计算机网络标准领域有以下几个不同类型的组织。

1. 国际电信联盟

国际电信联盟(International Telecommunication Union，ITU)的工作是标准化国际电信，早期的时候是电报。当电话开始提供国际服务时，ITU 又接管了电话标准化的工作。

ITU 有三个主要部门：

(1) 无线通信部门(ITU-R)。

(2) 电信标准化部门(ITU-T)。

(3) 开发部门(ITU-D)。

ITU-T 的任务是制定电话、电报和数据通信接口的技术建议。它们都逐渐成为国际承认的标准，如 V 系列建议和 X 系列建议。V 系列建议针对电话通信，这些建议定义了调制解调器如何产生和解释模拟信号；X 系列建议针对网络接口和公用网络，比如，X.25 建议定义了分组交换网络的接口标准，X.400 建议针对电子邮件系统。

1953—1993 年，ITU-T 曾被称为 CCITT(国际电报电话咨询委员会)。

2. 国际标准化组织

国际标准是由国际标准化组织(International Standards Organization，ISO)制定的，它是在 1946 年成立的一个自愿的、非条约的组织。ISO 为大量科目制定标准，包括从螺钉、螺帽到计算机网络的七层模型。美国在 ISO 中的代表是 ANSI(美国国家标准协会)。

ISO 采纳标准的程序基本上是相同的。最开始是某个国家标准化组织觉得在某领域需要有一个国际标准，随后就成立一个工作组，以提出委员会草案 (Committee Draft，CD)。此委员会草案在所有的成员实体上多数赞同后，就制定一个修订的文档，称为国际标准草案(Draft International Standard，DIS)。此文本最后获得核准和出版。

3. 电气和电子工程师协会

电气和电子工程师协会(Institute of Electrical and Electronics Engineer，IEEE)是世界上最大的专业组织。除了每年出版大量的杂志和召开很多次会议外，在电子工程师和计算机领域内，IEEE 有一个标准化组织制定各种标准。例如，IEEE 802，就是关于局域网的标准。

4. 电子工业协会

电子工业协会(Electronic Industries Association，EIA)的成员包括电子公司和电信

设备制造商。EIA 主要定义设备间的电气连接和数据的物理传输。如 RS-232(或称 EIA-232)标准,它已成为大多数 PC 与调制解调器或打印机等设备通信的规范。

1.5.2 互联网管理机构

1. ISOC

1992 年,由于互联网用户的急剧增加及应用范围的不断扩大,一个以制定互联网相关标准及推广应用为目的的互联网用户协会——国际互联网协会(ISOC)应运而生,它标志着互联网开始真正向商用过渡。ISOC 是一个非政府、非营利性的行业性国际组织,总部及秘书处设在美国。协会的目标是保证互联网的开放发展并为全人类服务。

ISOC 不仅仅是国际互联网信息和教育的交换机构,也为互联网相关的行动提供便利和协调。ISOC 在发展中国家主持国际互联网教育计划已超过 15 年,这极大地促进了互联网在世界上每个国家的应用。

2. IAB

互联网架构委员会(Internet Architecture Board,IAB)是 ISOC 的技术咨询团体,承担 ISOC 技术顾问组的角色。IAB 负责定义整个互联网的架构和长期发展规划,通过互联网工程指导组(Internet Engineering Steering Group,IESG)向互联网工程任务组(The Internet Engineering Task Force,IETF)提供指导并协调各个 IETF 工作组的活动,在新的 IETF 工作组设立之前 IAB 负责审查它的章程,从而保证其设置的合理性。因此可以认为,IAB 是 IETF 的最高技术决策机构。

另外,IAB 还是 IRTF 的组织和管理者,负责召集特别工作组对互联网结构问题进行深入的研讨。

3. IETF

IETF 的工作组被分为九个重要的研究领域,每个研究领域均有 1～3 名领域管理者。这些领域管理者均是 IESG 的成员。IESG 负责 IETF 活动和标准制定程序的技术管理工作,核准或纠正 IETF 各工作组的研究成果,有对工作组的设立终结权,确保非工作组草案在成为请求注解文件(RFC)时的准确性。

4. IANA 和 ICANN

互联网编号分配机构(Internet Assigned Numbers Authority,IANA)是由美国政府支持的,负责互联网域名和地址管理。1998 年以后,这项工作由美国商务部下面的互联网名称与数字地址分配机构(ICANN)负责。

IANA 在 ICANN 的管理下负责分配与互联网协议有关的参数(IP 地址、端口号、域名以及其他协议参数等)。IAB 指定 IANA 在某互联网协议发布后对其另增条款进行说明协议参数的分配与使用情况。

IANA 的活动由 ICANN 资助。IANA 与 IAB 是合作的关系。

中国互联网注册和管理机构称为中国互联网信息中心（China Internet Network Information Center，CNNIC），其成立于 1997 年，是非营利管理与服务机构。它的主要职责包括：域名注册管理，IP 地址、AS 号分配与管理，目录数据库服务，互联网寻址技术研发，国际交流和政策调研等。

本章小结

计算机网络首先是由于军方的需求而发展起来的。ARPNET 的出现及退出说明了互联网的初期发展历程。计算机网络技术的进步对社会生活产生了巨大影响。

今天，计算机网络已经进入社会生活的各个领域，从军事到政府部门、从教育到商业活动、从工作岗位到娱乐生活都离不开计算机和计算机网络。

计算机网络根据自身需要可以采用不同的拓扑结构，以利于成本和效率之间的平衡。

大致来讲，网络可被分为 LAN、MAN、WAN 和互联网，每一种都有自己的特点、技术、速率和存在的位置。

标准化组织制定了通信及网络界的重要标准，对网络的发展有着重要的意义。

习题

1. 什么是计算机网络？计算机网络大致经历了哪几个发展阶段？每个阶段的主要特点是什么？
2. 计算机网络有哪些常见的拓扑结构？它们各自有什么优缺点？分别使用于什么网络？
3. 计算机网络的主要功能有哪些？
4. 局域网和广域网的区别有哪些？
5. 计算机网络由哪几部分组成？

第2章 数据通信基础

本章关键词

数据通信(data communication)　　数据(data)

信号(signal)　　带宽(bandwidth)

多路复用(multiplexing)　　调制调解器(modem)

本章要点

数据通信是指数据通过媒体在计算机之间或其他终端设备之间相互传递的过程，高效地实现这一过程需要多种通信技术。通过本章的学习，掌握数据通信的基本概念和理论，了解各种传输介质的特性和机制，掌握常用的数据编码和调制的方式以及多路复用技术。

数据通信是计算机网络的基础，没有数据通信技术的发展，就没有计算机网络的今天。本章主要介绍数据通信相关概念和术语、数据通信基础理论、传输介质、多路复用、编码与调制、扩频、调制调解器和物理层接口。

2.1 概念与术语

在当今和未来的信息社会中，通信是人们获取、传递和交换信息的重要手段。随着大规模集成电路技术、激光技术、计算机技术等新技术的不断发展和广泛应用，现代通信技术日新月异。近30年来出现的数字通信、卫星通信、光纤通信是现代通信中具有代表性的新领域。在这些新领域中，数字通信尤为重要，它是现代通信系统的基础。而数字通信技术和计算机技术可以说是通信发展史上的一次飞跃。本节将主要介绍数据通信的一些基本概念和术语。

2.1.1 数据

数据(data)一般可以理解为“信息的数字化形式”或“数字化的信息形式”，是信息的载体。而信息(information)是客观事物属性和相互联系特性的表征，它反映了客观事物

的存在形式和运动状态。但在计算机网络中，数据通常被广义地理解为存储、处理和传输的二进制数字编码。话音信息、图像信息、文字信息以及从自然界直接采集的各种属性信息均可转换为二进制数字编码，以便于在计算机网络中存储、处理和传输。计算机网络中的数据库、数据处理和数据通信所包含的数据通常就是指这种广义的数据含义。

数据分为模拟数据和数字数据两种。模拟数据在一段时间内具有连续的值，例如，声音和电视图像是连续变化的数据，大多数的传感器（如温度计和气压计）采集的数据也是连续的。数字数据的值是离散的，如文本（text）和整数。

模拟数据最常见的例子是音频（audio），它以声波的形式被人们直接感受到。模拟数据的另一个常见例子是视频（video）。要产生屏幕上的一幅画，电子束必须从左至右、从上到下地扫描屏幕表面。对于黑白电视来说，在某一点产生的亮度（从黑到白取值）与扫过这一点的电子束的强度成正比。因此，某一时刻的电子束具有一个模拟的强度值，它对应屏幕上的某点，以产生适当的亮度。同时，当电子束不断进行扫描时，这个模拟值也连续不断地变化。因此，视频图像可以看做是随时间改变的模拟信号。

数字数据的一个常见实例是文本或者说字符串。虽然文本数据对人类来说是最方便不过的，但是以字符形式表示的数据既不容易存储也不容易被数据处理系统处理以及被通信系统传输，因为这些系统是设计用来处理二进制数据的。因此，人们发现了许多编码方法，通过这些编码方法，可将字符表示成比特序列。最早的常用的编码可能要算莫尔斯电报码了。今天，最常用的字符编码是国际参考字母表（International Reference Alphabet，IRA）。IRA 在 ITU-T 中建议书 T. 50 中定义，早期以国际字母表 5 闻名。在这种编码中，每一个字符用 7 位二进制数码表示，因此一共可以表示 128 个不同的字符。其中，有些用来表示不可打印的“控制字符”。IRA 的美国国家版本称为美国信息交换标准代码（American Standard Code for Information Interchange，ASCII）。

2.1.2　信号

信号（signal）是数据的电压或电磁编码。在数据通信系统中，我们常使用电磁信号、光信号、载波信号、脉冲信号、调制信号来表示各种不同的信号。

从时域的观点看，信号不是连续的就是离散的。如果信号强度（电压或电流值）变化是平滑的，这种信号就是连续信号。换言之，就是信号没有中断或不连续，我们一般称之为模拟信号。如果在一段时间内信号强度保持某个常量值，然后在下一个时间段又变化到另一个常量值，这种信号称为离散信号，我们一般称之为数字信号。

虽然模拟信号与数字信号有着明显的差别，但在一定条件下是可以相互转化的。通过使用一种称为调制调解器的设备，数字数据可以用模拟信号表示。调制调解器将二进制的电压脉冲（只有两个值）序列转化成模拟信号，这种转化把数字数据调制到某个载波频率上去。调制后得到的信号是以载波频率为中心的具有特定频谱的信号，并且能够在合适的介质上传输。最常见的调制调解器是将二进制数字数据用话音信号表示，这样二进制数字数据就可以在普通的音频电话线上传输。而在电话线的另一端，调制调解器从话音信号中解调出原始的二进制数据。

另外，模拟数据也可用数字信号表示，可以通过一个称为编码解码器的设备将模拟话音数据编码成比特流，然后通过数字传输系统传输到接收端；在接收端，通过编码解码器将这个比特流重建为模拟话音数据。

2.1.3 传输

无论是模拟信号还是数据信号，都可以在适当的传输系统上传输。模拟传输是用于传输模拟信号的，它通常不考虑信号的内容。模拟信号既可以表示模拟数据(如话音)，也可以表示数字数据(如经过了调制调解器的二进制数据)。模拟信号在传输了一段距离之后会变得越来越弱。为了实现远距离传输，在模拟传输中要引入模拟放大器来增强信号能量，但是，模拟放大器在放大信号的同时也放大了噪声。如果为了远距离传输而将放大器级联起来，那么信号的失真就会越来越严重。对模拟数据(如话音)来说，失真比较严重的也还是可以容忍(人还是可以辨别出来)。但是对于数字数据来说，级联放大器会引起比特差错，需要进行纠错。

与模拟传输相反的是，数字传输要考虑信号的内容。在衰减、噪声或其他操作影响到数据的完整性之前，数字信号只能传送很短的距离，要到达较远的距离就必须使用转发器(也称中继器，repeater)。转发器接收数字信号，并将其恢复为1、0序列，然后重新产生一个新的数字信号，这样就克服了衰减及其他损伤的问题。

那么，哪一种传输方式比较好呢？这个问题自然会引起人们的注意。相对来说，数字传输技术优于模拟传输技术，其理由是：

(1) 数字技术(digital technology)。大规模集成电路(large scale integration, LSI)和超大规模集成电路(very large scale intergration, VLSI)的出现，使数字器件或设备无论在体积上还是在价格上都不断下降。而模拟器件和设备则没有显著下降迹象。

(2) 数据完整性(data integrity)。在数字传输系统中不使用放大器而使用转发器，这样不会引起噪声或其他损伤的积累。采用数字传输方式，可以实现在保证信号完整性的同时远距离地传输数据，并且对传输线路质量的要求也不是很高。

(3) 容量利用率(capacity utilization)。利用卫星通信技术和光纤通信技术可以比较方便地建立各种高速链路，但需要使用更高级的多路复用技术，以便有效地利用这些链路的带宽容量。要想做到这一点，采用数字多路复用技术(如时分多路复用)比模拟多路复用技术(如频分多路复用)更容易，也更便宜一些。

(4) 安全和保密(security privacy)。可以采用各种数据加密方法对数字进行加密，而对模拟数据的加密，必须首先对它进行数字化处理。

(5) 综合性(integration)。通过数字传输技术，可以做到在一个网络中传输各种类型

的数据，向用户提供电话、传真、视频以及数据通信等业务。这种网络称为综合业务数字网(integrated services digital network，ISDN)。

2.1.4 传输方式

对于数字传输，有各种不同的传输方式，如并行传输和串行传输、异步传输和同步传输，以及单工传输、半双工传输和全双工传输。

1. 并行传输和串行传输

所谓并行传输，是指一次发送 n 个比特而不是一个比特，n 的大小决定了发送端和接收端之间传输线路的数量。

并行传输示意图见图 2-1。

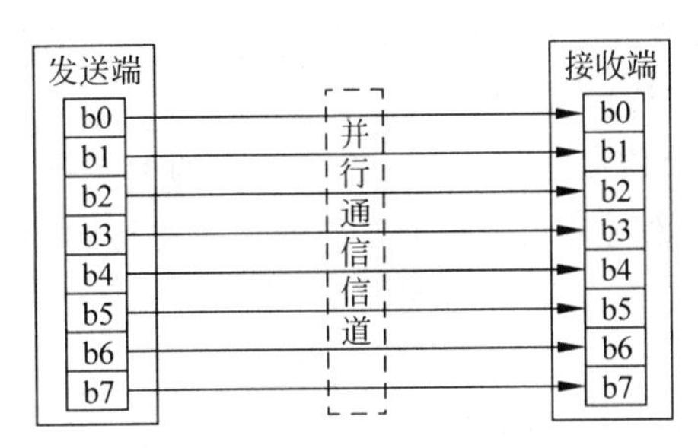

图 2-1　并行传输

所谓串行传输，是指数据是一位一位依次发送的，因此在两个设备之间传输数据只需要一条传输线路即可，如图 2-2 所示。

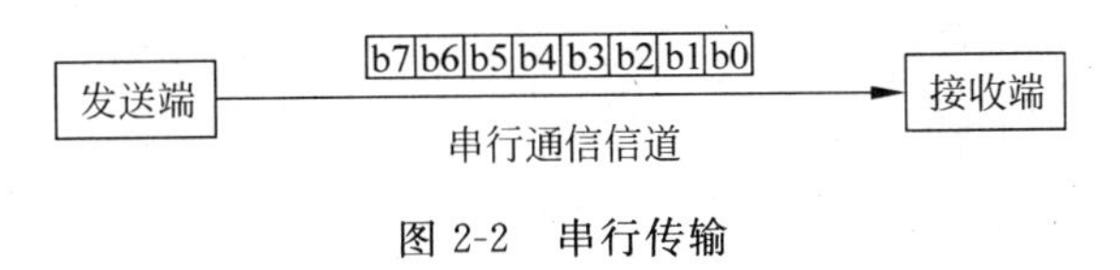

图 2-2　串行传输

通常，计算机内部的数据传输采用并行传输方式，常见的数据总线宽度有 8 位、16 位、32 位和 64 位。而远距离通信一般采用串行传输方式。因此，在计算机将数据发送到线路上需要进行并/串转换，而计算机线路上接收数据时要进行串/并转换。

2. 异步传输和同步传输

异步传输以字符为独立的传输单位。在每个字符的起始处对字符内的比特实现同步，但字符之间的间隔时间是不固定的，即字符之间是异步的。

采用同步传输方式时，数据块以稳定的比特流的形式传输，没有起始位和停止位的概念。为了防止发送设备和接收设备之间的偏差，它们的时钟需达到某种程度的同步。实

现发送设备和接收设备之间时钟同步的方法主要有两种，即外同步和内同步。外同步方法是在发送设备和接收设备之间提供一条单独的时钟线，由线路的某一端（接收设备或发送设备）定期地在每个比特中间向线路发送一个短脉冲时钟信号，另一端则将这些有规律的脉冲作为时钟。内同步方法是发送设备通过某种技术将其时钟插入到数据中。

3. 单工传输、半双工传输和全双工传输

所谓单工（simplex）传输方式，是指通信是单向的，就像单行道一样。一条链路上的两个站点只有一站点可以发送信号，而另一个只能接收信号。比如，电视台发送的电视信号以及广播台发送的声音信号就是采用单工传输方式。

在半双工（half-duplex）传输方式中，一条链路上的两个站点都可以发送和接收信号，但是任何一个站点都不能同时发送和接收信号。当其中一个站点发送信号时，另一个站点只能接收信号；反之亦然。半双工传输方式相当于只有一条车道的双向道路。在通信中，对讲机就是采用半双工传输方式。

在全双工（full-duplex）传输方式中，一条链路上的两个站点都可以同时发送和接收信号。全双工传输方式就像同时允许两个方向的车辆通行的双向车道一样。电话通信就是采用全双工传输方式。三种传输方式如图 2-3 所示。

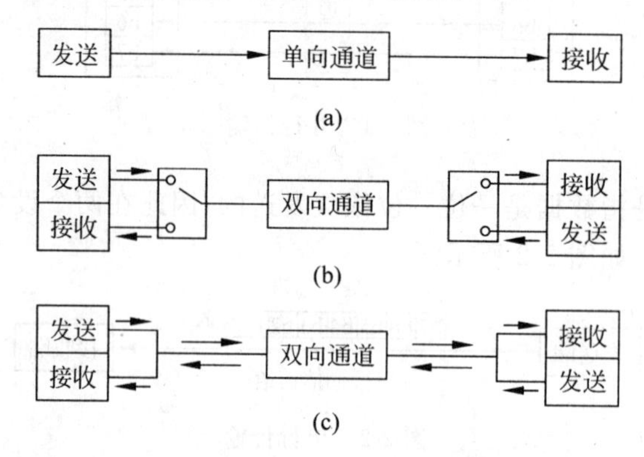

图 2-3　单工传输、半双工传输和全双工传输示意图

2.2　数据通信基础理论

通信的任务是将表示消息的信号经过信道从信源传递到住宿，为此必须研究信号和信道的特性。本节首先对信号进行分析，然后对信道进行分析，最后在已知道信道的传输参数的情况下，求信道所能支持的最大数据率。

2.2.1　周期信号

最简单的信号是周期信号（periodic signal），是指每经过一段时间就不断重复相同信

号模式的信号。图 2-4 给出了两个周期信号的例子，一个是模拟信号（正弦波）；另一个是数字信号（方波）。

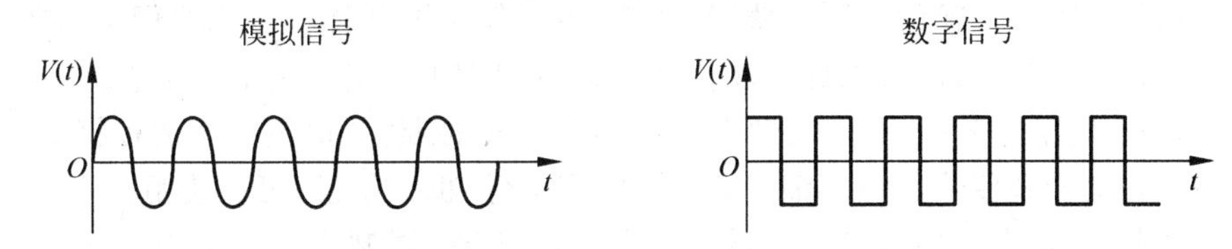

图 2-4　模拟信号与数字信号

从数的角度看，当且仅当信号 $s(t)$ 可表示为

$$S(t+T)=s(t),\quad -\infty<t<+\infty$$

时，信号 $s(t)$ 才是周期信号，否则该信号就是非周期的。这里，常量 T 是周期信号的周期（T 是满足该等式的最小值）。

正弦波是最基本的周期信号。简单正弦波可由三个参数表示，它们分别是峰值振幅（A）、频率（f）和相位（ϕ）。峰值振幅是指一段时间内信号值或信号强度的峰值，通常这个值的单位是伏。频率是指信号循环的速度，通常用赫兹（Hz）表示。另一个与频率相关的参数是信号的周期 T，信号周期 T 是指信号重复一次所花的时间，因此 $T=1/f$。相位表示信号周期内信号在不同时间点上的相对位置。

正弦波一般可表示成如下形式：

$$S(t)=A\sin(2\pi ft+\phi)$$

2.2.2　频谱与带宽

实际上，任何信号都是由多种频率的正弦信号分量组成的。事实上，早在 19 世纪初期，法国数学家傅里叶（Fourier）就证明：任何一个周期为 T 的函数 $g(t)$ 都可以展开成多个（可能无穷多个）正弦函数和余弦函数的和。

当一个信号的所有正弦信号分量的频率都是某个频率的整数倍时，后者称为基频。信号的周期就等于基频信号分量的周期。

对每个信号来说，都存在一个时域函数 $s(t)$，它给出了每一时刻信号的振幅值。同时，每个信号存在一个频域函数 $s(f)$，它给出了信号是由哪些频率的正弦波组成的。

信号的频谱（spectrum）是指它所包含各种频率分量的范围。信号的绝对带宽指的是频谱宽度。对于许多信号来说，其带宽往往是无限的，如理想单稳脉冲信号的带宽就是无穷大。但是，许多信号的绝大部分能量都集中在相当窄的频带内，这个频带就称为信号的有效带宽（effective bandwidth）。一般情况下，将有效带宽直接简称为“带宽”。

典型的话音信号的频率范围大致为 100～7kHz，电话线路上的话音信号一般被限制在 300～3400Hz。典型的话音信号大约有 25dB 的动态范围，也就是说，最大声音的能量

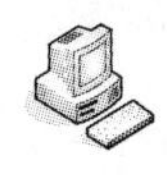

比最小声音的能量大300倍。

音频数据(话音和音乐)可以由具有相同频谱的电磁信号表示。但是,此时的声音数据是以电信号的方式传输的。因此我们必须在声音保真度和传输带宽之间进行折中,因为信号的传输带宽越大,声音的保真度越高,当然对信道的要求也越高。虽然前面曾提到话音的频谱范围为100～7kHz,但即便是使用窄得多的带宽,也足以生成可接受的重放话音。而话音信号和传输信道的带宽要求也降到最低,也就是说,可以使用相对便宜的电话设备。因此,电话发送器将输入的话音信号(空气振动)限制为300～3400Hz范围内的电信号,然后这个电信号经由电话系统传送到接收器,接收器将接收的电信号重放为话音信号(空气振动)。电视信号的频谱为0～4MHz,因此其带宽为4MHz。

单位时间传输的比特数称为数据率(data rate),也称为数据传输率,其单位为比特每秒(bps),即比特率。数据率的提高意味着每一比特所占用的时间减少。

信号的有效带宽是指包含了信号的绝大部分能量的那部分谐波。虽然某些信号所包含的谐波分量的频率范围可能非常宽,但关键问题是任何传输介质或传输信道的带宽都是有限的,都只允许通过一定带宽的信号。也就是说,在传输介质或传输信道带宽有限的情况下,必须限制信号带宽,而限制了信号带宽也就限制了信号的数据率。

2.2.3 信道最大数据率

即使二进制数字信号通过带宽有限的理想信道也会产生失真,而且当输入信号的带宽一定时,信道的带宽越小,输出信号的失真就会越大。换个角度来说,当信道的带宽一定时,输入信号的带宽越大,输出信号的失真就越大。因此,当数据率提高到一定程度(即信号带宽增大到一定程度)时,在信道的输出端,信号接收器根本无法从失真了的输出信号中恢复出所发送的数字信号。这就是说,即使是一条理想信道(即无噪声信道),它的传输能力也是有限的。

早在1924年,奈奎斯特(Henry Nyquist)就认识到这个基本限制的存在,并推导出一个公式,用来推算无噪声的有限带宽信道的最大数据率。而在1948年,香农(Claude Shannon)把奈奎斯特的工作进一步扩展到了信道受随机噪声干扰的情况。

1. 码元速率和根据率

在介绍奈奎斯特定理和香农定理之前,我们首先介绍几个关于通信的概念以及它们之间的关系。

首先介绍码元(code cell)。码元是时间轴上的一个信号编码单元。对于数字通信而言,一数字脉冲就是一个码元。而对于模拟通信而言,载波的某个参数或某几个参数的变化就是一个码元。码元速率是指(数字或模拟)信号每秒钟变化的次数,单位是波特率。码元速率也称为调制速率或信号速率。对带宽一定的信道,其所传信号的码元速率是确定的。

不管是在数字通信还是在模拟通信中,一个码元所含的信息量由码元的状态值决定。

因此，波特率和比特率在数量上的关系是：比特率＝波特率×$\log_2 M$，其中 M 是码元对应的离散值个数(信号的状态数)。

如果用调整公路设计的车流量(每小时多少辆车通过)来打比方的话，高速公路的车流量就相当于信号速率，假设每辆车可以坐 2 个人，那么高速公路的人流量(相当于比特率)就是车流量(波特率)的 2 倍。同理，假设每辆车可以坐 3 个人，那么人流量就是车流量的 3 倍。以此类推。一般情况下，高速公路的车流量是固定的，但是可以通过每辆车多载人来提高高速公路的人流量。

2. 奈奎斯特定理

下面介绍奈奎斯特定理。奈奎斯特证明，对于一个带宽为 WHz 的理想信道，其最大码元(信号)速率为 $2W$ 波特。这一限制是由于存在码间干扰。如果被传输的信号包含了 M 个状态值(信号的状态数是 M)，那么 WHz 信道所能承载的最大数据率(信道容量)是

$$C=2\times W\times \log_2 M(\text{bps})$$

假设带宽为 W Hz 的信道中传输的信号是二进制信号，那么该信号所能承载的最大数据率是 $2W$ bps。例如，使用带宽为 3kHz 的话音信道通过调制调解器来传输数字数据，根据奈奎斯特定理，发送端每秒最多只能发送 2×3000 个码元。如果信号的状态数为 2，则每个信号可以携带 1 比特信息。话音信道的最大数据率是 6kbps。如果信号的状态数是 4，则每个信号可以携带 2 比特信息，话音信道的最大数据率是 12kbps。

因此，对于给定的信道带宽，可以通过增加信号单元的个数来提高数据率。然而，这样会增加接收端的负担，因为接收端每接收一个码元，不再只是从两个可能的信号取值中区分一个，而是必须从 M 个可能的信号中区分出一个。传输介质上的噪声将会限制 M 的实际取值。

3. 香农定理

奈奎斯特考虑了无噪声的理想信道，且奈奎斯特定理指出，当所有其他条件相同时，信道带宽加倍，则数据率也加倍。但是对于有噪声的信道来说，情况将会迅速变坏。下面我们考虑一下数据率、噪声和误码率之间的关系。噪声的存在会破坏数据的一个比特或多个比特。假如数据率增加了，每比特所占用的时间就会变“短”，因而噪声会影响到更多比特，则误码率就越大。

对于有噪声信道来说，我们希望通过增加信号强度来提高接收端正确接收数据的能力。衡量信道质量好坏的参数是信噪比(signal-to-noise ratio)，信噪比是信号功率与信道的某一个特定点处所呈现的噪声功率的比值。通常信噪比在接收端进行测量，因为我们是在接收端处理信号并试图消除噪声。如果用 S 表示信号功率，N 表示噪声功率，则信噪比表示为 S/N。但为了方便起见，人们一般用

$$10\log_{10}(S/N)$$

表示信噪比,单位是分贝(dB)。S/N 的值越高,信道的质量越好。例如,S/N 为 1000,其信噪比为 30dB;S/N 为 100,其信噪比为 20dB;S/N 为 10,其信噪比为 10dB。

对于通过有噪声信道传输数字数据而言,信噪比非常重要,因为它为有噪声信道设定了一个可达的数据率上限,即对于带宽为 WHz、信噪比为 S/N 的信道,其最大数据率(信道容量为)

$$C=W\cdot\log_2(1+S/N)\quad(\text{bps})$$

例如,对于一个带宽为 3kHz、信噪比为 30dB 则(S/N 就是 1000)的话音信道,无论其使用多少个电平信号发送二进制数据,数据率都不可能超过 30kbps。值得注意的是,香农定理仅仅给出了一个理论极限,实际应用中能够达到的速率要低得多。其中一个原因是,香农定理只考虑了热噪声(白噪声),而没有考虑脉冲噪声等因素。

香农定理给出的是无误码数据率。香农还证明,假设信道的实际数据率比无误数据率低,那么使用一个适当的信号编码来达到无误码数据率在理论上是可能的。但是,香农并没有给出如何找到这种编码的方法。香农定理提供了一个用来衡量实际通信系统性能的标准。

2.3 传输介质

传输介质通常分为有线介质和无线介质。有线介质将信号约束在一物理导体之内,如双绞线、同轴电缆和光纤。而无线介质不能将信号约束在某个空间范围之内。有些传输介质支持单工传输,而有些支持半双工传输或全双工传输。

2.3.1 双绞线

双绞线(twisted pair,TP)是一种最常用的传输介质,它是由两根相互绝缘的铜线组成的,从而形成一个可以传输信号的电路。把两根绝缘铜线按一定的密度互相绞在一起,可以减少串扰。将一对或多对双绞线安置在一个套筒中,便形成了双绞线电缆。

双绞线分为屏蔽双绞线(shielded twisted pair, STP)和非屏蔽双绞线(unshielded twisted pair, UTP)两种。

屏蔽双绞线一般由四对铜线组成,每对铜线都由两根铜线绞合在一起形成,而每根铜线都外裹不同颜色的塑料绝缘体。每对铜线包裹在金属箔片(线对绝缘层)里,而整个四对铜线又包在另外一层金属箔片(整体绝缘层)里,最后在屏蔽双绞线的最外面还包有一层塑料外套。

屏蔽双绞线的优点是抗电磁干扰效果比非屏蔽双绞线好,其缺点是屏蔽双绞线比非屏蔽双绞线更难以安装,因为屏蔽层需要接地。如果安装不当,屏蔽双绞线对电磁干扰可能非常敏感,因为没有接地屏蔽层相当于一根天线,很容易接收各种噪声信号。

非屏蔽双绞线一般也由四对铜线组成，每对铜线也都是由两根铜线绞合在一起形成，而每根铜线都外裹不同颜色的塑料绝缘体。四对铜线的最外面包有一层塑料外套，如图 2-5 所示。

图 2-5　屏蔽双绞线和非屏蔽双绞线

非屏蔽双绞线具有直径小、安装容易(不需要拉地)、价格便宜等优点。其主要缺点在于抗电磁干扰能力较差，而且它的最大传输距离一般比较小。非屏蔽双绞线使用的接头叫做 RJ-45。

双绞线既可以传输模拟信号，又可以传输数字信号。当双绞线用于传输数字信号时，其数据率与双绞线电缆的长度有关。

对于双绞线的定义有两个主要来源：一是美国电子工业协会(EIA)的电信工业分会(Telecommunication Industry Association, TIA)，即通常所说的 EIA/TIA；二是 IBM 公司。EIA 负责"Cat"(即 Category 系列)非屏蔽双绞线的标准制定。IBM 负责"Type"系列屏蔽双绞线的标准制定，如 IBA Type 1 和 Type 2 等。大多数以太网在安装时使用符合 EIA/TIA 标准的非屏蔽双绞线电缆，而大多数 IBM 令牌环网则倾向于使用符合 IBM 标准的屏蔽双绞线电缆。下面是 EIA/TIA 标准的非屏蔽双绞线电缆类型：

(1) 1 类——用于电话通信，一般不适合传输数据。

(2) 2 类——可用于传输数据，最大数据率为 4Mbps。

(3) 3 类——用于以太网，最大数据率为 10Mbps。

(4) 4 类——用于令牌环网，最大数据率为 16Mbps。

(5) 5 类——用于快速以太网，最大数据率为 100Mbps。

(6) 6 类——用于吉比特以太网，最大数据率为 1Gbps。

双绞线的技术和标准都是比较成熟的，其价格低廉，而且双绞线电缆的安装也相对容易。双绞线电缆的最大缺点是对电磁干扰比较敏感。

双绞线一般用于星形网的布线连接，两端安装有 RJ-45 头(水晶头)，用于连接网卡与集线器或交换机，最大长度一般为 100m。如果要加大网络的范围，可在两段双绞线之间安装中继器，最多可安装 4 个中继器，安装 4 个中继器连 5 个网段，最大传输范围可达 500m。

2.3.2 同轴电缆

另一种常用的传输介质是同轴电缆。同轴电缆中用于传输信号的铜芯和用于屏蔽的导体是共轴的，同轴由此得名。同轴电缆的屏蔽导体(外导体)是一个由金属丝编织而成的圆形空管，铜芯(内导体)是圆形的金属芯线，内外导体之间填充着绝缘介质，而整个电缆外包一层塑料管起保护作用，如图2-6所示。同轴电缆内芯的直径一般为1.2～5mm，外管的直径一般为4.4～18mm。内芯线和外导体一般都采用铜质材料。

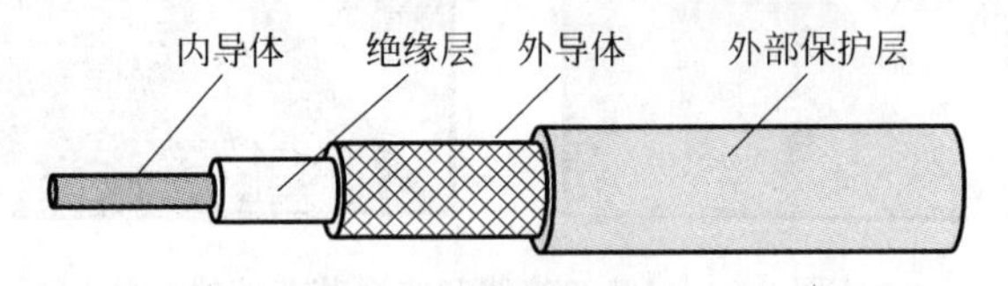

图2-6　同轴电缆示意图

目前，广泛使用的同轴电缆有两种：一种是阻抗为50Ω的基带同轴电缆；另一种是阻抗为75Ω的宽带同轴电缆。

基带同轴电缆可直接传输数字信号，主要是用作10Mbps以太网的传输介质。以太网使用的基带同轴电缆又分为粗以太电缆和细以太电缆两种，它们之间最主要的区别是支持的最大段距离不同。

宽带同轴电缆用于传输模拟信号。“宽带”这个词最早来源于电话业，是指比4kHz话音信号更宽的频带。宽带同轴电缆目前主要用于闭路电视信号的传输，一般可用的有效带宽大约为750MHz。

同轴电缆的低频串音及抗干扰性不如双绞线电缆，但当频率升高时，外导体的屏蔽作用加强，同轴所受的外界干扰以及同轴电缆间的串音都将随频率的升高而减小，因而特别适用于高频传输。由于同轴电缆具有寿命长、频带宽、质量稳定、外界干扰小、可靠性高、维护便利、技术成熟等优点，而且其费用又介于双绞线与光纤之间，在光纤通信没有大量应用之前，同轴电缆在闭路电视传输系统中一直占主导地位。

2.3.3 光纤

随着光通信技术的飞速发展，现在人们已经可以利用光导纤维(简称光纤)来传输数据。人们用光脉冲来表“0”和“1”。由于可见光所处的频率段为10^8MHz左右，因而光纤传输系统可以使用的带宽范围极大。事实上，目前的光纤传输技术使得人们可以获得超过50THz的带宽，而且今后还有可能更高。现在，通过密集波分多路复用(dense wavelength division multiplexing，DWDM)技术可以在单根光纤上获得超过1Tbps的数据率。目前，限制光纤数据率提高的原因主要是光/电以及电/光信号转换的速度跟不上。

如果今后在网络中实现光交叉和光互联，即构成全光网络，网络的速度将会成千上万倍地增加。

实际上，如果不是利用一个有趣的物理原理，光纤传输系统会由于光纤的漏光而变得没有实际利用价值。我们知道，当光线经过两种不同折射率的介质进行传播（如从玻璃到空气中）时，光线会发生折射，如图 2-7 所示。假定光线在玻璃上的入射角为 α，则空气中的折射角为 β。折射量取决于两种介质的折射率之比。当光线在玻璃上的入射角大于某一临界值时，光线将完全反射回玻璃，而不会射入空气。这样，光线将被完全限制在光纤中，而且几乎无损耗地向前传播。

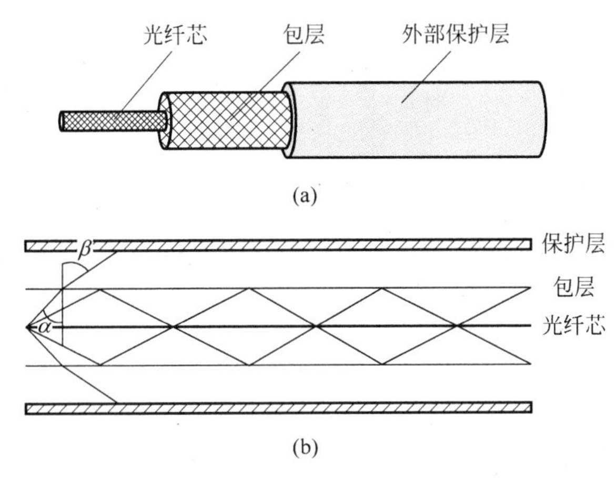

图 2-7　光纤示意图

图 2-7 中仅给出了一束光在玻璃内部反射传播的情形。实际上，任何大于临界值角度入射的光线，在不同介质的边界都将按全反射的方式在介质内传播，而且不同频率的光线在介质内部将以不同的反射角传播。

光纤传输系统一般由三个部分组成：光纤、光源和检测器。光纤就是超细玻璃或熔硅纤维。光源可以是发光二极管（light emitting diode，LED）或激光二极管（injection laser diode，ILD），两种二极管在通电时都发出光脉冲。检测器就是光电二极管，当光电二极管检测到光信号时，它会产生一个电脉冲。

光纤介质一般为圆柱形，包含纤芯和包层，如图 2-7 所示。纤芯直径为 5～75μm，包层的外直径为 100～150μm，最外层的是塑料，对纤芯起保护作用。纤芯材料是二氧化硅掺以锗和磷，包层材料是纯二氧化硅。纤芯的折射率比包层折射率高 1%左右，这使得光局限在纤芯与包层的界面以内向前传播。

根据光纤纤芯的粗细，可将光纤分为多模光纤（multi-mode fiber）单模光纤（single-mode fiber）两种。如果光纤纤芯的直径较粗，则不同的频率的光线（实际上就是不同颜色的光）将有可能在光纤中沿不同传播路径进行传播，具有这种特性的光纤称为多模光纤。如果将光纤纤芯直径缩小至光波波长大小，则光纤此时如同一个波导，光在光纤中的传播几乎没有反射，而是沿直线传播，这样的光纤称为单模光纤。单模光纤的造价很高，且需激光作为光源，但是在无中继的情况下传输距离也非常远，且能获得非常高的数据率，一般用于广域网主干线路。相对来说，多模光纤在无中继的情况下传输距离要短些，且数据率要小于单模光纤，但多模光纤的价格便宜一些，且可以用发光二极管作为光源，一般用于局域网组网时的传输介质。单模光纤与多模光纤的比较如图 2-8 和图 2-9 所示。

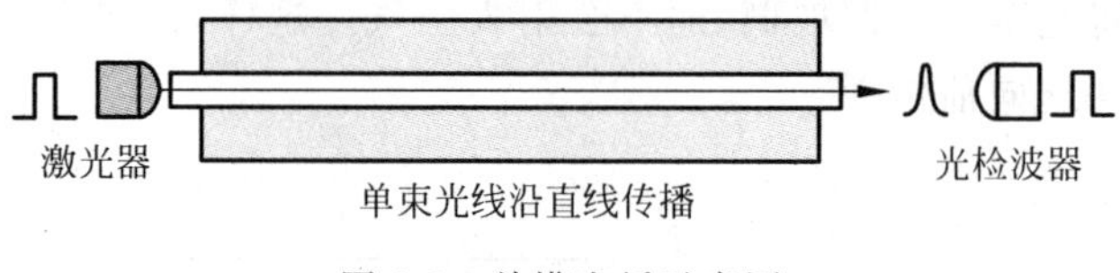

图 2-8　单模光纤示意图

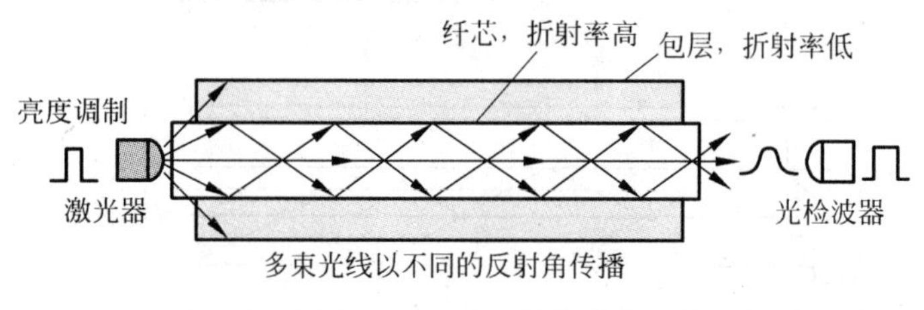

图 2-9　多模光纤示意图

光纤的主要传播特性为损耗和色散。损耗是光信号在光纤中传输时发生的信号衰减，其单位为 dB/km。色散是到达时延误差，即脉冲宽度，其单位为 μm/km。光纤的损耗中继距离，色散会影响数据率，两者都很重要。自 1976 年以来，人们发现使用 1.3μm 和 1.55μm 波长的光信号通过光纤传输时的损耗幅度为 0.5～0.2dB/km。而使用 0.85μm 波长的光信号通过光纤传输时的损耗幅度大约为 3dB/km。使用 0.85μm 波长的光信号在多模光纤中传输时，色散可以降至 10μm/km 以下，而使用 1.3μm 波长的光信号在单模光纤中传输时，产生的色散近似于 0。因此，单模光纤在传输光信号时，产生的损耗和色散都比多模光纤要低得多，从而单模光纤支持的无中继距离和数据率就比模光纤要高得多。

光纤通信的优点是频带宽、传输容量大、重量轻、尺寸小、不受电磁干扰和静电干扰、保密性强、原材料丰富。因而，光纤介质已经成为当前主要发展的传输介质。

2.3.4　无线介质

无线介质不使用电或光导体进行电磁信号的传输，而是利用电磁信号可以在自由空间中传播的特性传输信息。无线介质实际上是一套无线通信系统。在无线通信系统中，

为了区分不同的信号，通常以信号的频率作为标志，因此频率是无线通信中非常重要的资源。

下面将简单介绍无线电波、微波和红外线等无线介质。

1. 无线电波

无线电波通信就是利用地面发射的无线电波通过电离层的反射，或电离层与地面的多次反射而到达接收端的一种无线通信方式，如图 2-10 所示。

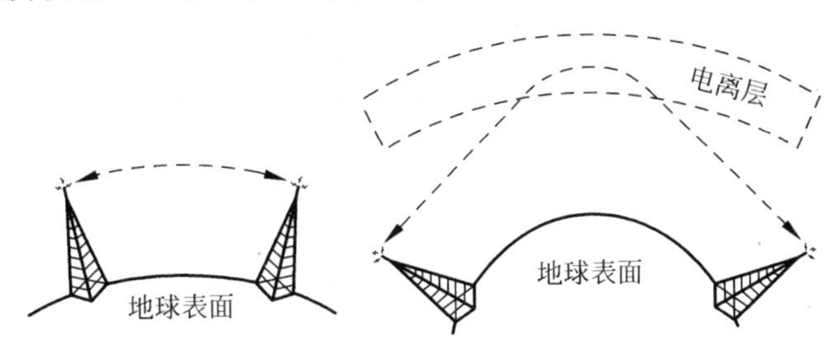

图 2-10　无线电波传输示意图

无线电波使用的无线电频率一般为 10kHz～1GHz。无线电波的传播特性与频率有关。在低频上，无线电波能轻易地绕过一般障碍物，但其能量随着传播距离的增加而急剧下降。在高频上，无线电波趋于直接传播，但易受障碍物的阻挡，还会被雨水吸收。而对于所有频率的无线电波来说，都很容易受到其他电子设备的各种电磁的干扰。

中、低频无线电波（频率在 1MHz 以下）沿着地球表面传播。在这些波段上，无线电波很容易绕过一般建筑物。用中、低频无线电波进行数据通信的主要问题是其通信带宽较低。

高频和甚高频（频率为 1MHz～1GHz）无线电波将被坏球表面吸收，但是到达离地球表面 100～500km 高度的电离层时被电离层反射回地球表面，可以利用无线电波的这种特性来进行数据通信。

无线电波可以通过各种天线进行全方位广播发射或定向发射。天线的发射器决定了频率和无线电波信号的功率，而信号的频率和功率决定了信号传播的距离以及支持的数据率。

2. 微波

微波通信系统主要分为地面微波与卫星微波两种。尽管它们使用同样的频段，且非常相似，但能力上有较大的差别。

1）地面微波

地面微波一般采用定向抛物天线，这就要求发送方向与接收方向之间的通路没有大障碍（或视线能及）。地面微波系统的频率一般为 4～6GHz 或 21～23GHz。对于几百米的短距离来说，采用地面微波通信系统较为便宜，甚至采用小型天线进行高频传输即可。对于超过公里的距离来说，地面微波通信系统的价格则要相对贵一些。

微波通信系统无论大小，其安装都比较困难，需要良好的定位，并要申请许可证。地面微波的数据率一般取决于频率，通常为 1～10Mbps。衰减程度因信号频率和天线尺寸而变化，对于高频系统，长距离会因雨天或雾天而使衰减增大；天气的变化对近距离不会有什么影响。无论近距离还是远距离，微波对外界的干扰都非常灵敏。

2）卫星微波

卫星微波是利用地面上的定向抛物线，将视线指向地球同频卫星。卫星微波传输跨越陆地或海洋，由于信号传输的距离相当远，所以会有一段传播时延，往返时间一般大约为 500ms。

卫星微波使用的频段一般为 11～14GHz，其设备费用相当昂贵，但是对于超长距离通信来说，它的安装费用比电缆安装的要低。但由于涉及卫星这样的现代空间技术，所以它的安装要复杂得多。地面站的安装要简单一些。对于单频数据传输来说，传输速率一般小于 1～10Mbps。同地面微波一样，卫星微波会由于雨天或雾天而使衰减增加较大，且抗电磁干扰性较差。

3. 红外线

还有一种无线传输介质是建立在红外线之上的。红外系统采用发光二极管(LED)、激光二极管(ILD)来进行站与站之间的数据交换。红外设备发出的光非常纯净，一般只包含电磁波或小范围电磁频谱中的光子。传输信号可以直接或经过墙面、天花板反射后，被接收装置收到。

红外信号没有能力穿透墙壁和一些其他固体，每次反射都衰减一半左右，同时红外线也容易被强光源盖住。红外波的高频特性使其可以支持高速率的数据传输。红外系统一般可分为点到点与广播式两类。

1）点到点红外系统

点到点红外系统是我们大家最熟悉的，如大家常用的遥控器。红外传输器使用光频(为 100GHz～1000THz)的最低部分。除高质量的大功率激光器较贵外，一般用于数据传输的红外装置都非常便宜。然而，它的安装必须精确到绝对点对点。目前它的数据率一般为几千比特每秒，根据发射光的强度、纯度和大气情况，衰减有较大的变化，一般距离为几米到几公里不等。点到点传输具有极强的抗干扰性。

2）广播式红外系统

广播式红外系统是把集中的光束以广播或扩散方式向四周散发。这种方法常用于遥控和其他一些消费设备上。利用这种设备，一个收发设备可以同时与多个设备通信。

2.4　编码与调制

数据在通过传输介质发送之前，必须转换成不同的物理信号。而信号的转换方式依赖于数据的通信硬件采用的格式。

数字数据在计算机中以二进制 0 和 1 的形式存储。为了将数据从一个地方传送到另一个地方（计算机内部或计算机外部），数字数据通常要转换成特定的数字信号，以便进行传输，这就是数字—数字编码。一般来说，把数字数据编码成数字信号的设备比用于数字到模拟的调制设备更简单、更廉价。

有时，为了利用数字传输系统传输模拟数据，必须将模拟信号转换成数字信号，这种转换称为模拟到数字的转换或模拟信号数字化，或者模拟—数字编码。将模拟数据转换成数字信号后，就可以使用先进的数字传输系统。

而有时，为了在为传输模拟信号设计的传输系统上发送来自计算机的数字信号（例如，利用电话线将两台计算机连接起来），需要将计算机生成的数字信号转换成模拟信号，这种转换称为数字到模拟的转换或数字—模拟调制。

为了将电台的声音或音乐进行远距离传输，可以利用高频信号作为载波，将声音或音乐等模拟信号调制到高频载波上去，这种转换称为模拟—模拟调制。

2.4.1　数字—数字编码

数字—数字编码或转换就是用数字信号表示数字数据。例如，将数据从计算机传输到打印机，一般是采用数字—数字编码方式 。在这种编码下，由计算机产生的二进制和 1 数字被转换成一串可以在导线上传输的电压脉冲。图 2-11 显示了数字数据、数字—数字编码设备和产生的数字信号之间的关系。

在许多数字—数字编码方法中，我们只讨论在数据通信和计算机网络中最常用的编码方法——曼彻斯特（Manchester）编码和差分曼彻斯特（different Manchester）编码。

1. 曼彻斯特编码

曼彻斯特编码是在每个比特的中间引入跳变来表示二进制 1 和 0。二进制 1 用负电平到正电平的跳变来表示，二进制 0 用正电平到负电平的跳变来表示。同时，二进制 1 和 0 的跳变被接收用来进行时钟同步。

2. 差分曼彻斯特编码

在差分曼彻斯特编码中，比特中间的跳变用来携带时钟信号，但是根据比特开始位置是否有一个附加的跳变来表示二进制 1 和 0。如果比特开始位置有跳变，则表示二进制

0；如果比特开始位置没有跳变，则表示二进制 1。差分曼彻斯特编码需要用两个信号的变化来表示二进制 0，但对于二进制 1 只需要 1 个，如图 2-11 所示。

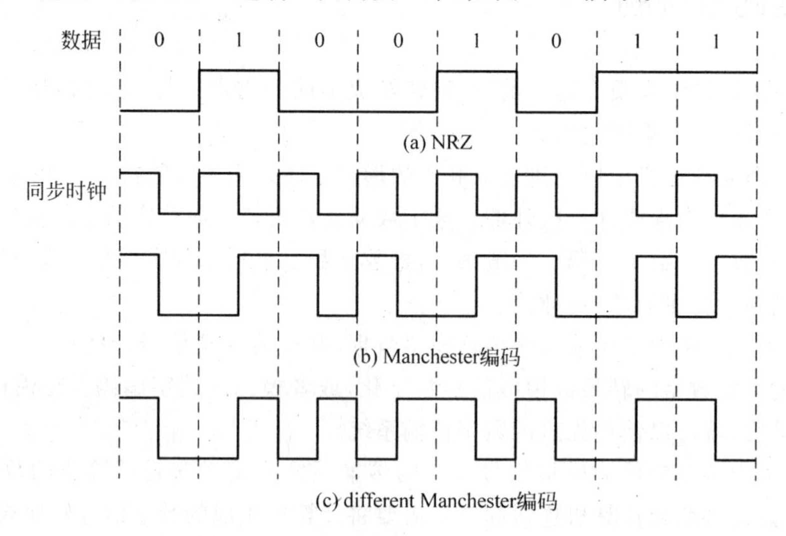

图 2-11　数字数据到数字信号的编码示例

2.4.2　模拟—数字编码

有时，需要将模拟信号数字化。本小节将讨论模拟—数字编码或转换几种方法。在模拟—数字编码中，我们用一系列的脉冲信号(二进制 0 或 1)来表示连续波形中的信息。而模拟—数字转换中最主要的问题是如何在不损失信号质量的前提下，将信息从无穷多的连续值转换为有限个离散值。

1. 脉冲振幅调制

模拟—数字转换的第一步是脉冲振幅调制(pulse amplitude modulation，PAM)。脉冲振幅调制是脉冲信号的幅度随模拟信号变化的一种调制方式。通过脉冲振幅调制技术对模拟信号进行采样，然后根据采样结果产生一系列脉冲。根据奈奎斯特定理，当采用 PAM 技术时，为保证得到足够精度的原始信号的重现，采样频率应该至少是原始信号最高频率的两倍。因此，如果需要对最高频率为 4000Hz 的话音信号进行采样，只需要每秒 8000 次的采样频率就可以了，相当于每隔 125μm 采样一次。

2. 脉冲编码调制

脉冲编码调制(pulse code modulation，PCM)是将脉冲振幅调制产生的采样结果变成完全数字化的信号。为实现这一目标，PCM 首先对 PAM 的脉冲进行量化，即进行模拟/数字(A/D)转换，得到二进制数字数据。然后，这些二进制数字数据通过某种数字—

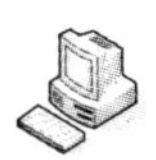

数字编码技术转换成适合于数据通信的数字信号。量化涉及用多少比特来表示采样后的样本值，这取决于需要精度，即要使重现后的信号能在振幅上满足预期的精度。PCM 的基本操作包括采样、量化和编码三个部分，其编码过程如图 2-12 所示。

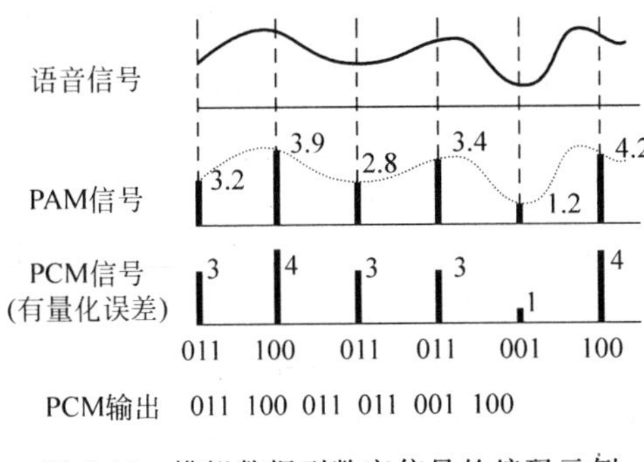

图 2-12　模拟数据到数字信号的编码示例

3. 差分脉冲编码调制

差分脉冲编码调质(differential PCM，DPCM)是对 PCM 的改进。差分脉冲编码调制的思想是，根据上一个采样值去估算下一个采样值幅度的大小(这个值称为预测值)，然后对实际信号值与预测值之差进行量化编码，这样就减少了表示每个采样信号的位数。它与 PCM 不同的是，PCM 是直接对采样信号进行量化编码，而 DPCM 是对实际信号值与预测值之差进行量化编码，存储或传送的是差值而不是幅度绝对值，这就降低了传送或存储的数据量。

4. 增量调制

增量调制(delta modulation，简称 ΔM)或增量脉码调制方式，是继 PCM 之后出现的又一种模拟信号数字化的方法。1946 年，它由法国工程师 De Loraine 提出，目的在于简化模拟信号的数字化方法。增量调制主要在军事通信和卫星通信中广泛使用，有时也作为高速大规模集成电路中的 A/D 转换器使用。

增量调制是一种把信号上一个采样的样值作为预测值的单纯预测编码方式，是预测编码中最简单的一种。它将信号瞬时值与前一个采样时刻的量化值之差进行量化，而且只对这个差值的符号进行编码，而不对差值的大小编码。因此，量化只限于正和负两个电平，只用一比特传输一个样值。若差值为正，就发送“1”；若差值为负，就发送“0”。因此，数字“1”和“0”只是表示信号相对于前一时刻的增减，而不代表信号的绝对值。同样，在接收端，每收到一个“1”，译码器的输出就相对于前一个时刻的值上升一个量阶。每收到一个“0”，译码器的输出就相对于前一个时刻的值下降一个量阶。当收到连续为“1”时，表示信号连续增长；当收到连续为“0”时，表示信号连续下降。

2.4.3 数字—模拟调制

数字—模拟调制或转换是基于数字信号(二进制 0 或 1)表示的数字数据来改变模拟信号特征的过程。例如,当通过一条电话线将数字数据从一台计算机传送到另一台计算机时,由于电话线只能传输模拟信号,所以必须对计算机发出的二进制数据进行转换。因此,必须将二进制数据市制到模拟信号上。

正如前面所提到的,一个正弦波可以通过三个特性进行定义:振幅、频率和相位。当改变其中任何一个时,就有了波的另一个形式。如果用原来的波表示二进制 1,那么波的变形就可以表示二进制 0;反之亦然。波的三个特性中的任意一个都可以用这种方式改变,从而使我们至少有三种数字数据调制到模拟信号的机制:幅移键控(amplitude-shift keying, ASK)、频移键控(frequency-shift keying, FSK)以及相移键控(phase-shift keying, PSK)。另外一种将振幅和相位变化结合起来的机制,叫做正交调幅(quadrature amplitude modulation, QAM)。在这四种调制技术中,正交调幅的效率最高,也是现在所有的调制解调器中经常采用的技术。下面将详细介绍各种不同的调制技术。

1. 幅移键控

在幅移键控技术中,通过改变载波信号的强度来表示二进制 0 和 1。至于 0 用什么电平来表示,1 用什么电平来表示,则由系统设计者决定。比特持续时间是表示一个比特所占的时间区段。在每个比特持续时间中,信号的最大振幅是一个常数,其值与所代表的比特有关。采用 ASK 技术的数据率受传输介质的物理特性所限。图 2-13 给出了 ASK 调制技术的概念性描述。

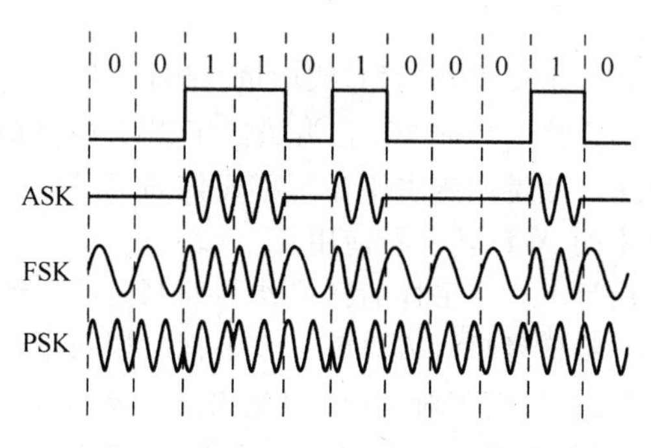

图 2-13 数字数据调制成模拟信号的方式

但是,ASK 调制技术受噪声的影响很大。噪声是指在数据传输过程中由于产生的热、电磁感应等现象而引起线路中不期望的信号。噪声信号改变了载波信号的振幅。在这种情况下,0 可能变成 1,1 可能变成 0。可以想象,对于主要依赖于振幅来识别比特流的 ASK 调制方法来说,噪声是一个较大的问题。噪声通常只影响振幅,因此 ASK 是受

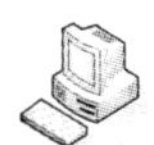

噪声影响最大的调制技术。

2. 频移键控

在频移键控中，通过改变载波信号的频率来表示二进制 0 或 1。在每个比特持续时间内，信号的频率是一个常数，其值依赖于所代表的二进制数，而振幅和相位都不变。图 2-13 给出了 FSK 调制技术的概念描述。

3. 相移键控

在相移键控中，通过改变载波信号的相位来表示二进制 0 或 1。在相位改变时，信号的最大振幅和频率都不改变。例如，如果用 0 度相位表示二进制 0，就可以把相位改变到 180 度来表示二进制 1。在每个比特持续时间内，相位是一个常数，其值依赖于所代表的比特值(0 或 1)。图 2-13 给出了 PSK 调制技术的概念性描述。

4. 正交调幅

到目前为止，我们只是一次变动了正弦波三个特性中的一个。如果同时改变其中两个有何结果？带宽限制使得 FSK 调制技术与其他调制技术的结合实际上是不太可行的，一般都是将 ASK 和 PSK 两种调制技术结合起来，这样就会在相位上有 x 种变化，且在振幅上有 y 种变化，于是总共有了 $x \times y$ 种可能的变化和对应每个变化的比特数。这就是正交调幅技术的基本思想，它使得在双位组、三位组等之间具有最大的反差。

QAM 可能的变化是无数的。从理论上讲，振幅变化的可能数量可以和相位变化的可能数量结合在一起。QAM 所需的最小带宽与 ASK 和 PSK 所需的带宽相同。QAM 具有与 PSK 一样的优点。

2.4.4 模拟—模拟调制

模拟—模拟调制的目的是将模拟信号调制到高频载波信号上，以便远距离传输。模拟—模拟调制可以通过三种方法实现：调幅(amplitude modulation，AM)、调频(frequency modulation，FM)以及调相(phase modulation，PM)。

1. 调幅

在调幅技术中，对载波信号进行调制，使其振幅随着调制信号振幅的改变而变化。载波信号的频率和相位保持不变，只有振幅随着模拟数据的改变而改变。调制信号成为载波信号的一个包络线。

调幅信号的带宽是调制信号带宽的两倍，并且覆盖了以载波频率为中心的频率范围。音频信号(话音和音乐)的带宽通常为 5kHz，因此一个调幅无线电台至少需要 10kHz 带宽。实际上，一般国家的频率分配委员会都为每个调幅无线电台分配了 10kHz 带宽。

调幅无线电台可以使用 530～1700kHz(1.7MHz)中的任何频率作为载波频率。但是，每个调幅电台的载波频率必须和其他调幅电台的载波频率间隔 10kHz(一个调幅带

宽),以防止干扰。

2. 调频

在调频方式中,载波信号的频率随着调制信号电压(振幅)的改变而改变。载波信号的最大振幅和相位都保持不变,但是在调制信号的振幅改变时,载波信号的频率会相应地改变。

高频信号的带宽是调制信号带宽的10倍,而且和调幅带宽一样以载波频率为中心。立体声广播里的音频信号(话音和音乐)的带宽大约是15kHz,因此每个调频立体声电台最少需要150kHz带宽。美国联邦通信委员会为每个调频立体声电台预留了200kHz带宽。

调频电台使用88～108MHz中的任意频率作为载波频率。但是,为了防止电台之间波段重叠,电台之间至少需要200kHz的频率差。

3. 调相

为使硬件实现更简单,在某些系统中采用调相技术代替高频技术。在调相方式中,载波信号的相位随着信号的电压变化而调整。载波的最大振幅和频率保持不变,而当数据信号的振幅变化时,载波信号的相位会相应地发生改变。调相信号的带宽与调频信号的带宽是类似的。

2.5 多路复用

多路复用(multiplexing)是指在一条物理线路上同时传输多路信息,其逆过程称解多路复用。常用的多路复用技术有频分复用、时分多路复用、波分多路复用以及码分多路复用。

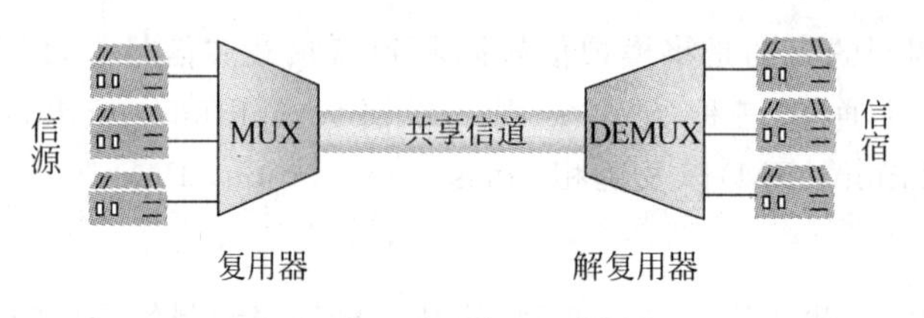

图 2-14　多路复用示意图

2.5.1 频分多路复用

频分多路复用(frequency division multiplexing, FDM)就是将传输线路的可用频带分割成若干条较窄的子频带,每一条子频传输一路信号。各子频带之间通常要留有一定的空闲频带,用于作为保护频带,以减少各路信号的相互干扰。

频分多路复用的方法起源于传统模拟电话系统,下面介绍电话系统中的频分多路复

用方式。目前一路标准模拟话音信号的频率范围为 300～3400Hz，高于 3400Hz 和低于 300Hz 的频率分量都将被过滤掉。为了进行频分多路复用，我们将信号调制到不同的频段，这样就形成了一个带宽为 12kHz 的频分多路复用信号，如图 2-15 所示。

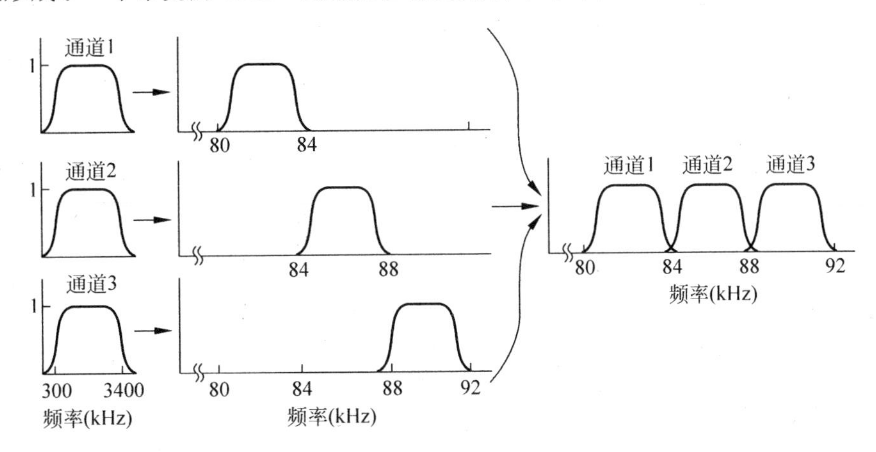

图 2-15　频分多路复用示意图

在图 2-15 中，一路标准话音信号的带宽约为 3kHz，但是真正分配给话音信号的信道带宽一般是 4kHz 左右，其中多出来的约 1kHz 作为保护带宽，每边约占 500Hz。多路复用后各路话音信号占用主干信道不同的频段，当多路复用后的信号到达接收端后，接收端通过滤器将各路话音信号区分开，然后再将各路话音信号解调至原始的频率范围。

2.5.2　波分多路复用

波分多路复用就对光信号进行多路复用与解多路复用，即将不同的波长多路复用到一根光纤上，这样的设备叫分波器和合波器。

波分多路复用是将两种或多种不同波长的光信号在发送端经合波器（通常是棱镜或光栅）汇合在一起，并耦合到光线路的同一根光纤中进行传输。在接收端，经分波器（棱镜或光栅）将各种波长的光载波分离，然后由光接收机作进一步的处理，以恢复原信号。这种在同一根光纤中同时传输两个或众多不同波长的光信号的技术，称为波分多路复用。波分多路复用是频分多路复用在光纤介质上的应用，如图 2-16 所示。

按照通道间隔的不同，WDM 可以细分为稀疏波分多路复用（coarse WDM，CWDM）和密集波分多路复用（dense WDM，DWDM）。CWDM 的信道间隔为 20nm，而 DWDM 的停产间隔为 0.2～1.2nm。目前的 DWDM 技术可以做到每个波长的数据率超过 40Gbps，而在单根光纤上同时多路复用的光波数量可以达到 320 个，这样使单根光纤支持的数据率达到 10Tbps 以上。

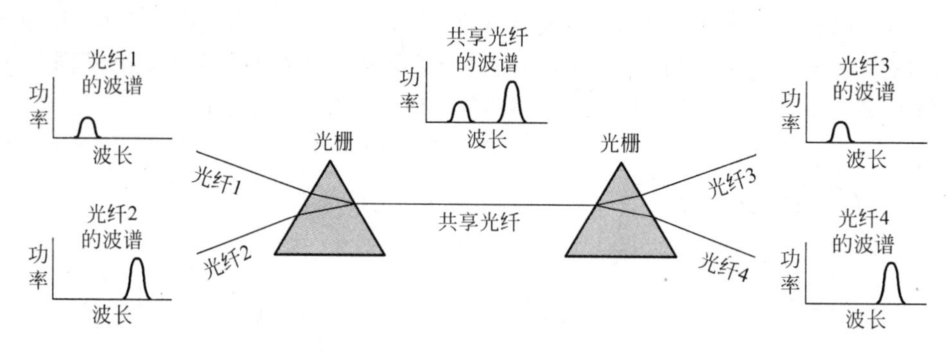

图 2-16　波分多路复用示意图

2.5.3　时分多路复用

时分多路复用(time division multiplexing, TDM)是指将一条物理线路的传输时间分成若干个时间片,按一定的次序轮流给各个信号源使用。使用 TDM 的前提是:物理线路所能达到的数据率超过各路信号源所需的数据率。

TDM 主要用于数字信道的多路复用。根据时间片的分配方法,TDM 可分为同步 TDM(synchronous TDN)和异步 TDM(asynchronous TDM),异步 TDM 也称为统计 TDM(statistic TDM)。

在同步 TDM 中,时间片是预先分配好的,而且是固定不变的,即每个时间片与一个信号源对应,而不管此时是否有信息发送。在接收端,根据时间片序号判断出是哪一路信号。同步 TDM 是目前电信网络中应用广泛的多路复用技术。

在同步 TDM 中,每个输入在输出帧中都占有一个时隙。如果有些输入线没有数据发送,那么主干线路的利用率就不高。在统计 TDM 中,动态地分配时隙以提高带宽的效率,即仅当输入线数据发送时,才输出帧中分配一个时隙。在统计 TDM 中,多路复用器循环顺序地检测每条输入线。如果输入线有数据发送,则对输入线分配一个时隙,否则就跳过这条输入线以检测下一条输入线。因此,异步 TDM 的输出帧中的时隙个数小于输入线中的条数。

在统计 TDM 中,输出时隙需要携带数据和目的地址,而且数据长度和地址长度之比必须合理。而同步 TDM 中不需要地址,作为输入和输出的地址关系是对应好的。另外,统计 TDM 不需要同步位,干线的容量小于每个输入线路的容量之和。

2.5.4　码分多路复用

码分多路复用(code division multiplexing, CDM)主要用在卫星通信和无线接入领域。实际上,人们更多地使用的名称是码分多址 CDMA。码分多路复用使每个用户可以

在同一时间使用同样的频带进行通信。码分多路复用给每个用户分配一个唯一的正交码作为该用户的地址码。在发送端，对传输的数据用该正交码进行正交编码，然后实现信道多路复用；在接收端，用与发送端相同的正交码进行正交解码。

CDM 采用扩频的多路复用技术，用一个带宽远大于信号带宽的高速伪随机码进行调制，将原数据信号的带宽扩展，再经载波调制后发送出去。接收端使用完全相同的伪随机码对所接收的带宽信号进行处理，把宽带信号转换成原信息数据的窄带信号，以实现所有用户在同一时间、同一频段上，根据不同的伪随机码进行相应的通信。

引入多路复用概念之后，我们对传输介质和信道之间的关系和区别就有了更为清晰的了解。传输介质与信道是不同范畴的概念。传输介质是指传送信号的物理实体，信道则提供了传达某种信号所需的带宽。一个传输介质可能同时提供多个信道，一个信道也可能由多个传输介质级联而成。

2.6 调制解调器

最常见的数据电路端接设备（data circuit-terminating equipment，DCE）就是调制解调器（modem），其由调制器（MOdulator）和解调器（DEModulato）组成。调制器的主要作用就是一个波形变换器，它将基带数字信号的波形变换成适合于线路传输的传输波形。调解器的作用是波形识别器，是将模拟信号恢复为原来的数字信号。本节主要介绍电话调制解调器和 ADSL 调制解调器两种。

2.6.1 电话调制解调器

电话调制解调器的主要功能是将数字信号调制成可以通过电话线传输的模拟信号，如图 2-17 所示。当然，电话调制解调器还具有一般电话拨号功能。

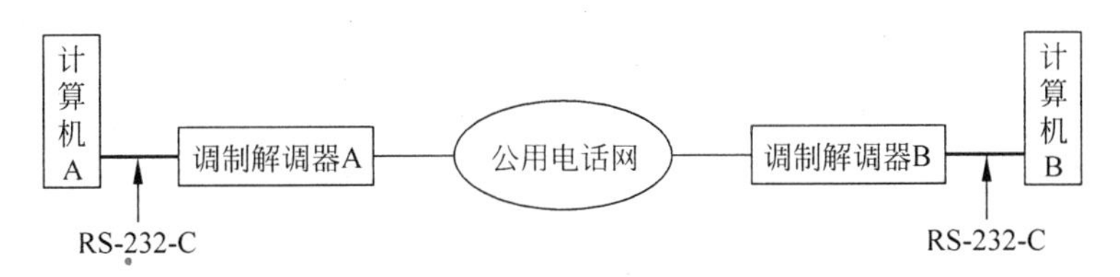

图 2-17 调制调解器示意图

在图 2-17 中，计算机是数据终端设备（data terminal equipment，DTE），调制解调器是 DCE。DTE 产生数字数据并通过接口（如 RS-232-C）将数据发送到电话调制解调器，然后 DCE 将数字信号调制成模拟信号发送到电话线上。

在传统的电话线中，限制在 300～3300Hz 范围的带宽用于传输话音信号。为了保证数据传输的正确性，真正用于传输数据的只是 600～3000Hz 这部分频带（带宽为 2400Hz）。

需要注意的是，现在很多电话线的实际带宽比 3000Hz 大得多(事实上，目前的电话线带宽可以达到 1～2MHz)，但是电话调制解调器的设计是基于电话线只使用 3000Hz 带宽的情形。

电话调制解调器所要做的工作就是在 2400Hz 的带宽上面，利用前面提到的各种调制解调器技术，提高话音信道的数据率。目前，电话调制解调器所能达到的最大上载速率是 33.6kbps，最大下载速率是 56kbps。

2.6.2 ADSL 调制解调器

非对称数字用户环线(asymmetric digital subscriber line，ADSL)是一种利用现有电话线路进行高速数据传输的技术。

ADSL 提供的下行速率(从互联网到用户)比上行速度(从用户到互联网)高。ADSL 利用现有的电话中 1MHz 多 的带宽，将这 1MHz 多的带宽划分为 256 个带宽为 4kHz 的子信道。其中，信道 0 保留用于话音通信。上行数据和控制使用信道为 6～30 个(25 个信道)，其中，24 个信道用于传输数据，1 个信道用于控制，最大数据率可达 24×400×15＝1.44Mbps(假定每赫兹可以调制 15 比特的二进制数据)。下行数据和控制使用信道 31～255 个(255 个信道)，其中 224，个信道用于传输数据，1 个信道用于控制，最大数据率可达 13.4Mbps。但是，由于线路存在噪声，实际的数据率如下：上行为 64kbps～1.5Mbps，下行为 500kbps～8Mbps。

2.7 物理层接口

在介绍物理层接口之前，首先介绍数据通信中的两个重要概念：数据终端设备(DTE)和数据电路端接设备(DCE)，如图 2-18 所示。

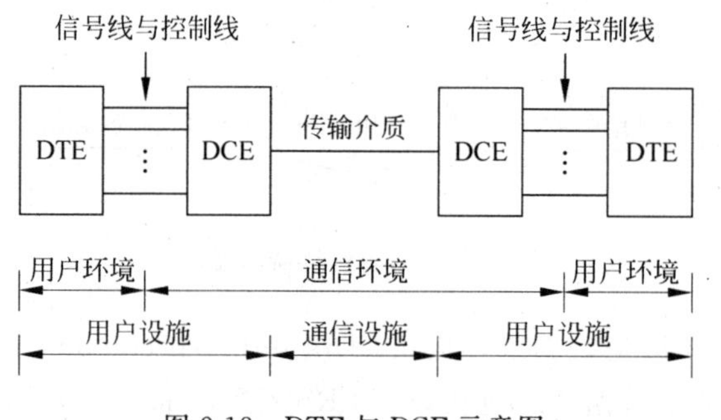

图 2-18　DTE 与 DCE 示意图

DTE 包括所有能够处理二进制数字数据有设备，比如，计算机或路由器就属于 DTE。而 DCE 是指用于处理网络通信的设备，比如，调制解调器就属于 DCE。

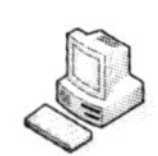

多年来，很多标准化组织已经为DTE和DCE之间的接口制定了许多标准。尽管它们的解决方案不同，但每种标准都规定了接口的机械、电气、功能和过程特性。

常用的物理接口有EIA-232接口、RJ-45接口以及USB接口。

EIA-232串行接口是最常用的标准接口之一，其物理外形有9芯和25芯两种。RJ-45接口主要用于以太网中，要求使用3类或5类8芯双绞线电缆。USB接口使用一个4针插头作为标准插头，通过这个标准插头，可以采用菊花链形式把所有的外设连接起来。

本章小结

信号是数据的一种电磁编码。信号按其因变量的取值是否连续可分为模拟信号和数字信号，相应地将信号传输分为模拟传输和数字传输。而数字传输有并行和串行、异步和同步以及单工、半双工和全双工等多种传输方式。

傅里叶已经证明：任何信号都是由各种不同频率的谐波组成的。任何信号通过传输信道时都会发生衰减，因此，任何信道在传输信号时都存在一个数据率的限制，这就是奈奎斯特定理和香农定理所要告诉我们的结论。

传输介质是计算机网络的基本组成部分，它在整个计算机网络的成本中占有很大的比重。

为了将数据从一个地方传送到另一个地方，数字数据通常要转换成数字信号，以便进行传输，这就是数字—数字编码。为了利用数字传输系统传输模拟数据，必须将模拟信号转换成数字信号，这就是模拟—数字编码。为了利用模拟传输系统传输数字信号，必须将数字信号转换成模拟信号，这就是数字—模拟调制。而为了将电台的音频或电视台的视频信号进行远距离传输，必须利用高频信号作为载波，将电台或电视台发出的模拟信号调制到高频载波上去，这就是模拟—模拟调制。

为了提高传输介质的利用率，必须使用多路复用技术。多路复用包括频分多路复用、波分多路复用、时分多路复用和码分多路复用四种，它们用在不同的场合。

调制解调器用于将计算机发出的二进制信号调制到各种载波信号中，以适合线路传输。常用的调制解调器主要包括电话调制解调器和ADSL调制解调器。

物理层接口主要用于连接数据终端设备(DTE)和数据电路端接设备(DCE)。

习题

1. 什么是数据、信号和传输？
2. 数字传输与模拟传输相比，其优势是什么？
3. 什么是单工传输、半双工传输和全双工传输？

4. 什么是带宽？带宽与数据率有什么关系？
5. 什么是频分多路复用？它的特点是什么？其适用于什么传输系统？
6. 什么是波分多路复用？它的特点是什么？
7. 什么是时分多路复用？它的特点是什么？其适用于什么传输系统？
8. 简述曼彻斯特编码和差分曼彻斯特编码的特点。
9. 什么是 PAM 和 PCM？
10. 说明各种调制方法以及各自的特点。
11. 简述 ADSL 调制解调器的工作原理。

第3章 计算机网络体系结构

本章关键词

网络协议(network protocol)　　ISO/OSI 参考模型(ISO/OSI reference model)

TCP/IP 参考模型(ISO/OSI reference model)

本章要点

网络体系结构大部分采用分层结构,为网络数据交换而制定的规则、约定与标准称为网络协议。本章主要介绍计算机网络体系结构。通过本章的学习,应能够了解开放系统互联参考模型中的若干重要概念,熟悉和掌握 OSI/RM 参考模型的七层协议的功能和基本原理以及 TCP/IP 参考模型的四层结构和各层的功能。

在寄送信件的时候要写明收件人的地址,一般会具体到街道、门牌号,这样信件才能准确地寄送到目的地。在网络中传输数据,也需要类似于门牌号的地址信息表示目的地,即目的地址。那么,网络信息的目的地址是如何表示的?信息从发送端如何到达目的地址指向的接收端呢?这首先要从网络的体系结构以及通信协议说起。

计算机网络的体系结构即是这个计算机网络及其部件所应该完成的功能的精确定义。需要强调的是,这些功能究竟由何种硬件或软件完成,是一个遵循这种体系结构的实现的问题。可见体系结构是抽象的,是存在于纸上的,而实现是具体的,是运行在计算机软件和硬件之上的。

3.1 计算机网络体系结构的形成

对于复杂的计算机网络,很早之前,专家们就想到了利用分层将其简化。对于分层的具体情况,不同的专家可能采用不同的分法,这也是网络体系结构的形成过程。

世界上第一个网络体系结构是美国 IBM 公司于 1974 年提出的,它取名为系统网络体系结构(system network architecture,SNA)。凡是遵循 SNA 的设备就称为 SNA 设备。这些 SNA 设备可以很方便地进行互连。在此之后,很多公司也纷纷建立了自己的

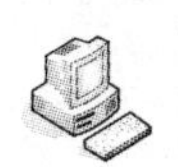

网络体系结构，这些体系结构大同小异，都采用了层次技术，但各有其特点，以适合各公司生产的计算机组成网络，这些体系结构也有其特殊的名称。例如，20 世纪 70 年代末有美国数字网络设备公司 DEC 公司发布的数字网络体系结构(digital network architecture，DNA)等。但使用不同体系结构的厂家设备是不可以相互连接的。后来经过不断的发展有诸如以下的体系结构诞生，从而实现了不同厂家设备互连。标准计算机网络体系结构有以下几个。

1. ISO

国际标准化组织(ISO)是一个全球性的政府组织，是国际标准化领域中一个十分重要的组织。ISO 被 130 多个国家应用，其总部设在瑞士的日内瓦。其任务是促进全球范围内的标准化及其有关活动的开展，以利于国际间产品与服务的交流，以及在知识、科学、技术和经济活动中发展国际间的第一线合作。它显示了强大的生命力，吸引了越来越多的国家参与其活动。ISO 制定了网络通信的标准，即开发系统互连参考模型(open system interconnection，OSI)它将网络通信分为七个层，开放的意思是通信双方必须都要遵守 OSI 模型。

2. ITU

国际电信联盟(ITU)1865 年成立于法国巴黎，1947 年成为联合国的一部分，成员来自于 188 个国家，总部设在瑞士的日内瓦。ITU 是世界上各国政府的电信主管部门协调电信事务方面的一个国际组织。ITU 的宗旨包括：维持和扩大国际合作，以改进和合理地使用电信资源；促进技术设施的发展及其有效运用，以提高电信业务的效率，扩大技术设施的用途，并尽可能实现大众化和普遍化；协调各国行动，以期达到上述目的。在通信领域，最著名的国际电信联盟电信标准化部门(ITU0-T)的标准有 V 系列标准，如 V. 32、V. 33、V. 42 标准对使用电话传输数据作了明确的说明；还有 X 系列标准，如 X. 25、X. 400、X. 500 为公用数字网上传输数据的标准；ITU-T 的标准还包括电子邮件、目录服务、综合业务数字网 ISDN 和宽带 ISDN 等方面的内容。

3. TIA

美国通信工业协会(TIA)是一个全方位的服务性国家贸易组织。其成员包括为美国和世界各地提供通信和信息技术产品、系统和专业技术服务的 900 余家大小公司，该协会成员有能力制造供应现代通信网中应用的所有产品。此外，TIA 还有一个分支机构——多媒体通信协会(MMTA)。TIA 还与美国电子工业协会(EIA)有着广泛而密切的联系。

4. EIA

美国电子工业协会(EIA)广泛代表了设计生产电子元件、部件、通信系统和设备的制造商以及工业界、政府和用户的利益，在提高美国制造商的竞争力方面起到了重要作用。在信息领域，EIA 在定义数据通信设备的物理接口和电气特性等方面起到了巨大的贡

献，尤其是在数字设备之间串行通信的接口标准，如 EIA RS-232、EIA RS-449 和 EIA RS-530 等方面。

5. IEEE

电气和电子工程师协会（Institute of Electrical and Electronics Engineers，IEEE）1963 年由美国电气工程师学会（AIEE）和美国无线电工程师学会（IRE）合并开发，是美国规模最大的专业学会。IEEE 最大的成果是制定了局域网和城域网的标准，这个标准称为 IEEE 802 标准或 802 系列标准。

在计算机网络的发展过程中，另一个重要事件就是在 20 世纪 70 年代末出现的局域网。局域网可使一个单位范围内的许多微型计算机互连在一起以交换信息。局域网连网简单，只要在微型计算机中插入一个接口板，就能接上电缆实现连网。由于局域网价格便宜、传输速率高、使用方便，因此其在 80 年代得到了很大的发展。而微型计算机的大量普及，对局域网的发展也起到了很大的推动作用。

3.2 网络协议

3.2.1 网络协议

我们知道，一个计算机网络有许多互相连接的接点，在这些接点之间要不断地进行数据交换。要想做到有条不紊地交换数据，每个接点就必须遵守一些事先约定好的规则，这些规则明确规定了所交换数据的格式以及相关的同步问题。为网络数据交换而制定的规则、约定与标准称为网络协议（network protocol）。网络协议具有三个要素：语义、语法和时序。

语义（semitics）是用于解释位流每一部分的意义。它规定了需要发出何种控制信息，以及要完成的动作与作出的响应。包括用于协调和差错处理的控制信息，即“通信什么”。

语法（syntax）定义了通信双方的数据与控制信息的表现形式，即结构与格式。还规定了数据出现的顺序的意义。包括数据格式、编码及信号电平等，即“如何通信”。

时序（timing）是对事件实现顺序的详细说明，即何时进行通信，先发送什么，再发送什么，发送数据的速度等。包括速度匹配和排序，即确定通信的“顺序”或“状态变化”。

由此可见，网络协议是计算机网络中不可缺少的部分。很多经验和实践表明，对于非常复杂的计算机网络协议来说，其结构最好采用层次式的。这样分层的好处在于：每一层都实现了相对的独立功能，因而可以将一个难以处理的复杂问题分解成若干个较容易处理的且更小一些的问题。

3.2.2 协议分层

复杂的数据通信系统不会使用单一的协议来处理所有的传输任务。例如，有的协议描述物理网络的通信过程，有的协议描述数据的可靠性传输。由于通信任务的复杂性，由单个协议完成所有的功能十分不利于管理，因此，需要有多个协议。具有某种特定组织方式的多个协议的集合就称为计算机网络的体系结构。即计算机网络的各层及其协议的集合。因此，计算机网络的体系结构＝协议＋组织结构。研究计算机的网络体系结构是将复杂的系统设计问题分解成一个个容易处理的子问题或分解成层次分明的一组容易处理的子问题，然后加以解决。

通信系统需要一整套相互合作的协议，这些协议又称为协议族或协议套件。为此，分层的思想是基本的思路，它为协议的设计提供了概念性的框架，使复杂的通信过程变得简单化。分层原则是，目标机的第 n 层所收到的数据就是源主机的第 n 层所发出的数据。分层协议的概念性结构图见图 3-1。

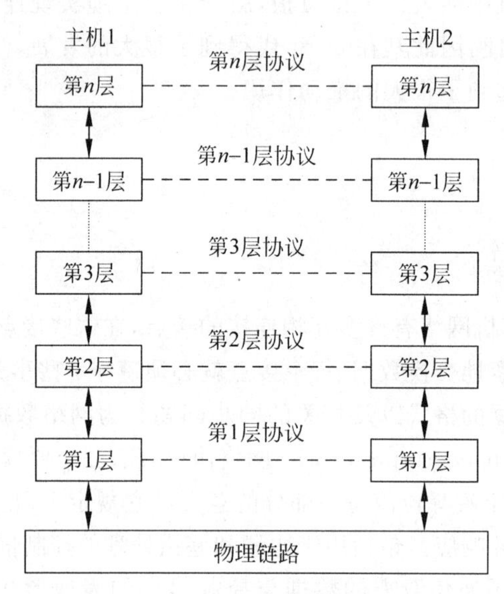

图 3-1　分层协议的概念性结构图

下面举一例子来说明。

例如，人与人的“通信”可分多个层次，这里可简单地分为三个相关的层次：认识层、语言层和传输层。假设让讲方言的家庭主妇与不懂方言的大学教授进行如表 3-1 所示的“通信”，让讲南方方言的家庭主妇与当地的大学教授进行如表 3-2 所示的“通信”。

表 3-1　分层概念举例 1

	家 庭 主 妇	大 学 教 授	结果	用网络术语表达结果
话题	菜价	计算机网络技术	不可理喻	认识层“协议”不兼容
语言	方言	英语	不知所云	语言层“协议”不兼容
通信方式	电话	计算机	不可沟通	传输层“协议”不兼容

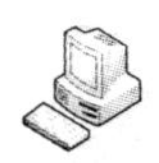

表 3-2　分层概念举例 2

	家庭主妇	大学教授	结果	用网络术语表达结果
话题	股票行情	股票行情	可以交流	认识层“协议”兼容
语言	方言	方言	可以理解	语言层“协议”兼容
通信方式	电话	电话	可以沟通	传输层“协议”兼容

所以，首先，人们为了彼此能够交流思想，需借助一个分层次的通信结构；其次，层次之间不是相互孤立的，而是密切相关的，上层的功能是建立在下层功能的基础上的，下层为上层提供某些服务，而且每层还应有一定的规则。网络通信情况同样如此，只是区分更细一些而已。

下面是有关的几个概念。

1. 服务原语

服务是各层向它上层提供的一组原语（操作），实体利用协议来实现它们的服务定义。有如表 3-3 所示的以下四类服务原语。

表 3-3　服务原语

原语(primitive)	含　　义
请求(request)	一个实体希望得到完成某些操作的服务
指示(indication)	通知一个实体有某个事件发生
响应(response)	一个实体希望响应一个事件
证实(confirm)	返回对先前请求的响应

服务原语举例：一个简单的面向连接服务的例子，它使用了下述八个服务原语：

(1) 连接请求：服务用户请求建立一个连接。

(2) 连接指示：服务提供者向被呼叫方示意有人请求建立连接。

(3) 连接响应：被呼叫方用来表示接受或拒绝建立连接的请求。

(4) 连接确认：服务提供者通知呼叫方建立连接的请求已被接受或拒绝。

(5) 数据请求：请求服务提供者把数据传至对方。

(6) 数据指示：表示数据到达。

(7) 断连请求：请求释放连接。

(8) 断连指示：将释放连接请求通知对等端。

2. 协议和服务的关系

协议是“水平的”，即协议是控制对等实体之间通信的规则。服务是“垂直的”，即服务是由下层向上层通过层间接口提供的。N 层实体向 $N+1$ 层实体能提供的服务：N 层实体提供的某些功能；从 $N-1$ 层及其以下各层实体及本地系统得到的服务；通过与对等

的 N 层实体的通信得到的服务，如图 3-2 所示。

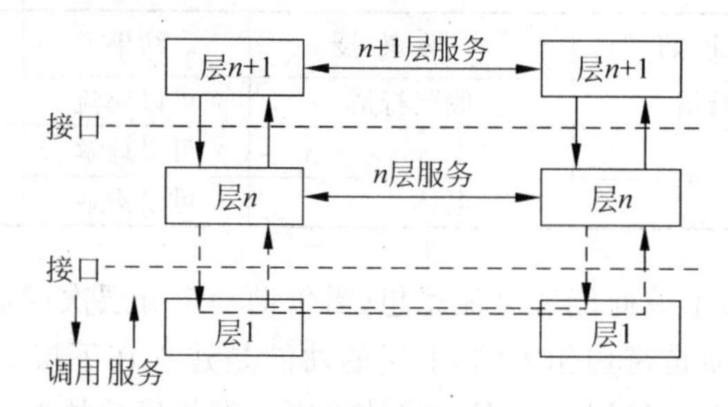

图 3-2 计算机网络体系结构中的协议、层、服务与接口

3. 接口和服务访问点

对网络的研究采用分层次的结构化处理方法，将总体所要实现的诸多功能分配在不同的层次中。一个节点内，相邻层之间必然需要信息的交换，如低层为高层提供服务等，所以相邻层之间进行信息交换的连接点称为接口。

本层的服务用户只能看见服务而无法看见下面的协议。下面的协议对上面的服务用户是透明的。同一系统相邻两层的实体进行交互的地方，称为服务访问点 SAP(service access point)，又称为端口(套接字)。相邻层间的服务是通过其接口界面上的服务访问点进行的，每个 SAP 都有一个唯一的地址。

4. 对等和实体

系统中的各层次内都存在一些实体。实体(entity) 表示任何可发送或接收信息的硬件或软件进程。不同主机上的同一个层次称为对等层。协议是控制两个对等实体进行通信的规则的集合。在协议的控制下，两个对等实体间的通信使得本层能够向上一层提供服务。要实现本层协议，还需要使用下层所提供的服务。

计算机网络体系结构的概念及内容比较抽象，为便于理解，先以两个公司之间进行通信的工作过程为例进行说明。有甲、乙两个公司的两位总经理进行通信。一般大公司都会有一位经理助理，负责起草公函、与贸易伙伴进行沟通的事务性工作。由于公司较大、业务繁忙，经理助理下边又有秘书负责打字、传真、接听电话等一般性工作。这样，每个公司就形成了三个层次的机构。

甲方经理要与乙方经理进行通信，于是他让自己的经理助理起草一份文件，这位经理助理根据总经理的意图，按照业界的惯例写了一份正式公函，然后把它交给秘书让其发送出去。秘书拿到公函后，按照公司通信录查到乙公司的传真号码，整理好后发给了乙公司。乙公司的秘书接到传真后将有用的公函部分呈交给本公司的经理助理，而经理助理经过分析后，将关键内容汇报给经理，乙公司经理阅读信函的内容。当然，乙公司经理只

关心甲公司经理发来的信函的内容，而对信函的公文格式以及最初收到的信函是通过传真、电子邮件还是邮寄来的并不关心。这里，甲、乙两公司可以看做是网络节点，而经理、经理助理和秘书是一个个通信的实体。处于相同层次的不同节点的实体叫做对等实体，而协议实际上是对等实体之间通信规则的约定。比如，两个公司的秘书之间就有收发传真和普通信函的协议，经理助理之间都遵照标准公函的协议，经理之间必须采用双方都能理解的语言、文体和格式，这样在对方收到信函后才能看懂内容。

3.3　开放系统互连参考模型（OSI/RM）

计算机网络是一个由各种计算机和各类终端通过通信线路连接起来的复合系统。在这个复合系统中，由于硬件、连接方式及软件等的不同，网络中各节点间的通信很难顺利进行。由于各厂家使用的数据格式、交换方式等的不同，因此异种通信硬件的标准化非常困难。于是各厂家纷纷提出建议，由一个适当的组织实施一套公共的标准，各厂家都生产符合该标准的产品，同时简化通信手段，以便在不同的计算机上实现网络通信的目的。在这种情况下，OSI 参考模型应运而生。

3.3.1　分层的作用和原则

计算机系统之间的通信与寄信过程虽然有很大差别，但其分层的目的是一致的。把网络体系分成复杂性较低的单元，可以实现以下优势：

(1) 各层之间是独立的。某一层并不需要知道它的下一层是如何实现的，而仅仅需要知道该层通过层间的接口所提供的服务。这样，整个问题的复杂程度就下降了。

(2) 灵活性好。当任何一层发生变化时，只要层间接口关系保持不变，则在这层以上或以下各层均不受影响。

(3) 结构上可分割开。各层都可以采用最合适的技术来实现。

(4) 易于实现和维护。这种结构使得实现和调试一个庞大而又复杂的系统变得易于处理，因为整个系统已被分解为若干个相对独立的子系统。

(5) 能促进标准化工作。因为每一层的功能及其所提供的服务都已有了精确的说明。

计算机网络的层次结构示意图见图 3-3。

分层的原则如下：

(1) 结构清晰，易于设计，层数适中；

(2) 每层功能明确且相互独立；

(3) 层间接口清晰，跨越接口的信息量尽可能少；

(4) 每一层都使用下层的服务，并为上层提供服务；

(5) 网中各节点都有相同的层次，不同节点的同等层次按照协议实现对等层之间的通信。

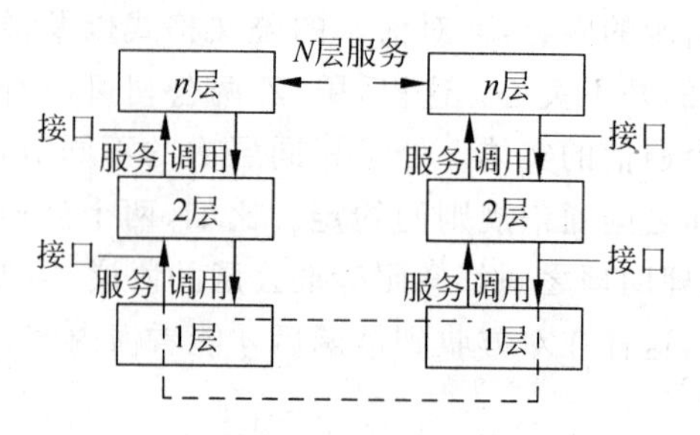

图 3-3 计算机网络的层次结构示意图

3.3.2 OSI 参考模型

网络发展中一个重要里程碑便是 ISO 对 OSI(open system interconnection,开放系统互连)七层网络模型的定义。"开放"是强调对 OSI 标准的遵从。"系统(实系统)"表示在现实世界中能够进行信息处理或信息传送的自治整体,它可以是一台或多台计算机,以及与这些计算机相关的软件、外部设备、终端、信息传输手段等的集合。开放实系统(real open system)是通信时遵守 OSI 标准的实系统。开放系统是开放实系统中与 OSI 有关的各部分,是抽象的东西。它不但成为以前的和后续的各种网络技术评判、分析的依据,也成为网络协议设计和统一的参考模型。ISO 国际标准化组织所定义的开放系统互连七层模型的定义和各层功能是网络技术入门者的敲门砖,也是分析、评判各种网络技术的依据。从此网络不再神秘,它也是有理可依、有据可循的。OSI 参考模型是一个逻辑上的定义、一个规范,它从逻辑上把网络分为七层。每一层都有相关的、相对应的物理设备,如路由器、交换机等设备。

建立七层模型的主要目的是为解决异种网络互连时所遇到的兼容性问题。它的最大优点是将服务、接口和协议这三个概念明确地区分开来:服务说明某一层为上一层提供一些什么功能,接口说明上一层如何使用下层的服务,而协议涉及如何实现本层的服务;这样各层之间具有很强的独立性,互连网络中各实体采用什么样的协议是没有限制的,只要向上提供相同的服务并且不改变相邻层的接口就可以了。网络七层的划分也是为了使网络的不同功能模块(不同层次)分担起不同的职责,从而带来如下好处:

(1) 减轻问题的复杂程度,一旦网络发生故障,可迅速定位故障所处的层次,便于查找和纠错。

(2) 在各层分别定义标准接口,使具备相同对等层的不同网络设备能实现互操作,各层之间则相对独立,一种高层协议可放在多种低层协议上运行。

(3) 能有效刺激网络技术革新,因为每次更新都可以在小范围内进行,不需对整个网络动大手术。

(4) 便于研究和教学。

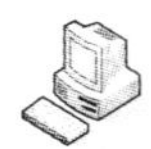

OSI标准的制定采用的是“分而治之”的分层体系结构方法，OSI将整个通信功能划分为七个层次，分别是物理层、数据链路层、网络层、传输层（也叫运输层）、会话层、表示层和应用层。上面三层（应用层、表示层、会话层）与应用问题有关，而下面四层（传输层、网络层、数据链路层、物理层）则主要处理网络控制和数据传输/接收问题。

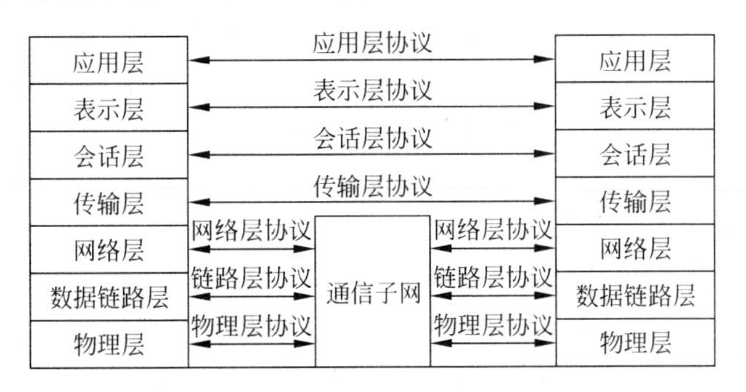

图3-4 OSI/RM参考模型

网络协议层次结构例解如下：

在达朗伯姆（A. S. Tanenbaum）所著的《计算机网络》（*Computer Networks*）一书中曾经举了一个生动的例子来说明这样的层次结构。这个例子讲的是一位肯尼亚的哲学家和一位印度尼西亚的哲学家间的通话，他们可以看成是在最高层，如第三层。他们对所要通话的内容需要有共同的兴趣和认识，但是他们使用不同的语言并不能直接通话。因而，他们每个人都请来一个译员，将他们各自的语言翻译成两个译员都懂的第三国语言。这里，译员就在下面一层，如第二层，他们向第三层提供语言翻译的服务。两个译员可以使用共同懂得的语言交流，但是由于他们一个在非洲，一个在亚洲，还是不能直接对话。两个译员都需要有一个工程技术人员，按事先约定的方式如电话或电报，将交谈的内容转换成电信号在物理媒体上传送至对方。这里，工程技术人员就在最下一层，即第一层，他们都知道如何按约定的方式（如电话）将语音转换成电信号，而后发送到物理媒体（如电话线）上去传送至对方，为上一层的译员提供传输的服务。在这个例子中就有了三个不同的层次，从下到上我们不妨依次称为传输层、语言层和认识层。在认识层上对话的两个实体，即两个哲学家，只意识到他们之间在进行通信。这种通信能够进行的前提是他们对所交谈的内容有共同的兴趣和认识，如果抽象地说就是遵循着共同的认识层的协议。他们之间的交谈并不是直接进行的，所以我们称之为虚通信。这个虚通信是通过语言层接口处译员提供的语言翻译以及译员间的交谈来实现的。抽象地说，就是上一层的虚通信是通过下一层接口处提供的服务以及下一层的通信来实现的。这里，在语言层的两个译员都必须将其翻译成共同懂得的第三国语言，这个第三国语言就可看成是语言层的协议。抽象地说，就是对等层的通信必须遵循协议。对语言层的译员来说，他并不关心哲学家交谈内容，而只要将其准确地翻译成第三国语言即可。此外，译员间的通信也仍然是虚通信，它们是通过传输层的工程技术人员提供的服务以及传输层的通信来实现的。传输层的工程技术人员只负责按共同的约定将语言转换为电信号，既不要管用的是什么语言，更不用管交谈的是什么哲学问题。传输层工程技术人员之间仍然是遵循他们之间的协议进行着虚通信。真正的实通信是由电信号在物理媒体即电话线上进行的。

在访问和使用 Internet 时必须要具备四个基本的组成部分，它们包括：

(1) 你自己的工作机器和用于连接使用 Internet 的客户软件；

(2) 一个 Internet 的连接，包括账号和地址；

(3) Internet 网本身；

(4) Internet 网上提供信息服务的服务器。

你可能已经对这四部分有了很不错的了解，你能够看到就是放在你眼前的台式计算机，你知道在你的机器和 Internet 之间存在着网络的连接，同时你知道或者希望在某处有那么一台机器中有你需要的信息。

3.3.3 OSI 模型的相关术语

OSI 模型将网络进行了分层，网络中同一节点的相邻层以及不同节点的对等层之间都需要传送数据，所以 OSI 定义了多种类型的数据单元来传送信息。图 3-5 显示了 OSI/RM 各层对应的术语。

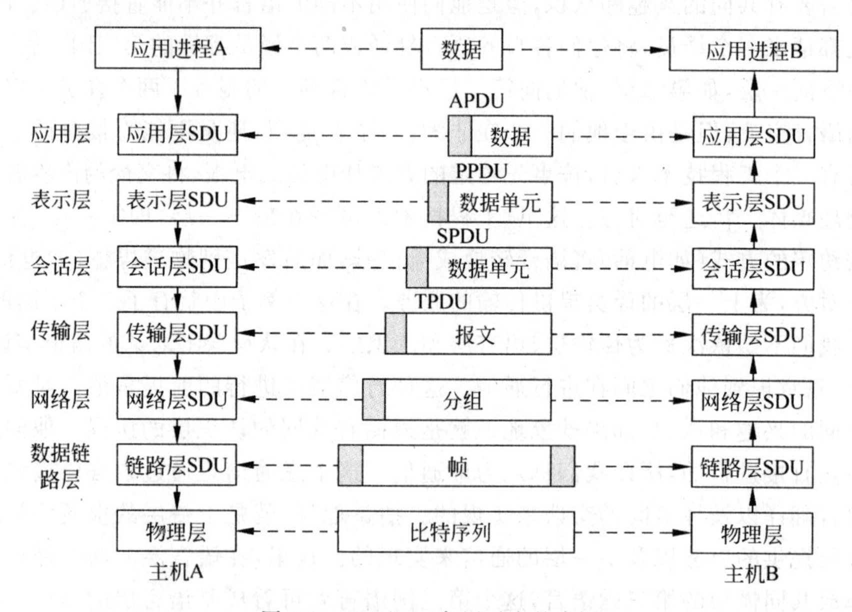

图 3-5 OSI/RM 各层对应的术语

(1) 服务数据单元(service data unit，SDU)是OSI模型中某层等待传送和处理的数据单元。

(2) 协议数据单元(protocol data unit,PDU)指的是在对等层传送的数据单元,它通常是将SDU分成若干段,每一段加上报头,作为一个单独协议数据单元在水平方向传送。

(3) 在传输层上的服务数据单元称为报文(message),网络层上的服务数据单元称为分组(packet)。

(4) 接口数据单元(interface data unit，IDU)指的是在相邻层接口间传送的数据单元,它由SDU和一些控制信息组成。

3.3.4 OSI模型的工作过程

最低三层(1～3)是依赖网络的,涉及将两台通信计算机连接在一起所使用的数据通信网的相关协议,实现通信子网功能。最高三层(5～7)是面向应用的,涉及允许两个终端用户应用进程交互作用的协议,通常是由本地操作系统提供的一套服务,实现资源子网功能。中间的传输层为面向应用的上三层遮蔽了与网络有关的下三层的详细操作,如图3-6所示。从实质上讲,传输层建立在由下三层提供服务的基础上,为面向应用的高层提供与网络无关的信息交换服务。

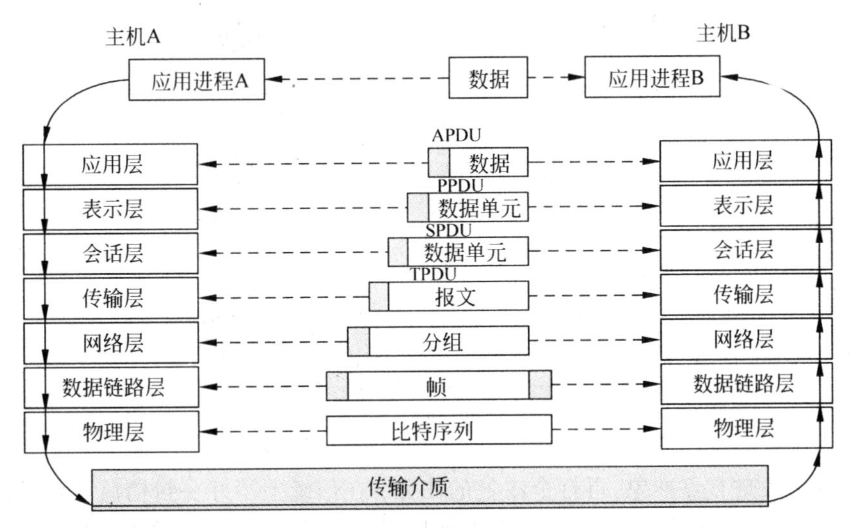

图3-6 OSI/RM工作过程示意图

在OSI/RM中,系统A的用户向系统B的用户传送数据时,信息实际流动的情况如图3-6所示,系统A的应用进程传输给系统B应用进程的数据是经过发送端的各层从上到下传递到物理信道,然后再传输到接收端的最低层(物理层),经过从下到上的各层传递,最后到达系统B的应用进程。在数据传输过程中,随着数据块在各层中的依次传递,

其长度有变化。系统 A 发送到系统 B 的数据先进入应用层，加该层的有关控制信息报文头 AH，然后作为整个数据块传送到表示层，在表示层再加上控制信息 PH 传递到会话层。这样，在以下的每层都加上控制信息 SH、TH、NH、DH 传递到物理层，其中，在数据链路层还要在整个数据帧的尾部加上用于差错控制信息 DT，这样，整个数据帧在物理层就作为比特流通过物理信道传送到接收端，我们把这种传输方式叫做封装。在接收端按照上述的相反过程，每层都要去掉发送端的相应层加上控制信息，这个过程叫做数据解装。数据在封装或解装的过程中都传输不同的数据，每一层的数据封装或解装都是由控制信息加上要传输的数据，我们把每层传输的数据格式称为 PDU(协议数据单元)。这样看起来好像是对方相应层直接发送来的信息，但实际上相应层之间的通信是虚拟通信。这个过程就像邮政信件的传递、加邮袋、上邮车等，在各个邮递环节加封、传递，收件时再层层去掉封装。

本质上，主机的通信是层与层之间的通信，而在物理上是从上向下，最后通过物理信道到对方主机再从下向上传输。但是在逻辑上，每一层只负责处理每一层的事情，它并不需要关心其他层的具体事情(当然有接口关联的除外)。因此，不同主机的相同层“好像”连在了一起，如主机 A 的网络层与主机 B 的网络层建立了虚连接。

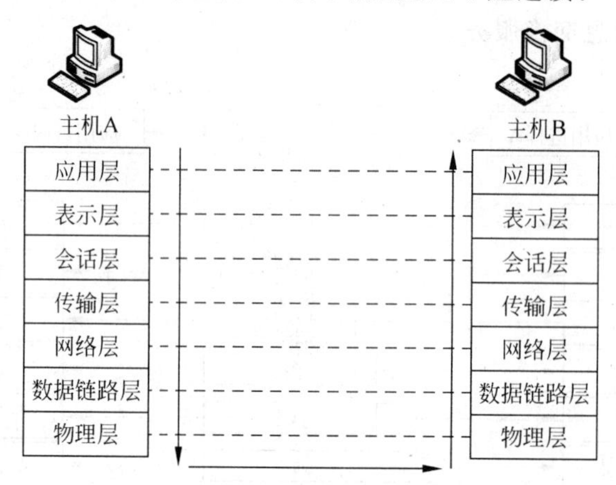

图 3-7　计算机之间的通信过程示例

这种讲法还是有点抽象，再打个浅显的比方：在信纸上写好一封信后，将信装进信封的过程就是“封装”，然后扔进信筒里，再由邮局将信投递到收信人那里，收信人收到信后，必须把信拆开才能阅读。对于发信人和收信人来说，其只关心信是否到达就可以了，至于信由哪个邮局投递，就不必关心了。发信和收信的过程就是一个典型地表明 OSI 模型如何工作的例子。

下面举一个简单的例子来加以说明。设甲、乙两人打算通过电话来讨论有关计算机网络的问题。对于这个问题，可分为三个层次。

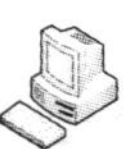

最上面一层为会话层，即通信的双方必须具备起码的计算机网络方面的知识，以使双方能听懂所谈内容是什么意思。

中间一层为语言层，即用双方都能听懂的语言讲话，如都用英语或汉语。这一层不必涉及所讲话的内容是什么意思，内容的含义由会话层来处理。

最下面一层可以称作传输层。它负责将每一方的讲话内容转换为电信号，传送到对方后再还原为对方可听懂的语音。这一层完全不管所传的语音信息是哪一种语言，更不必考虑其内容如何，是一组纯粹的电信号。

3.3.5 物理层

1. 物理层概述

物理层(physical layer，PH)是OSI参考模型的最低层，也是最基础的一层，它并不是指连接计算机的具体的物理设备或具体的传输媒体，它向下是物理设备之间的接口，直接与传输介质相连接，使二进制数据流通过该接口从一台设备传给相邻的另一台设备，向上为数据链路层提供数据流传输服务。

物理层考虑的主要是怎样才能在连接各种计算机的传输媒体上传输数据的比特流。由于传输媒体又可以叫做物理媒体，因此容易使人误以为传输媒体就是物理层的东西。但实际上具体的传输媒体不在物理层内，而是在它的下面，如双绞线、同轴电缆、光缆等，不属于物理层，物理层直接面向实际承担数据传输任务的物理媒体。为什么物理层不包括具体的连接计算机的物理设备和传输媒体呢？这是因为现有计算机网络中的物理设备和传输媒体的种类非常繁多，而通信手段也有许多不同方式，物理层的作用正是要尽可能地屏蔽掉这些差异，以使物理层上面的数据链路层感觉不到这些差异，这样就可使数据链路层只需要考虑如何完成本层的协议和服务，而不需要考虑具体的传输媒体是什么。

大家知道，计算机网络中传输的是由“0”和“1”构成的二进制数据，但是在实际的电路中，铜缆(指双绞线等铜质电缆)网线中传递的是脉冲电流，这就是物理层传输的东西。通俗地讲，这一层主要负责实际的信号传输。物理层的数据传输单位为比特(bit)，即一个二进制位(“0”或“1”)。实际的比特传输必须依赖于传输设备和物理媒体，物理层是在物理媒体之上的、为数据链路层提供一个传输比特流的物理连接。

物理层上的协议有时也称为接口。物理层协议主要规定物理信道的建立、保持及释放的特性，这些特性包括机械的、电气的、功能的和规程的4个方面的特性。这些特性保证物理层能通过物理信道在相邻网络节点之间正确接收、发送比特流，即保证能将比特流送上物理信道，并且能在另一端取下它。物理层只关心比特流如何传输，而不关心比特流中各比特具有什么含义，而且对传输差错也不作任何控制，就像投递员只管投递信件，而不关心信件中是什么内容一样。

OSI参考模型对物理层所作的定义是为：在物理信道实体之间合理地通过中间系统，为比特传输所需的物理连接的建立、保持和释放提供机械的、电气的、功能的和规程的

手段。比特流传输可以采用异步传输，也可以采用同步传输来完成。

在这里引入两个名词：DTE（data terminal equipment）和 DCE（data circuit-terminating equipment）。DTE 叫做数据终端设备，是具有一定的数据处理能力以及发送和接收数据能力的设备，是数据的源或目的。DTE 具有根据协议控制数据通信的功能，但大多数的数据处理设备的数据传输能力是很有限的。直接将相隔很远的两个数据处理设备连接起来，是不现实的，必须在数据处理设备和传输线路之间加上一个中间设备，这个中间设备就是数据终接设备。DCE 的作用就是在 DTE 和传输线路之间提供信号变换和编码功能，并且负责建立、保持和释放物理信道的连接。DTE 与 DCE 之间的接口如图 3-8 所示。

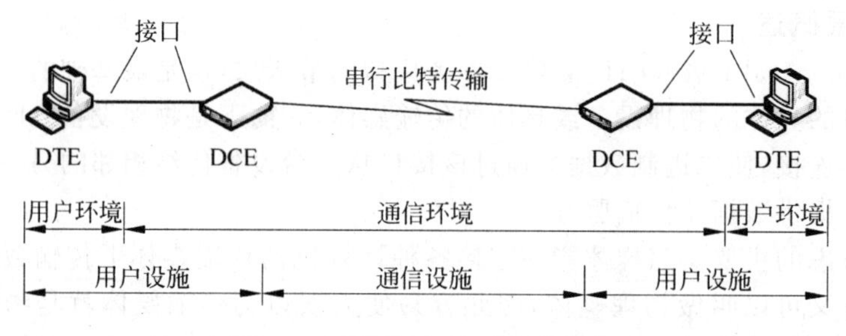

图 3-8 DTE 与 DCE 之间的接口

DTE 可以是一台计算机或一个终端，而典型的 DCE 就是一个与模拟线路相连的调制解调器。DTE 与 DCE 之间的接口一般都有许多条并行线，包括多种信号线和控制线。DCE 将 DTE 传过来的数据，按比特流顺序逐个发往传输线路，或反过来从传输线路接收串行的数据比特流，然后再交给 DTE。所以，这就需要高度协调的工作，就必须对 DTE 和 DCE 的接口进行标准化，这种接口标准就是物理层协议。网络中经常使用的集线器（HUB）和已经很少使用的中继器（repeater）就是典型的物理层设备。对于物理层设备来讲，它只认识电流，至于什么是 MAC 地址、IP 地址，它什么也不知道。

2. 物理接口的四个特性

物理层的主要任务就是确定与传输媒体相连的接口的机械特性、电气特性、功能特性和规程特性。

（1）机械特性。物理层的机械特性规定了物理连接时所使用可接插连接器的形状和尺寸，连接器中引脚的数量与排列情况等。

（2）电气特性。物理层的电气特性规定了在物理信道上传输比特流时信号电平的大小、数据的编码方式、阻抗匹配、传输速率和传输距离限制等。

（3）功能特性。物理层的功能特性规定了物理接口上各条信号线的功能分配和确切定义。物理接口信号线一般分为数据线、控制线、定时线和地线。

(4) 规程特性。物理层的规程特性规定了信号线进行二进制比特流传输的一组操作过程,包括各信号线的工作规则和时序。

3. 物理接口标准举例(以 RS-232D 接口标准为例)

RS-232D 是美国电子工业联合会(EIA)制定的物理接口标准,也是目前数据通信与网络中应用较为广泛的一种标准。它的前身是美国电子工业联合会在 1969 年制定的 RS-232C 标准,经 1987 年 1 月修改后,定名为 EIA-232D,由于相差不大,人们常将它们简称为"RS-232 标准"。EIA-232D 连接器的接口图如图 3-9 所示。

机械特性方面的技术指标是:RS-232D 规定使用一个 25 根插针的标准连接器,每个插座(孔是插座,针是插头)有 25 针插头,RS-232D 规定在 DCE 一侧采用针式结构,上面一排针(从左到右)分别编号为 1～13,下面一排针(从左到右)分别编号为 14～25;RS-232D 规定在 DTE 一侧采用孔式结构,上面一排孔(从右到左)分别编号为 1～13,下面一排针(从右到左)分别编号为 14～25。

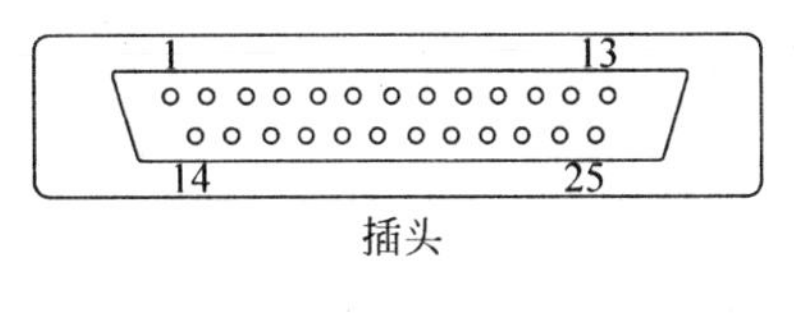

插头

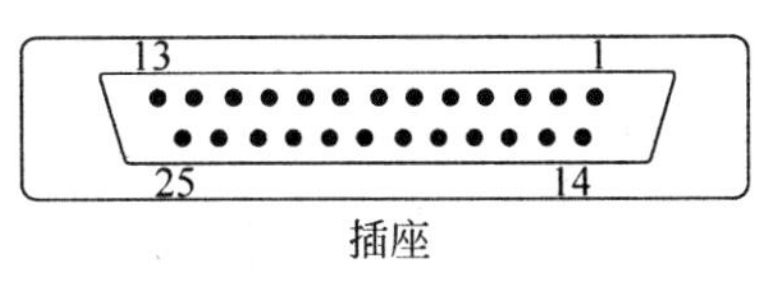

插座

图 3-9　RS-232D 连接器的接口图

电气特性方面,RS-232D 采用负逻辑,即逻辑 0 用+5～+15V 表示,逻辑 1 用－5～－15V 表示,允许的最大数据传输率为 20kb/s,最长可驱动电缆 15m。

功能特性方面,RS-232D 定义了连接器中 25 根引脚与哪些电路连接以及每个引脚的功能。实际上有些引脚可以空着不用,如图 2-10 所示给出的是最常用的 10 根引脚的作用,括号中的数目为引脚的编号。引脚 1 是保护地(屏蔽地),有时不用,只用到图中的其他 9 个引脚,所以我们会看到一根线上会有两个分支,一个是 25 芯插头座,另一个是 9 芯插头座,供计算机与调制解调器进行连接,这里提到的"发送"和"接收"都是就 DCE 而言的。

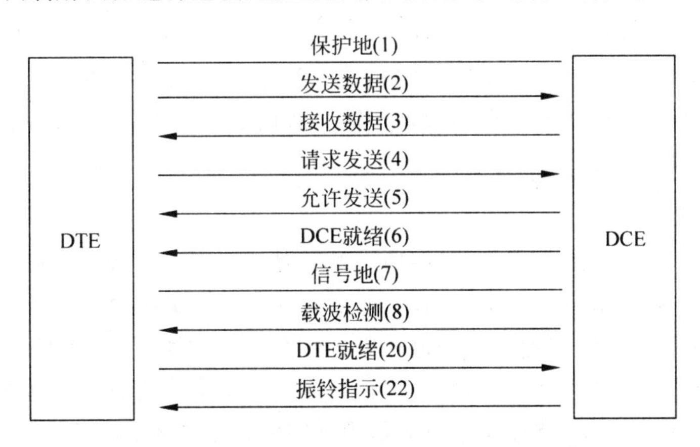

图 3-10　RS-232D 连接器常用的 10 根引脚的作用

规程特性方面，RS-232D 规定了在 DTE 和 DCE 之间发生事件的合法顺序。下面给出两个 DTE 通信所经过的几个主要步骤，如图 3-11 所示。

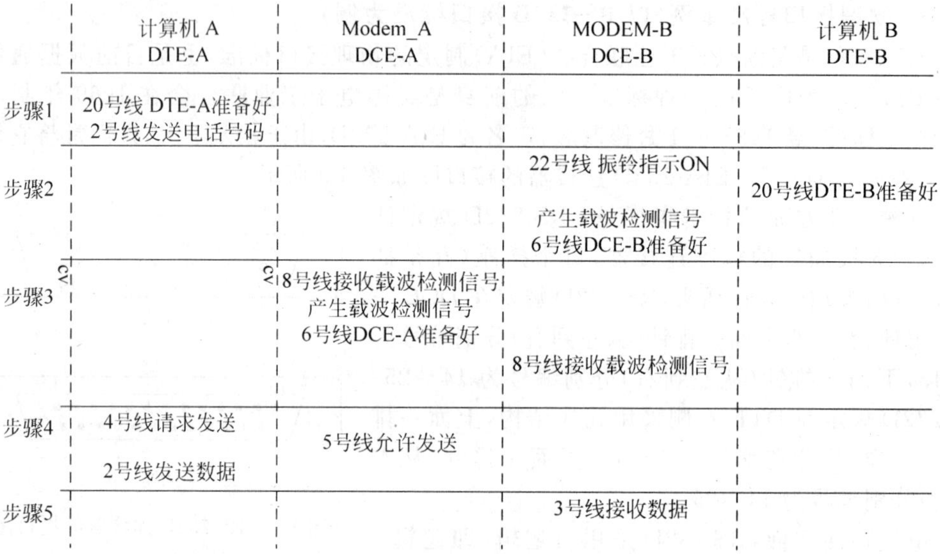

	计算机 A DTE-A	Modem_A DCE-A	MODEM-B DCE-B	计算机 B DTE-B
步骤1	20号线 DTE-A准备好 2号线发送电话号码			
步骤2			22号线 振铃指示ON 产生载波检测信号 6号线DCE-B准备好	20号线DTE-B准备好
步骤3		8号线接收载波检测信号 产生载波检测信号 6号线DCE-A准备好	8号线接收载波检测信号	
步骤4	4号线请求发送 2号线发送数据	5号线允许发送		
步骤5			3号线接收数据	

图 3-11　RS-232D 的规程特性（两个 DTE 通信实例）

3.3.6　数据链路层

数据链路层（data link layer，DL）是 OSI 参考模型的第二层，它把物理层传来的“0”、“1”信号组成帧的格式，即把物理层传来的原始数据打包成帧，并负责帧在计算机之间进行无差错的传输。数据链路层的作用就是负责数据链路信息从源点传输到目的点的数据传输与控制，如连接的建立、维护和拆除，异常情况处理，差错控制与恢复等，检测和校正物理层可能出现的差错，使两个系统之间构成一条无差错的链路，在不太可靠的物理链路上，通过数据链路层协议实现可靠的数据传输。数据链路层传输的基本单位是帧。

1. 数据链路层的基本概念

1）什么是帧

人说话时震动空气，形成声波，这些声波被其他人的耳朵感知后，人们就可以进行交谈。交谈开始时，声波组合成一个个的单词，后来这些单词又组合成一个个的句子。网络上数据传输的原理与人们进行交谈的过程颇为相似。在以太网中，网络设备将“位”组成一个个的字节，然后将这些字节“封装”成“帧”，而交换机交换的就是这些“帧”。帧只对能够识别它的设备才有意义，就像汉字只对认识汉字的人来说才有意义。对于集线器来说，帧是没有意义的，因为它属于物理层设备，只认识脉冲电流。帧是数据链路层传输的基本

单位，而交换机正是第二层设备，所以它能够识别帧。有许多人对帧所存在的层次不清楚，所以不能很好地理解交换机与集线器的区别。关于这里提到的集线器和交换机，现在不必过于深究，在以后的相关章节中会有比较详细的叙述。当一台主机发送的帧传至交换机后，交换机识别其中的地址信息，然后将帧转发给帧的目的地。对于交换机而言，虽然它也能（也必须）感知到电流，但是它的作用在于能够将电流组成帧，并识别帧头的信息。

2）帧是如何产生的

帧是当计算机发送数据时由发送数据的计算机产生的。具体来说，帧是由计算机上安装的网卡产生的。网卡把对用户有意义的信息（如文字）分割成网络上可以传输的大小，然后封装到帧里面，再按照一定的次序发送出去。为什么要把数据封装成帧呢？因为用户数据一般都比较大，如 Word 文件可以达到十几兆字节，一下发送出去十分困难，于是就需要分成许多份，依次发送。就像邮寄大的包裹，若没有合适的包装怎么办。把东西分成小份，分别装进一定规格的包裹中，并做上标记，这样问题就解决了。

3）帧的内容

如果把脉冲电流看成是轨道，那么帧就是运行在轨道上的火车。火车有车头和车尾，帧也有一个起点，称之为“帧头”；帧也有一个终点，称之为“帧尾”。帧结构示意图如图 3-12 所示。

帧尾　010110101110101010110　帧头

图 3-12　帧结构示意图

帧头和帧尾之间的部分是这个帧负载的数据，相当于火车车头和车尾之间的车厢，但并不是有效数据。因为帧里面还有其他的各种信息，就像车厢本身也有重量一样。帧中还有其他各种复杂的信息，这里就不再一一叙述。

以太网帧的大小总是在一定的范围内浮动，最大的帧的大小是 1518 字节，最小的帧的大小是 64 字节。在实际应用中，帧的大小是由设备的 MTU（最大传输单位）即设备每次能够传输的最大字节数自动来确定的。

4）帧的传输方式

帧在网络中传输的时候，具有三种传输方式：单播、多播和广播，这三个术语都是用来描述网络节点之间通信方式的术语，能否理解它们对掌握网络技术具有非常重要的意义。

Ⅰ. 单播（点对点通信）

网络节点之间的通信就好像是人们之间的对话一样，如果一个人对另外一个人说话，那么用网络技术的术语来描述就是“单播”，也称为“点对点通信”。这时帧的接收和传递只在两个节点之间进行。单播在网络中得到了广泛的应用，网络上绝大部分的数据都是以单播的形式传输的，只是一般网络用户不知道而已。例如，在收发电子邮件、浏览网页时，必须与邮件服务器、Web 服务器建立连接，此时使用的就是单播数据传输方式。但是通常使用“点对点”通信代替“单播”，因为“单播”一般与“多播”和“广播”相对应使用。单播示意图如图 3-13 所示。

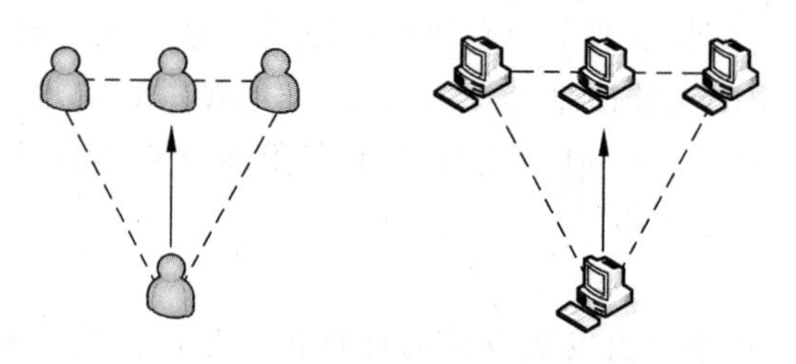

图 3-13　单播(一对一)示意图

Ⅱ. 多播

“多播”可以理解为一个人向多个人(但不是在场的所有人)说话，这样能够提高通话的效率。如果要向特定的某些人通知同一件事情，又不想让其他人知道，而使用电话一个一个通知又非常麻烦，而使用日常生活中的大喇叭进行广播通知，又达不到只通知个别人的目的，此时使用“多播”来实现就会非常方便。但是现实生活中多播设备非常少。

“多播”也可以称为“组播”，在网络技术的应用中并不是很多，网上视频会议、网上视频点播特别适合采用多播方式。因为如果采用单播方式，每个节点传输，有多少个目标节点，就会有多少次传送过程。显然，这种方式效率很低，是不可取的。如果采用不区分目标、全部发送的广播方式，虽然一次可以传送完数据，但是达不到区分特定数据接收对象的目的。采用多播方式，既可以实现一次传送所有目标节点的数据，又可以达到只对特定对象传送数据的目的。多播示意图如图 3-14 所示。

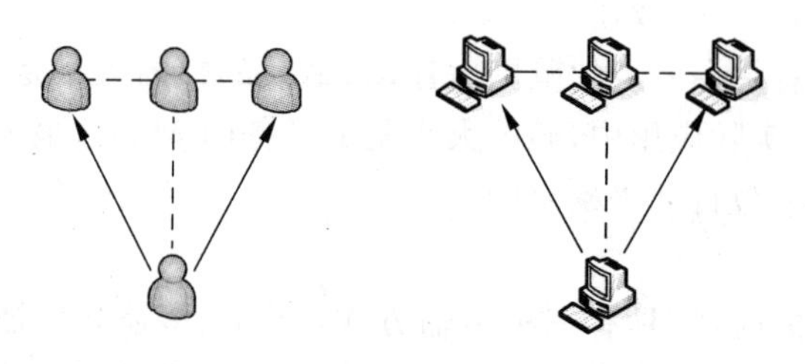

图 3-14　多播(一对多)示意图

Ⅲ. 广播

“广播”可以理解为一个通过广播喇叭对在场的全体说话，这样做的好处是通话效率高，信息一下子就可以传送到全体，如图 2-15 所示。在广播帧中，帧头中的目标 MAC 地址是“FF. FF. FF. FF. FF. FF”，代表网络上所有的主机。每台主机上的网卡收到广播帧后就认为是发送给自己的帧，就进行处理。“广播”在网络中的应用较多，如客户机通过 DHCP 自动获得 IP 地址的过程就是通过广播帧来实现的。但是与单播和多播相比，广播

几乎占用了子网内网络的所有带宽。就像我们开大会，在会场上，只能有一个人发言，想象一下，如果所有的人都用麦克风发言，那会场上就会乱成一片。

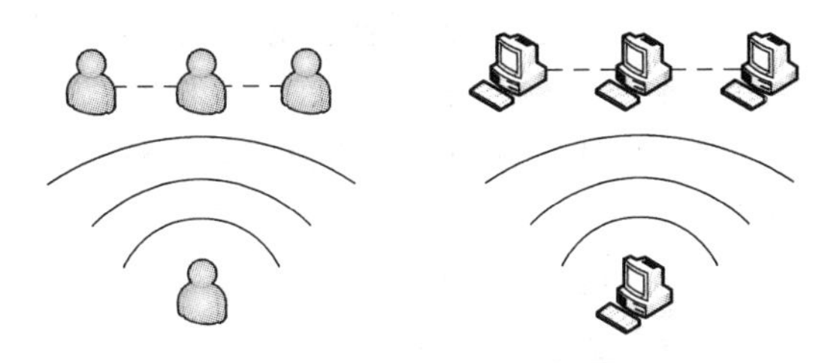

图 3-15　广播（一对全体）示意图

在网络中，即使没有用户人为地发送广播帧，网络上也会出现一定数量的广播帧，因为即使没有人工干预，连在网络上的网络设备也会发送广播帧，因为设备之间也需要相互通信。在不了解对方地址的情况下，只有发送广播帧才能与其他设备进行通信。

在网络中不能很长时间地出现广播帧，否则就会出现所谓的"广播风暴"。广播风暴就是网络长时间被大量的广播数据包所占用，使点对点通信无法正常进行，外在表现为网络速度奇慢无比。出现广播风暴的原因有很多，一块有故障的网卡就可能长时间地向网络上发送广播包而导致广播风暴。

广播风暴不能完全杜绝，但是只能在同一子网内传播，就好像喇叭的声音只能在同一会场里传播一样。因此，在有几百台甚至上千台计算机构成的大中型局域网中，一般进行子网划分，就像将一个大厅用墙壁隔离成许多小厅一样，以达到隔离广播风暴的目的。另外，使用路由器或三层交换机也能达到隔离广播的目的。当路由器或三层交换机收到广播帧时它并不转发这个帧，而仅仅是抛弃这个帧，也就是不处理广播帧。本来广播帧可以扩散至整个网络中，但是，当遇到路由器时，广播帧就无法再传递至路由器其他端口连接的网络，从而达到隔离广播风暴的目的。

2. 数据链路层的主要功能

（1）链路管理。链路管理就是进行数据链路的建立、维护和拆除。在链路两端的节点进行通信前，必须首先确认对方已处于就绪状态，并交换一些必要的信息，以对帧序列进行初始化，然后再建立链路连接。在传输过程中，还要能维持这种连接，传输完毕后要拆除该连接。

（2）帧同步。为了使传输中发生差错后只将有错的有限数据进行重发，数据链路层将比特流封装成帧进行传送。每个帧除包括要传送的数据外，还包括校验码，以使接收方能发现传输中的差错。帧的组织结构必须设计成使接收方能够明确地从物理层收到的比特流中对其进行识别，即能从比特流中区分出一帧的开始和结束在什么地方。

（3）流量控制。为防止双方速度不匹配或接收方没有足够的接收缓存而导致数据拥

塞或溢出，数据链路层必须采取一定的措施使通信网络中的链路或节点上的信息流量不超过某一限制值，即发送端发送的数据要能使接收端来得及接收。当接收方来不及接收时，必须及时控制发送方发送数据的速率，同时使帧的接收顺序与发送顺序一致。

(4) 差错控制。为了保证数据传输的正确性，在计算机通信中，通常采用的是检错反馈重发方式，即接收方每收到一帧便检查帧中是否有错，一旦有错，就让发送方重发该帧，直至接收方正确接收为止。

(5) 透明传输。当所传输的数据中的比特组合恰巧与某一个控制信息完全一致时，必须采取适当的措施，使接收方不会将这样的数据误认为是某种控制信息。

在这其中，差错控制和流量控制是数据链路层的两个重要功能。数据链路层常用于差错控制和流量控制的协议有停止等待协议(自动请求重传协议)、连续 ARQ 协议和选择重传 ARQ 协议等。

1) 停止等待协议

当两个主机进行通信时，发送端将数据从应用层逐层向下传，经物理层到达通信线路。通信线路将数据传到远端主机物理层后，再逐层向上传，最后由应用层交给远程应用程序。如果进行全双工通信，则在每一方都要同时设有发送缓存和接收缓存。设置缓存是非常必要的，因为在通信线路上数据是以比特流形式串行传输的，但在计算机内部数据的传输是以字节为单位并行传输的。因此，必须在计算机的存储器中设置一定容量的缓存，以便解决数据传输速率不一致的矛盾。

为了使接收方的接收缓存在任何情况下都不会溢出，流量控制的最简单办法就是发送一帧就暂时停下来。接收方收到数据帧交付主机后将一个信息发送给发送方，表示接收任务已经完成。这时，发送方才发送下一个数据帧。显然，用这样的发送方法收发，双方能够同步得很好，发送方发送数据的流量受到接收方的控制。由接收方控制发送方的数据流量，是计算机网络中流量控制的一个基本方法。

数据链路层在进行流量控制的同时，也要进行差错控制。解决差错控制的方法是接收方在收到一个正确的数据帧后，即交付主机，同时向发送方发送一个确认帧 ACK。当发送方收到确认帧 ACK 后才能发送一个新的数据帧，如图 3-16(a)所示。

当数据帧在传输过程中出现差错时，接收方一旦发现有错，就会将该帧丢弃，同时向发送方发送一个否认帧 NAK，以表示发送方应当重传出现差错的那个数据帧，如图 3-16(b)所示，节点 A 重传数据帧。如多次出现差错，就要多次重传数据帧，直到收到接收方发来的确认帧 ACK 为止。当通信线路质量太差时，发送方在重传一定的次数后就不再进行重传，而是将此情况向上一层报告。

还会出现的一种情况就是，可能节点 B 收不到节点 A 发来的数据帧，即帧丢失，如图 3-16(c)所示。发生帧丢失时节点 B 当然不会向节点 A 发送任何确认帧。如果节点 A 要等收到节点 B 的确认信息后再发送下一个数据帧，那么就将永远等待下去，于是就出

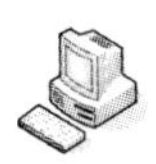

现了死锁现象。同理，如果节点B发送过去的确认帧也丢失，同样也会出现这种死锁现象，如图3-16(d)所示。

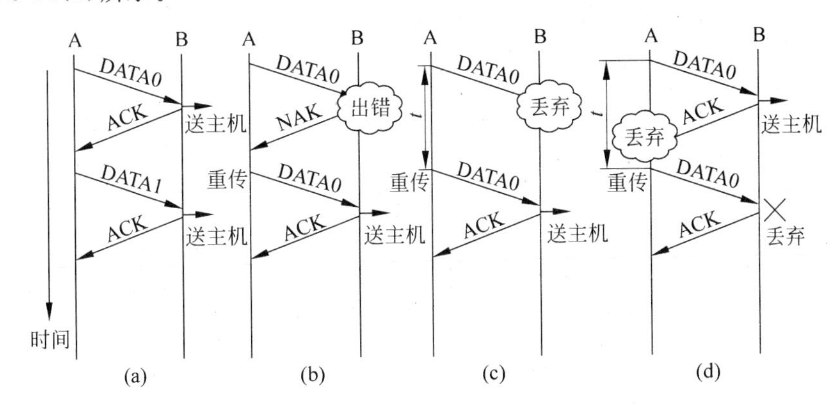

图3-16　停止等待协议的工作原理

要想解决死锁问题，可在节点A发送完一个数据帧后，就启动一个超时计时器。若到了超时计时器所设置的重传时间 t 仍收不到节点B的任何确认信息，则节点A就重传前面所发送的这一数据帧。一般可将重传时间选为略大于从发送完数据帧到接收到确认帧所需的平均时间。

另外，出现数据帧丢失时，超时重传的确是一个好办法，但是若丢失的是确认帧，则超时重传将使节点B收到两个同样的数据帧。由于节点B现在无法识别重复的数据帧，因而在节点B收到的数据中出现了另一种差错：重复帧。重复帧也是一种不允许出现的差错。

要想解决重复帧的问题，就必须使每一个数据帧带上不同的发送序号，每发送一个新的数据帧就把它的发送序号加1。如果节点B收到发送序号相同的数据帧，就表明出现了重复帧，这时就丢弃这个重复帧，因为已经收到过同样的数据帧并且已交付给了主机。但此时节点B还必须向节点A发送一个确认帧ACK，因为节点B已经知道节点A还没有收到上一次发送过去的确认帧ACK。

在停止等待协议中，由于每发送一个数据帧就停止等待，因此只要用一个比特进行编号就可以了。一个比特可以有0和1两种不同的序号，这样数据帧的发送序号就以0和1交替的方式出现在数据帧中。每发送一个新的数据帧，发送序号就和上次的不一样，接收端就能够区分新的数据帧和重传的数据帧。

由以上可以看出，发送端在发送完数据帧后，必须在其发送缓存中保留此数据帧的副本，这样才能在出差错时进行重传。只有在收到对方发来的确认帧ACK后，才能清除副本。由于发送端对出错的数据帧进行重传是自动的，所以这种差错控制方式常简称为ARQ(automatic repeat request)，直译为“自动重传请求”，意思就是自动请求重传。

2）连续 ARQ 协议

自动请求重传协议的优点在于简单，在下一个帧发送之前都进行检验并应答；其缺点是效率低，在线路上总是只有一帧，且每一帧都使用跨越整个线路所需要的时间来发送和接收。为了提高效率，就可采用连续 ARQ 的方式，即在发送完一个数据帧后，不是停下来等待确认帧，而是可以连续再发送若干个数据帧。如果这时收到了接收端发过来的确认帧，那就还可以接着发送数据帧。

如图 3-17 所示的例子表示了连续 ARQ 协议的工作原理，节点 A 向节点 B 发送数据帧。当节点 A 发完 0 号帧后，不是停止等待，而是继续发送后续的 1 号帧至 5 号帧。由于连续发送了许多帧，所以确认帧不仅要说明是对哪一帧进行确认或否认，而且确认帧本身也必须编号。节点 B 正确收到 0 号帧和 1 号帧，并交付主机。假设 2 号帧出现差错，节点 B 就将有差错的 2 号帧丢弃。节点 B 运行的协议可以有两种选择：一种是在出现差错时就向节点 A 发送否认帧；另一种是在出现差错时不作任何响应，现在假定采用后一种协议。

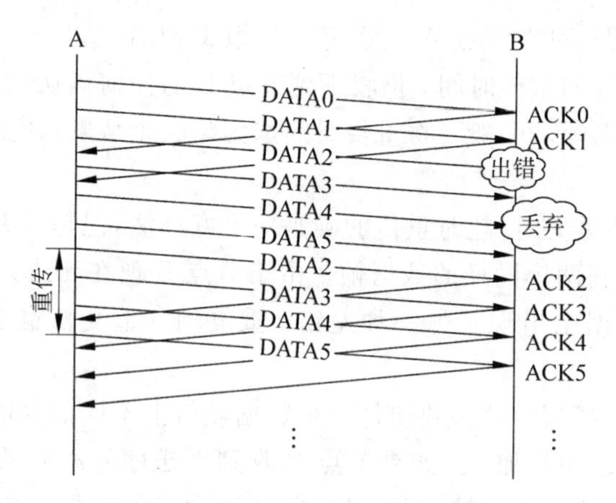

图 3-17 连续 ARQ 协议的工作原理

因为接收端只按顺序接收数据帧，因此虽然在有差错的 2 号帧后面接着又收到了正确的 3、4、5 号三个帧，但都必须将它们丢弃，因为这些帧的发送序号都不是所需的 2 号帧。发送端在每发送完一个数据帧时都要设置超时计时器，只有在到了所设置的超时时间而仍未收到确认帧时，才要重传相应的数据帧。在等不到 2 号帧的确认信息而重传数据帧时，需将 2 号帧及其以后的各帧全部进行重传。

3）选择重传 ARQ 协议

如果传输线路质量好，很少出现差错，则连续 ARQ 协议的效率高。但如果线路的质量不好，且经常出现差错或丢失帧，就要经常重传数据帧。重传是从出错的那一帧开始的，即使是其后面的各帧都正确，也都要重传。这样，就会降低传输效率，浪费资源。一种

更好的改进方法是选择重传ARQ协议。

选择重传ARQ协议只是重传出现差错的那一帧。当接收端发现某帧出错后，将其后面的正确的帧先接收下来，存放在一个缓冲区里，同时要求发送端重传出差错的那一帧。接收端一旦接收到重传的新帧并确认后，与原已存放在缓冲区的各帧一起按正确的顺序交付给上一层。选择重传ARQ协议可避免重复传输那些已经正确接收到的数据帧，但代价是在接收端必须设置具有一定容量的缓冲区。

3. 数据链路层协议

数据链路层协议主要分为两类：面向字符型和面向比特型。

面向字符是指在链路上所传送的数据及控制信息必须是由规定的字符集中的字符所组成。面向字符型的数据链路控制协议传输效率比较低。随着通信量的增加及计算机网络应用范围的不断扩大，面向字符的链路控制协议使用率越来越低。20世纪60年代末人们提出了面向比特的数据链路控制协议，它具有更大的灵活性和更高的效率，逐渐成为数据链路层的主要协议。

下面以典型的HDLC协议为例，介绍协议的特点及有关的命令和响应，并举例说明HDLC的传输控制过程。HDLC定义了三种类型的站、两种链路配置以及三种数据传输模式。

1）三种类型的站

主站：负责控制链路的操作和运行，主站发出命令帧，接收响应帧。

从站：从站在主站的控制下进行工作，对链路无控制权，从站间不能直接通信，从站接收主站的命令帧，发出响应帧。

复合站：具有主站和从站的双重功能，既能发送又能接收命令帧和响应帧，并负责整个链路的控制。

2）两种链路配置

非平衡配置：由一个主站与一个或多个从站构成，既可以用于点对点链路，也可用于点对多点链路，主站控制从站并实现链路管理，如图3-18(a)所示。

平衡配置：由两个复合站构成，只适用于点对点的链路，如图3-18(b)所示。

3）三种数据传输模式

正常响应模式(NRM)：用于非平衡配置的传输模式，只有主站才能启动数据传输，从站只有在收到主站的询问命令后才能向主站传送数据。

异步响应模式(ARM)：用于非平衡配置的传输模式，从站不必确切地接收到来自于主站的允许传输的命令就可开始传输数据，主站仍然负责控制和管理链路。

异步平衡模式(ABM)：用于平衡配置的传输模式，传输是在复合站之间进行的，任何一个复合站不必事先得到对方的许可就可以开始传输数据。

数据链路层对等实体间的通信一般要经过数据链路的建立、数据传输和数据链路的

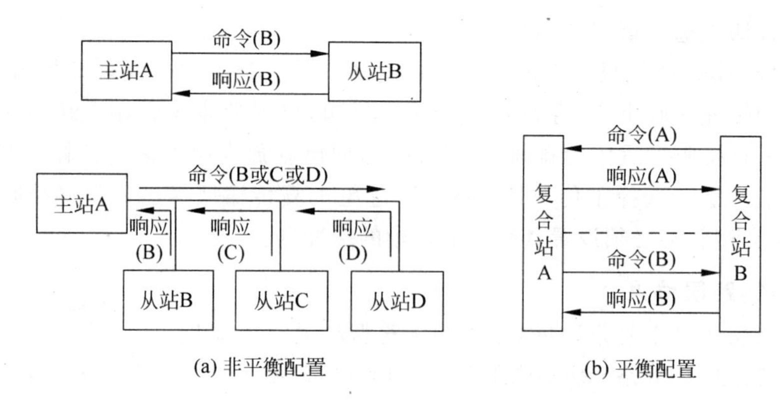

图 3-18　两种链路配置

释放三个阶段。

1）HDLC 帧格式

数据链路层的数据传输是以帧为单位的，一个帧的结构有固定的格式。HDLC 帧结构如图 3-19 所示。

8 位	8 位	8 位	可变	16 位	8 位
标志 （F）	地址 （A）	控制 （C）	信息 （I）	帧校验序列 （FCS）	标志 （F）

图 3-19　HDLC 帧结构

HDLC 帧的内容如表 3-4 所示。

表 3-4　HDLC 帧的内容

符号	定义	长度	内　　容
F	标志字段	8	帧首、帧尾填充序列（同步字）
A	地址字段	8	从站或响应站地址
C	控制字段	8	控制信息
I	信息字段	可变	数据
FCS	帧校验序列字段	16	CRC 差错校验序列

（1）标志字段 F。物理层要解决比特同步的问题，数据链路层要解决帧同步的问题。所谓帧同步就是从收到的比特流中能正确无误地判断出一个帧从哪个比特开始到哪个比特结束。为此，HDLC 规定了在一个帧的开头（即首部中的第一个字节）和结尾（即尾部中的最后一个字节）各放入一个特殊的标记，作为一个帧的边界。这个标记就叫做标志字段 F(Flag)。标志字段 F 为 8 位(bit)，即 01111110。在接收端，只要找到标志字段，就可

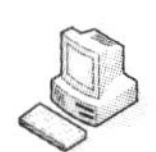

以很容易地确定一个帧的位置。当连续传输两个帧时，前一个帧的结束标志字段F可以兼作后一帧的起始标志字段。当暂时没有信息传送时，可以连续发送标志字段，使接收端可以一直与发送端保持同步。

在两个F标志字段之间的其他字段中，如果碰巧出现了与标志字段F一样的比特组合，很容易会被误认为是帧的边界。为了避免出现这种错误，HDLC采用零比特填充法，使一帧中两个F字段之间不会出现6个连续的1。零比特填充法的具体做法是：在发送端，除F字段以外的发送序列中，只要有5个连续的1，则立即在其后填入一个0。因此，经过这种零比特填充后的数据，就可以保证不会出现6个连续的1。在接收一个帧时，先找到F字段，以确定帧的边界，接着在后续比特流中，每当发现5个连续的1时，就将这5个连续的1后的0删除，以还原成原来的比特流。这样就保证了在所传输的比特流中，不管出现什么样的比特组合，也不至于引起帧边界的判断错误。例如，要发送的数据中某一段比特流为1010111111010101 1，这中间01111110的组合恰好与F标志相同，但采用零比特填充后，比特流就变为10101111101010101 1，然后才发送到接收方。在接收方，将5个连续的1后的0删除就恢复成原来的比特流。

(2) 地址字段A。地址字段A占8位。当采用非平衡方式传送数据时，地址字段总是填入从站的地址，但当采用平衡方式时，地址字段总是填入响应站的地址。在非平衡方式的正常响应模式中，主站发命令填对方站的地址，从站发响应填的是本站地址。地址字段全部为1时，表示广播地址，每个从站均可接收，地址字段中全部为0表示无效地址。

(3) 信息字段I。将网络层传下来的分组，变成数据链路层的数据，这就是HDLC的信息字段。信息字段的长度没有具体规定。一般信息字段长度是8位的倍数。

(4) 帧校验序列FCS。该字段占16位，其作用是进行差错控制。校验时采用CRC校验方式，校验的范围是从地址字段的第一位起，到信息字段的最末一位为止。

(5) 控制字段C。控制字段共8位，HDLC帧将其划分为三类，即信息帧I、监督帧S和无编号帧U。如图3-20所示的是HDLC控制字段各位的含义。

1	2	3	4	5	6	7	8
0	N(S)			P/F	N(R)		
1	0	5		P/F	N(R)		
1	1	M		P/F	M		

图3-20　HDLC控制字段各位的含义

信息帧(I)：若控制字段的第一位为0，则表示对应的帧为信息帧，功能是执行信息的传输。其中，2～4位为发送序号N(S)，表示当前发送的信息帧的序号。6～8位是接收序号N(R)，表示这个站所期望收到的帧的序号，N(R)带有确认的意思，它表示序号为[N(R)-1]的帧以及在这以前的各帧都已经正确无误地接收到了。控制字段的第5位是询问/终止位，简称P/F位。在非平衡配置的正常响应模式NRM中，主站发出的命令帧中将该位置为1时，表示要求对方立即响应。在从站发出的响应帧中该位为1时，表示从站的数据发送完毕。例如，主站可以发送带P=1的信息帧(I)或监督帧(S)要求从站响应。

在未收到 P=1 的命令帧时，从站不得发送信息帧(I)或监督帧(S)，在从站收到 P=1 的命令帧时，可发送一个或多个响应帧，但最后一个响应帧的 F 位必须置 1，表示数据发送完毕，响应中止，从站停止发送数据，直到又收到 P=1 的命令帧后才能再发送响应帧。

监督帧(S)：若控制字段的第 1、2 位为 1、0，则表示对应的帧为监督帧(S)。所有的监督帧都不包含要传送的数据信息，因此它只有 48 位长。监督帧共有四种，取决于第 3、4 位的值。对应四种不同的编码，其含义分别如下：

00：接收就绪(RR)，由主站或从站发出。主站可以使用 RR 型监督帧来询问从站，即希望从站传输序号为 N(R)的信息帧。从站也可以用 RR 型监督帧来作响应，即希望从主站那里接收的下一个信息帧的序号是 N(R)。

01：拒绝接收(REJ)，由主站或从站发出，表示 N(R)帧未通过 CRC 校验，拒绝接收，要求发送方对从序号为 N(R)开始的帧及其以后所有的帧进行重发，同时表示[N(R)-1]帧及这以前的帧都已正确接收。

10：接收未就绪(RNR)，表示目前正处于忙状态，尚未准备好接收序号为 N(R)的帧，但序号[N(R)-1]帧及其以前的帧都已正确接收，这可用来对链路流量进行控制。

11：选择拒绝(SREJ)，它要求发送方发送序号为 N(R)的单个信息帧，并表示其他序号的信息帧已全部确认。

四种监督帧中，前三种用在连续 ARQ 协议中，而最后一种只用于选择重传 ARQ 协议中。

无编号帧(U)：若控制字段的第 1、2 位都是 1，则这个帧就是无编号帧 U。无编号帧本身不带编号，即无 N(S)和 N(R)字段，而是用 5 位来表示不同功能的无编号帧。目前只定义了 15 种无编号帧。无编号帧主要起控制作用，可在需要时随时发出。典型的无编号帧有：SNRM，置正常响应模式；SARM，置异步响应模式；SABM，置异步平衡模式；DISC，断开连接；UP，无编号探询；UA，无编号确认；FRMR，帧拒绝。

2) HDLC 的数据传输过程

按照 HDLC 协议，两个站点使用交换线路的通信可以分为三个阶段：建立链路、数据传输、释放链路，现以正常响应模式、半双工通信为例，说明两站的数据传输过程。为了便于说明，现将帧的信息按以下顺序标识：帧类型、N(S)、N(R)、P/F，如帧类型中用 I 表示信息帧，用 S 表示监督帧等。例如，为“I,4,3,P”的帧信息，表示主站发出信息帧，当前发送 4 号帧，期望接收 3 号帧且 0～2 号帧已收到，要求对方立即响应，P 的值为 1；若为“I,4,3,F”的帧信息，表示从站发出信息帧，当前发送 4 号帧，期望接收 3 号帧且 0～2 号帧已收到，数据发送完毕，响应终止，F 的值为 1；若为“I,4,3”的帧信息，表示主站或从站发出信息帧，当前发送 4 号帧，期望接收 3 号帧且 0～2 号帧已收到，P 或 F 的值为 0。

(1) 建立链路

确定发收关系，主站向从站发送命令帧(SNRM)，请求建立正常响应链路。若从站同

意，则发 UA 响应帧，并置接收端计数器 V(R)＝0，准备接收信息；若从站不同意，则不发 UA 响应帧。主站接收到 UA 响应后同样置发送端计数器 V(S)＝0，准备发送信息帧。“SNRM，P”的含义是请求建立正常响应链路，要求对方立即响应；“UA，F”的含义是同意建立连接，数据发送完毕，如图 3-21 所示。

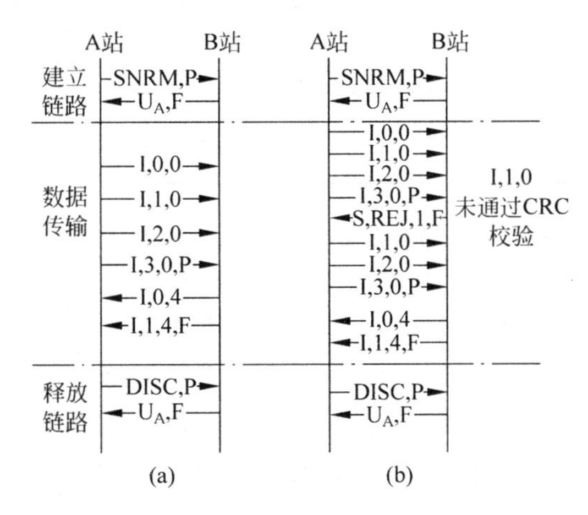

图 3-21　HDLC 的数据传输过程

（2）数据传输

主站发送信息帧，把发送计数器 V(S)装入信息帧的 N(S)段中，每发完一帧，V(S)就加 1。图 3-21(a)所示为主站连续发送 4 个信息帧，从站连续发 2 个响应帧，均无差错，传输结束。其中，“I，0，0”表示主站发出信息帧，当前发送 0 号帧，期望接收 0 号帧，不要求对方立即响应；“I，3，0，P”表示主站发出信息帧，当前发送 3 号帧，期望接收 0 号帧，要求对方立即响应，只有主站要求从站响应时，从站才能发送数据；“I，1，4，F”表示从站发出信息帧，当前发送 1 号帧，期望接收 4 号帧，且 0～3 号帧已收到，数据发送完毕，响应终止。图 3-21(b)所示为主站连续发送 0～3 号帧后，通信中出现差错的情况。“S，REJ，1，F”表示从站发出监督帧，1 号帧未通过 CRC 校验，拒绝接收，要求重发 1 号帧及其以后所有的帧，且 0 号帧已收到，数据发送完毕，响应终止；主站重发 1～3 号帧。

（3）释放链路

主站向从站发出释放命令帧(DISC)，从站接收，若同意释放，则向主站发出 UA 响应帧，否则无响应。主站收到从站的 UA 后，将数据链路释放。若在规定时间内未收到 UA 响应帧，则重发 DISC。当超过规定的重发次数后仍未收到 UA 响应时，则开始系统恢复操作。其中，“DISC，P”表示要求释放链路，要求对方立即响应。

目前，已将 HDLC 协议的功能固化在大规模集成电路中，使用者只要了解其协议的功能和这种大规模集成电路的使用方法，就能用它构建一个通信系统，方便地实现计算机

间的通信。

3.3.7 网络层

数据链路层协议是两个直接连接节点间的通信协议，它不能解决数据经过通信子网中多个转接节点的通信问题。设置网络层的主要目的就是要为报文分组以最佳路径通过通信子网到达目的主机提供服务，而网络用户不必关心网络的拓扑结构与所使用的通信介质。

1. 网络层的主要功能

网络层是OSI参考模型中的第三层，介于传输层和数据链路层之间。网络层也许是OSI参考模型中最复杂的一层，部分原因在于现有的各种通信子网事实上并不遵循OSI网络层服务定义。同时，网络互联问题也为网络层协议的制定增加了难度。

通信子网的最高层就是网络层，因此网络层的主要作用是控制通信子网正常运行以及解决通信子网中的路由选择问题，它为整个网络中的计算机进行编址，并自动根据地址找出两台计算机之间进行数据传输的通路，也称为路由选择。网络层所传输信息的基本单位是分组或包。

OSI参考模型规定网络层的功能主要有以下几点：

（1）建立、维护和拆除网络连接。两个终端用户之间的通路是由一个或多个通信子网的多条链路串接而成，在网络层的一种称为虚电路的服务中，涉及这种虚电路连接的建立、维护和拆除过程。

（2）组包/拆包。在网络层，数据的传输单位是分组（或包）。在网络发送方系统中，数据从高层向低层流动到达网络层时，传输层的报文要分为多个数据块，在这些数据块的头/尾部加上一些相关控制信息（即分组头/尾）后，就构成了分组，即组成了包。在接收方系统中，数据从低层向高层流动到达网络层时，要将各分组原来加上的分组头/尾等控制信息拆掉（即拆包），组合成报文，传送给传输层。

（3）路由选择。路由选择也叫路径选择，它是根据一定的原则和路由选择算法在多节点的通信子网中选择一条从源节点到目的节点的最佳路径。当然，最佳路径是相对于几条路经中较好的路径而言的，一般是选择时延小、路径短、中间节点少的路径作为最佳路径。通过路由选择，可使网络中的信息流量合理分配，减轻拥挤，提高传输效率。

（4）拥塞控制。数据链路层的流量控制是针对相邻两个节点之间的数据链路进行的，而网络层的拥塞控制是对整个通信子网内的流量进行控制，是对进入分组交换网的流量进行控制。

2. 网络服务

网络层所提供的服务有两大类，即面向连接的网络服务和无连接的网络服务，这两种

服务的具体实现就是数据报服务和虚电路服务。

面向连接服务是指在数据传输之前，必须先建立连接，当数据传输结束后，就拆除这个连接。所以，面向连接服务具有连接建立、数据传输和连接拆除三个阶段，在传输数据时是按序传输的。面向连接服务比较适合于在一定时期内要向同一目的地发送大量数据的情况。

无连接服务是指在通信之前不需要建立连接，将要传送的分组直接发送到网络进行传输，但每个分组都要携带目的地址信息，以便在网络中找到路由。无连接服务的优点是灵活方便和比较迅速。

1）数据报服务

数据报服务类似于邮政系统的信件投递。每个分组都携带完整的源、目的节点的地址信息，独立地进行传输。每当经过一个中间节点时，都要根据目标地址和网络当前的状态，按一定的路由选择算法选择一条最佳的输出线，直至传输到目的节点。如图 3-22 所示的就是数据报服务方式。

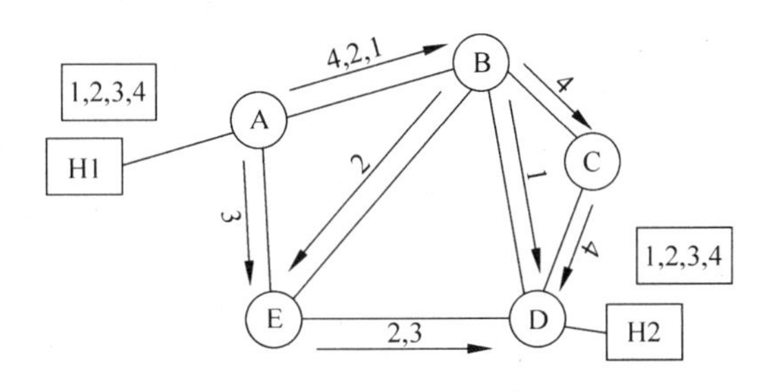

图 3-22　数据报服务方式

在数据报服务方式中，每个分组被称为一个数据报，即在数据报服务中，分组、包和数据报是一个概念。网络随时都可接收主机发送的数据报。每个数据报自身携带足够的信息，它的传输是被单独处理的，网络为每个数据报独立地选择路由。当源主机要发送一个报文时，将报文拆成若干个带有序号和地址信息的数据报，依次发送到网络上。此后各个数据报所走的路径就可能不同，因为网络中的各个节点在随时根据网络的流量、故障等情况为数据报选择路径。数据报采用的服务只是尽最大努力地将数据报交付给目的主机，因此网络并不能保证做到以下几点：所传送的数据报不丢失；按源主机发送数据报的先后顺序交付给目的主机；所传送的数据报不重复和不损失；在某个时限内必须交付给目的主机。这样，当网络发生拥塞时，网络中的某个节点可能将一些数据报丢失。所以，数据报提供的服务是不可靠的，它不能保证服务质量。“尽最大努力交付”的服务就是没有质量保证的服务，如果网络从来都不向目的主机交付数据报，则这种网络仍然满足“尽最大努力交付”的定义。

图 3-22 表示的就是主机 H1 向主机 H2 发送 4 个分组，分组 1 经过节点 A—B—D，

分组 2 经过节点 A—B—E—D,分组 3 经过节点 A—E—D,分组 4 经过节点 A—B—C—D,最后到达目的主机 H2。另外,在一个网络中可以有多个主机同时发送数据报,也就是说,还可以有其他主机间进行通信。

2）虚电路服务

在虚电路服务方式中,为了进行数据的传输,网络的源主机和目的主机之间先要建立一条逻辑通道,如图 3-23 所示。假设主机 H1 有分组要发送到主机 H2,则它首先发送一个呼叫分组,请求进行通信,同时寻找一条合适的路径,设寻找到的路径是 A—B—C。若主机 H2 同意通信就发回响应,然后双方就建立了虚电路 H1—A—B—C—H2,并可开始在这条虚电路上传输数据。每个分组除包含数据之外还要包含虚电路标识符,虚电路所经过的各个节点都知道把这些分组转发到哪里去,不需要再进行路由选择。所以,主机 H1 向 H2 发送的所有分组都沿着节点 A—B—C 走,主机 H2 发送到 H1 的分组都沿着节点 C—B—A 走。在传输完毕后,还要将这条虚电路释放。

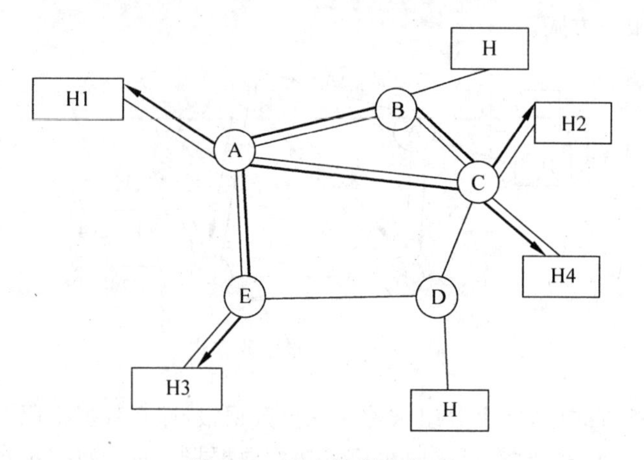

图 3-23　虚电路服务方式

虚电路服务方式是网络层向传输层提供的一种使所有分组按顺序到达目的主机的一种可靠的数据传输方式。进行数据交换的两端主机之间存在着一条为它们服务的虚电路。之所以称为“虚电路”,是因为采用了存储—转发技术,使得它和电路交换的连接有很大的不同。在电路交换的电话网上打电话时,两个用户在通话期间是自始至终地占用一条端到端的物理信道。但是,当占用一条虚电路进行计算机通信时,由于采用的是存储—转发的分组交换,所以只是断断续续地占用一段又一段的通信线路,虽然用户感觉到好像占用了一条端到端的物理线路,但实际上并没有真正地占用,即这一条线路不是专用的,所以称之为“虚电路”。

建立虚电路的好处是可以在相关的交换节点预先保留一定数量的缓存,作为对分组的存储转发之用。每个节点到其他任一节点之间可能有若干条虚电路,以支持特定的两

端主机之间的数据通信。如图 3-23 所示，这时假定还有主机 H3 和主机 H4 进行通信，所建立的虚电路经过节点 E—A—C。

在虚电路建立后，网络向用户提供的服务就好像在两个主机之间建立了一对穿过网络的通信通道，所有发送的分组都按发送的前后顺序进入该通道，然后按照先进先出的原则沿着该通道传送到目的站主机。这样，到达目的站的分组不会因为网络出现拥塞而丢失，因为在节点交换机中预留了缓存，而且这些分组到达目的站的顺序与发送时的顺序一致。当两个用户需要经常进行频繁的通信时，还可以建立永久虚电路，这样可以免去每次通信时进行连接建立和连接释放这两个阶段，因此永久虚电路只有数据传输阶段。

3）两种网络服务的特点

虚电路服务和数据报服务的本质差别表现在为将顺序控制、差错控制和流量控制等通信功能交给通信子网完成，还是由用户终端系统自己来完成。

虚电路服务的思路来源于传统的电信网。电信网将它的用户终端（电话机）做得非常简单，而电信网负责保证可靠通信的一切措施，因此电信网的节点交换机复杂而昂贵，所以采用虚电路时由网络系统提供无差错的数据传输以及流量控制。

数据报服务使用另一种完全不同的新思路，它要求可靠通信由用户终端中的软件来保证，而对网络只要求提供“尽最大努力”的服务，使得对网络的控制功能分散。但这种网络要求使用较复杂且有相当智能的计算机作为用户终端。

那么，网络层究竟应该采用数据报服务还是虚电路服务，这在网络界一直是有争论的。OSI 从一开始就按照电信网的思路来对待计算机网络，坚持网络提供的服务必须是非常可靠的观点，因此 OSI 在网络层采用了虚电路服务。而制定 TCP/IP 体系结构的专家认为，不管用什么方法设计网络，计算机网络提供的服务不可能做得非常可靠，端系统的用户主机仍然要负责端到端的可靠性，所以让网络只提供数据报服务就可大大简化网络层的结构。技术的进步使网络出错的概率越来越小，因而让主机负责端到端的可靠性不会给主机增加更多的负担，而且可以使更多的应用在这种简单的网络上运行。互联网发展到今天的规模，已充分说明在网络层提供数据报服务是非常成功的。

虚电路服务适用于两端之间长时间的数据交换，尤其是在频繁的而每次传送的数据又很短的情况下，免去了每个分组中地址信息的额外开销。数据报服务不需要连接建立和释放的过程，在分组传输数量不多的情况下要比虚电路迅速又经济。为了传送一个分组而建立虚电路和释放虚电路就显得太浪费网络资源了。

为了在交换节点进行存储转发，在使用数据报时，每个分组必须携带完整的地址信息。但在使用虚电路的情况下，每个分组不需要携带完整的目的地址信息，仅需要有个虚电路号的标识符就可以了，因而减少了额外的开销。

对待差错处理和流量处理，这两种服务也是有差别的。在使用数据报时，主机承担端到端的差错控制和流量控制。在使用虚电路时，网络应保证分组按顺序交付，而且不丢失、不重复，并维护虚电路的流量控制。

数据报服务因为每个分组可独立选择路径，当某个节点发生故障时，后续的分组可以另选路径，因而提高了可靠性。但在使用虚电路时，节点发生故障时所有经过该节点的虚电路就遭到破坏，就必须建立另一条虚电路。数据报与虚电路的对比如表3-5所示。

表3-5 数据报与虚电路的对比

对比项目	数据报服务	虚电路服务
连接的建立	不要	必须要
目的主机地址	每个分组都有目的站的全地址	仅在建立连接阶段使用
分组的顺序	到达目的站可能不按发送顺序	总是按发送顺序到达目的站
差错控制	由主机负责	由通信子网负责
流量控制	由主机负责	由通信子网负责
路由选择	每个分组独立选择路由	只是在虚电路建立时进行，所有分组均按同一路由

3. 路由选择

通信子网为网络源节点和目的节点提供了多条传输路径，每个中间节点在收到一个数据分组后，就要确定向下一节点的传输。路由选择就是决定进入节点的分组应从哪条输出线输出，也就是生成节点的输出线选择表。当采用数据报服务时，每个分组经过各个节点时都有一个路由选择问题，而采用虚电路服务时，仅需在每次呼叫建立连接时作一次路由选择。

路由选择算法是网络层软件的一部分，它在路由选择中起重要作用，设计路由选择算法时要考虑诸多技术因素。第一要考虑路由选择算法所基于的性能指标，例如，是选择最短路由还是选择最优路由；第二要考虑通信子网是采用虚电路方式还是数据报方式；第三要考虑是采用分布式路由选择算法（每节点均为到达的分组选择下一步的路由）还是采用集中式路由选择算法，是采用动态路由选择方法还是采用静态路由选择算法；第四要考虑网络拓扑、流量、延迟等因素。

路由选择算法可分为静态路由选择和动态路由选择两大类。静态路由选择是根据某种固定的规则进行，路由选择一旦完成就不再变化，不会对网络的信息流量和拓扑变化作出响应，因此也叫非自适应路由选择算法；动态路由选择是根据网络拓扑结构和信息流量的变化而改变的路由选择，因此也叫自适应路由选择算法。

1）静态路由选择算法

静态路由选择算法通常有最短路由选择算法、扩散式路由选择算法、基于流量的路由选择算法等。

Ⅰ. 最短路由选择算法

这是一种简单且使用较多的算法。该算法在每个网络节点中都存储一张表格，表格

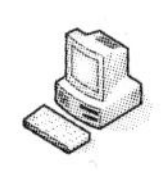

中记录着对应某个目的节点的下一节点和链路。当一个分组到达节点时，该节点只要根据分组的地址信息，就可从固定的路由表中查出对应的目的节点及所应选择的下一节点。网络中一般都有一个网络控制中心，由它按照最短路由选择算法求出每对源端节点与目的节点的最佳路由，然后为每一节点构造一个固定路由表，并发给每个节点。

Ⅱ．扩散式路由选择算法

这是一种最简单的路由算法。该算法是基于这样的简单事实：当网络上某节点从某线路收到一个分组后，就将其向除了收到分组的那条线路外的所有其他线路转发该分组，并不考虑分组的目的节点方向。这样，最先到达目的节点的一个或多个分组走过的路径，就是最短路径。显然，该算法会产生大量的重复分组。如果不采取一定的措施来抑制这样的过程，将会像雪崩似地产生无穷个分组。其中，一种比较实际的措施是采用选择式扩散法。在选择式扩散法中，收到信息分组的节点并不是将分组都从每条线上发出，而是只将分组送到那些与正确目的方向接近的那些输出线路上。

Ⅲ．基于流量的路由选择算法

上述的最短路由选择算法只考虑了网络的拓扑结构，而没有考虑到网络的负载。而在实际应用中，有时路径不是最短，但可能是最佳。基于流量的路由选择算法是一种既考虑拓扑结构又考虑网络负载的算法。一些网络的负载和流量相对稳定且可以预测，如校园网中实验网络的用户和操作都是事先可知的，因此其流量也可预测。如果对这些网络的流量进行分析，就可以优化路由选择。

对于给定的线路，如果已知负载的平均流量，则可以根据排队论计算出该线路上的平均分组延迟，由此就可能计算出流量的加权平均值，从而得到整个网络的平均分组延迟。因此，路由选择问题就归结为找出使网络产生最小平均延迟的路径问题。

2）动态路由选择算法

静态路由选择算法只有在网络业务量或拓扑结构变化不大的情况下，才能获得较好的网络性能。在现代网络中，广泛采用的是动态路由选择算法。动态路由选择算法能使路由器根据网络当前状态信息，如网络拓扑和流量的变化等，作出相应的路由选择。

根据网络状态信息，可简单地将动态路由选择算法分为三类：孤立式路由选择、集中式路由选择和分布式路由选择，它们分别对应着网络状态信息的三种来源：本地节点、所有节点和相邻节点。

Ⅰ．孤立式路由选择算法

在孤立式路由选择算法中，节点只根据自己所收集到的有关信息(如节点和线路当前运行变化情况)动态地作出路由选择决定，而不与其他节点交换路由选择信息。如选择将报文分组排列在最短输出队列节点上或排列在信息量最大、延迟小的队列节点上。

Ⅱ．集中式路由选择算法

在集中式路由选择算法中，每个节点上存储一张路由表，该路由表由路由控制中心

RCC定时根据网络状态，计算、生成并分送到各相应节点。由于RCC利用了整个网络的信息，所以得到的路由选择是完美的，同时也减轻了各节点计算路由选择的负担。

Ⅲ. 分组式路由选择算法

孤立式路由选择算法和集中式路由选择算法都不是非常完善的，在采用分布式路由选择算法的网络中，所有节点定期地与每个相邻节点交换路由选择信息。每个节点保留一个以网络中其他节点为索引的路由选择表，通过相邻节点信息交换来不断地修改本节点中的路由选择表，以反映相邻节点的变化，找出到达目的地的最佳路径。

在动态路由选择算法中，相比之下分布式路由选择算法是优秀的，因此得到了广泛的应用。在该类算法中，最常用的是距离向量分布式路由选择(distance vector routing, DVR)算法和链路状态路由选择(link state routing, LSR)算法。前者经过改进，成为目前广泛应用的路由信息协议(routing information protocol, RIP)；后者则发展成为开放式最短路径优先(open shortest path first, OSPF)协议。

4. 拥塞控制

1) 拥塞控制与流量控制

拥塞是指到达通信子网的信息量过大，超出了网络所能承受的能力，导致网络性能下降的现象。当端用户注入通信子网的信息量未超过网络正常允许的容量时，各信息分组都能被正常传输；当注入的信息量继续增大，由于通信子网资源的限制，网络的信息吞吐量将随输入分组的增加而下降，中间节点可能会丢掉一些分组，使网络性能变差，严重时还会出现信息的拥塞。通信子网内某处发生拥塞，会丢失分组，从而导致发送端重发这些分组，这又引起因节点缓冲区不能得到正常释放而使分组再次丢失。这种连锁反应很快波及网络中各节点，引起全局性拥塞。严重的拥塞会使整个网络瘫痪，不能工作。

引起网络拥塞的原因是多方面的。如果突然之间，分组流同时从多个输入线到达某节点，并且要求输出到同一线路，这就要建立起队列，该节点如果没有足够的缓冲空间来保存这些分组，有些分组就可能会丢失。即使缓冲区的容量很大，到达该节点的分组均可在缓冲区的队列里排队，但由于输出线路的容量小，排队时间长，会使输出延迟增加。节点的处理速度慢也会导致拥塞，如某路由器的处理速度太慢，使得缓冲区中的队列变长，不能及时地执行队列处理和更新路由表等任务，此时即使有多余的线路容量，也可能使队列饱和。

由此可见，引起网络拥塞的原因主要是由于网络各部分的速率、带宽、容量、分组数量等不匹配所造成的。如果一个中间节点(路由器)没有足够的缓冲区，它就会丢失新到的分组。但当分组被丢失后，相应输入点就会因超时得不到确认而重传丢失的分组，或许要重传多次，发送端在未收到确认之前必须保留所发送分组的副本以便重发。可见，在接收端产生的拥塞反过来将引起发送端的拥塞，这样便形成了恶性循环，使拥塞加重。

为了使通信子网中的数据分组能够畅通无阻地传输，要进行拥塞控制与流量控制。

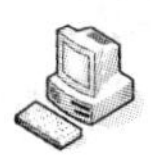

拥塞控制与流量控制不完全相同。拥塞控制主要用于保证网络能够承受现有的网络负荷，正常传输待传输的数据。它涉及网络中所有与之相关的主机、路由器及路由器的存储转发处理行为，是一种全局性的控制措施。而流量控制则是指给定在发送端和接收端之间的点到点的信息流量的控制，主要解决一条线路上各接收点接收能力不足的问题。但是流量控制问题解决了，并不等于网络的拥塞问题就解决了。例如，当网络上有瓶颈或其节点出现故障时，也可能发生拥塞。

简单地说，流量控制是对一条通路上的通信量进行控制，以解决"线"的问题；而拥塞现象的发生与通信子网内传送的分组总量有关，即拥塞控制解决通信子网这个"面"的问题。流量控制是基于平均值的控制，拥塞多是由于某处峰值流量过高而发生的。在网络中信息的突发现象经常发生。当然，各线路上的流量控制得好，网络发生拥塞的概率就小；反之，网络发生拥塞的概率就增大。因此可以说，流量控制属"局部"问题，拥塞控制属"全局"问题。但有时在不严格的情况下，也将拥塞控制说成是流量控制。

2）网络死锁

当通信子网的输入分组数不断增加，达到一定值（饱和）时，通信子网的输出量反而下降。此时，网络进入拥塞状态。输入量继续增大，拥塞会加重，输出量继续下降。当输入量达到某一值时，输出量下降到零，此时网络无法工作，进入"死锁"状态。死锁是网络拥塞的极端情况，其直接后果就是网络"瘫痪"。常见的死锁现象有直接死锁、间接死锁和重装死锁。

直接死锁是指相邻两节点互相占用对方资源而造成的死锁。如 A 和 B 两节点都有大量分组要发往对方，但各自的缓冲区在发送前都已被全部占满。这样，当每个分组到达对方时，都因没地方存放而被丢失。发送分组的一方因收不到对方的确认信息，还要将发送过的分组继续保存在自己的缓冲区内，该节点也无空间接收对方分组，这样两节点就形成了直接死锁。

间接死锁一般发生在一组节点之间。一组节点中，每个节点都企图向相邻节点发送分组，但因每个节点都因无空缓冲区而不能接收新的分组，就会形成一个闭环死锁，无法解脱僵持的局面。

重装死锁是一种比较严重的死锁，它是由于目的节点缓冲区已满，而又无法将缺少的分组同时接收进来，以便重装成报文送交主机而造成的死锁。这种死锁一般发生在目的节点同时接收多个报文的场合。此时每个报文的分组都没有到齐，目的节点缓冲区均已满而无法接收其他分组，各报文由于缺少分组而又无法重装送交主机，因而不能腾出空间接收其他分组，形成僵局，造成重装死锁。目的节点的重装死锁会引起周围区域发生拥塞或死锁，如不及时消除，拥塞和死锁区域还将扩大。

3）拥塞控制方法

下面简单介绍常用的四种网络拥塞控制方法。

Ⅰ. 滑动窗口法

滑动窗口技术定义了一个窗口宽度 W，表示从接收端发出确认前，发送端可以传输的信息帧数目。例如，在 $W=3$ 的情况下，在连续发送 0 号、1 号和 2 号 3 个帧后，发送端就得停下来，发送端在收到确认信息 ACK 后才能发第 3 号帧，接下来再发送第 4 号帧和第 5 号帧，发送完第 5 号帧后，它仍要停下来，因为这时已有 3 个未被确认的帧了。X.25 分组交换网主要采用滑动窗口算法进行拥塞控制。

Ⅱ. 预约缓冲法

预约缓冲法适用于采用虚电路的分组交换网，在建立虚电路时，让呼叫请求分组途径的节点为虚电路预先分配一个或多个数据缓冲区，这样通过途径的各节点为每条虚电路开设缓冲区，在虚电路拆除前，就总能有空间来接收并转发经过的分组。

Ⅲ. 许可证法

许可证法的原理是：开始时，为网络中各节点分配若干张许可证，主机要向网内发送分组时，必须使每一分组都能得到一张许可证。于是每向网络中发送一个分组，网内的许可证总数就减 1。一旦许可证用完，就不允许新的分组再进入网络。当分组送交目的主机后，便可释放此证以供新的分组入网使用。经研究表明，当网络中的许可证总数是节点数的 3 倍时，可获得最佳的流量控制效果。

Ⅳ. 丢弃分组法

丢弃分组法是指在缓冲区已被占满的情况下，又有分组到达，此时只好将到达的分组丢弃。在数据报方式下，被丢弃的报文分组可以重发，它对整个报文的传输影响不大。但若是虚电路方式，则必须在丢弃分组前，先将其副本保存在某处，待拥塞解除后再重发此报文分组。

5. 网络层协议

网络层协议规定了网络节点和虚电路的一种标准接口，完成虚电路的建立，维护和拆除。网络层具有代表性的协议有 ITU-T（国际电信联盟电信标准化部）的 X.25 协议、3X（X.28、X.3、X.29）协议和 X.75 协议（网络互联协议）等。X.25 协议适用于包交换（分组交换）通信，3X 协议适用于非分组终端入网及组包拆包器（PAD）。典型的网络层协议是 ITU-T 的 X.25 协议中的分组级协议。

X.25 协议是 ITU-T 于 1976 年公布的国际标准，它是在公用数据网络上以分组形式进行操作的 DTE 与 ECE 之间的接口协议，以此协议构成的网络称为公用报文分组交换网。

X.25 协议中包括三个级别的内容。

1）物理级协议

此协议规定机械、电气、功能和规程这四个方面的特性，其接口使用 X.21 建议或 X.21bis 建议，该建议规定在 DTE 和 DCE 之间提供同步的、全双工的、点到点的串行比特传输。

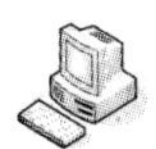

2）链路级协议

此协议规定以帧的形式传输报文分组，所以也称为帧级。在该级使用平衡型数据链路控制规程，实现点到点的信息帧的可靠传输。链路级协议是 HDLC 协议的一个子集。

3）分组级协议

进入网络层的用户数据形成报文分组，分组在源节点和目的节点之间建立起的网络连接上进行传输。分组级的功能主要是建立虚电路和管理虚电路，包括呼叫的建立和拆除、数据传输和信息流的控制、差错的恢复等。分组级协议规定了报文分组的格式、信息流的控制及差错的恢复等方法。在 X.25 分组级上，采用统计多路复用技术，将 DTE 和 DCE 之间的数据链路复用成多条逻辑链路，从而实现一个 DTE 可以和多个远程 DTE 的通信。

例如，一个计算机有一个网络地址 10.34.99.12（若它使用的是 TCP/IP 协议）和一个物理地址 0060973E97F3。以教室为例，这种编址方案就好像说"Jones 女士"和"具有社会保险号 123-45-6789 的美国公民"是一个人一样。即使在美国还有其他许多人也叫"Jones 女士"，但只有一人其社会保险号是 123-45-6789。在你的教室范围内，只有一个 Jones 女士，因此当叫"Jones 女士"时，回答的人一定不会搞错。

3.3.8 传输层

传输层是用户资源子网与通信子网的界面和桥梁，它是 OSI 参考模型七层中比较特殊的一层，也是整个网络体系结构中十分关键的一层。设置传输层的主要目的是在源主机和目的主机进程之间提供可靠的端-端通信。

在 OSI 参考模型的讨论中，人们经常将七层分为高层和低层。如果从面向通信与面向信息处理角度进行分类，传输层一般划在低层；如果从网络功能与用户功能角度进行分类，传输层又被划在高层，如图 3-24 所示，这种差异正好反映出传输层在 OSI 参考模型中的特殊地位。

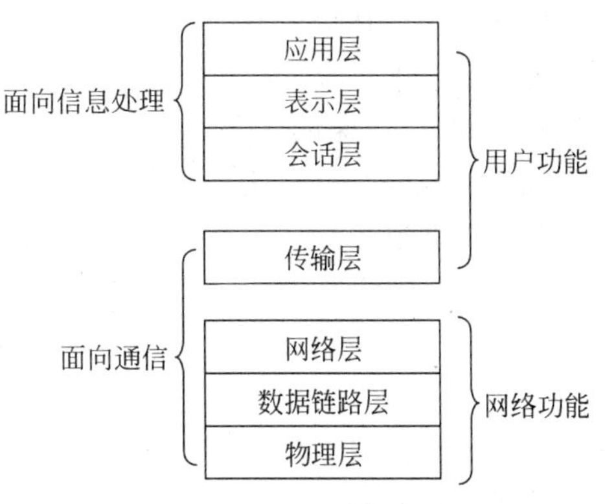

图 3-24 传输层在 OSI 模型中的地位

传输层是为了可靠地把信息传送给对方而进行的搬运、输送，通常被解释成"补充各种通信子网的质量差异，保证在相互通信的两处终端进程之间进行透明数据传输的层"，是 OSI 的整个协议层次的核心。这部分内容在后面章节将有详细的介绍。

我们再以教室为例来理解排序的过程。假设你提问题，"Jones 女士，低级的农业耕作技术是如何影响 Dust Bowl 的？"但是，Jones 女士接收到信息则可能是"低级农业耕作技术 Jones 女士？如何作用于 Dust Bowl？影响"。在网络中，传输层发送一个 ACK（应

答)信号以通知发送方数据已被正确接收。如果数据有错,传输层将请求发送方重新发送数据。同样,假如数据在一给定时间段未被应答,发送方的传输层也将认为发生了数据丢失而重新发送它们。

3.3.9 会话层

在OSI七层模型中,会话层、表示层和应用层属于高层,它们与低层不同,低层涉及提供可靠的端到端的通信,而高层考虑的主要是面向用户的服务,高层协议中所涉及的许多内容,目前还处在研究阶段,将来会形成一套完整的标准。

所谓会话,是指在两个会话用户之间为交换信息而按照某种规则建立的一次暂时联系。会话可以使一个远程终端登录到远地的计算机,进行文件传输或进行其他的应用。会话层位于OSI模型面向信息处理最高三层中的最下层,它利用传输层提供的端到端数据传输服务,实施具体的服务请求者与服务提供者之间的通信,属于进程间通信的范畴。会话层还为会话活动提供组织和同步所必须的手段,为数据传输提供控制和管理。

会话层的功能主要包括以下几个方面:

(1) 提供远程会话地址。会话地址是为用户或用户程序使用的。要传送信息,必须把会话地址转换为相应的传送站地址,以实现正确的传输连接。会话地址到传送地址的变换工作是由会话层完成的。

(2) 会话建立后的管理。通常,建立一次会话需要有一个过程。首先,会话的双方都必须经过批准,以保证双方都有权参加会话;其次,会话双方要确定通信方式,即单工、半双工或全双工等。一旦建立连接,会话层的任务就是管理会话了。

(3) 提供把报文分组重新组成报文的功能。只有当报文分组全部到达后,才能把整个报文传送给远方的用户。当传输层不对报文进行编号时,会话层应完成报文编号和排序任务;当子网发生硬件或软件故障时,会话层应保证正常的事务处理不会中途失效。

就此而言,会话层如同一场辩论赛中的评判员。例如,如果你是一个辩论队的成员,有2分钟的时间阐述你公开的观点。在1分30秒后,评判员将通知你还剩下30秒钟。假如你试图打断对方辩论成员的发言,评判员将要求你等待,直到轮到你为止。最后,会话层监测会话参与者的身份以确保只有授权节点才可加入会话。

3.3.10 表示层

表示层为应用层提供服务,该服务层处理的是通信双方之间的数据表示问题。网络中,对通信双方的计算机来说,一般有其自己的内部数据表示方法,其数据形式常具有复杂的数据结构,它们可能采用不同的代码、不同的文件格式。为使通信的双方能相互理解

所传送信息的含义，表示层就需要把发送方具有的内部格式编码为适于传输的位流，接收方再将其解码为所需要的表示形式。

数据传送包括语义和语法两个方面的问题。语义即与数据内容、意义有关的方面；语法则是与数据表示形式有关的方面，如文字、声音、图形的表示，数据格式的转换、数据的压缩、数据的加密等。在OSI参考模型中，有关语义的处理由应用层负责，表示层仅完成语法的处理。

表示层的功能主要包括以下几个方面。

(1) 语法转换。当用户要将数据从发送方传送到接收方时，应用层实体就需要将数据按一定的表示形式交给其表示层实体。这“一定的表示形式”为抽象语法。语法变换就是实现抽象语法与传送语法间的转换，如代码转换、字符集的转换及数据格式的转换等。

(2) 传送语法的选择。应用层中存在多种应用协议，这样，表示层中就可能存在多种传送语法，即使是一种应用协议，也可能有多种传送语法与其对应。所以，表示层需要对传送语法进行选择，并提供选择和修改的手段。

(3) 常规功能。是指表示层内对等实体间的建立连接、传送、释放等。

3.3.11 应用层

应用层是OSI参考模型的最高层，它为用户的应用进程访问OSI环境提供服务。OSI关心的主要是进程之间的通信行为，因而对应用进程所进行的抽象只保留了应用进程与应用进程间交互行为的有关部分。这种现象实际上是对应用进程某种程度上的简化。经过抽象后的应用进程就是应用实体(application entity，AE)。对等应用实体间的通信使用应用协议。应用协议的复杂性相关很大，有的仅涉及两个实体，有的涉及多个实体，有的则涉及两个或多个系统。与其他六层不同，所有的应用协议都使用了一个或多个信息模型来描述信息结构的组织。低层协议实际上没有信息模型，因为低层没有涉及表示数据结构的数据流。应用层要提供许多低层不支持的功能，这就使得应用层变成OSI参考模型中最复杂的层次之一。

应用层是OSI/RM的最高层，它是计算机网络与最终用户间的接口，包含了系统管理员管理网络服务所涉及的所有的问题和基本功能。

例子：如果你想上网，那么你会首先打开IE浏览器里输入想要冲浪的网址 http://www.cisco.com。如果可以上网的话，会自动出现网页画面，网页本身没有在本地，那怎么可以浏览网页呢？这是因为有了应用层的协议http(超文本传输协议)来帮助用户与远端的WEB服务器进行连接且请求传输文件，这样用户就可以通过应用层的协议来完成用户要浏览网页的任务了。

常用的网络服务包括文件服务(FTP)、电子邮件(E-mail)服务、集成通信服务、目录服务、网络管理服务、安全服务、多协议路由与路由互连服务、分布式数据库服务以及虚拟终端服务等。

常用的应用层协议有以下几个：

(1) HTTP：超文本传输协议；

(2) FTP：文件传输协议；

(3) TELNET：远程登录；

(4) SNMP：简单网络管理协议；

(5) SMTP：简单邮件传输协议；

(6) NNTP：网络新闻组传输协议；

(7) DNS：域名解析协议。

为了对ISO/OSI/RM有更深刻的理解，表3-6给出了两个主机用户A与B对应各层之间的通信联系几个层操作的简单含义。

表3-6　主机间通信及各层操作的通俗含义

主机HA	控制类型	对等层协议规定的通信联系	通俗含义	数据单位	主机HB
应用层	进程控制	用户进程之间的用户信息交换	做什么	用户数据	应用层
表示层	表示控制	用户数据可以编辑、交换、扩展、加密、压缩或重组为会话信息	对方看起来像什么	会话报文	表示层
会话层	会话控制	建议和撤出会话，如会话失败，应有秩序的恢复或关闭	轮到谁讲话和从何处讲	会话报文	会话层
运输层	传输端-端控制	会话信息经过传输系统发送，保持会话信息的完整	对方在何处	会话报文	运输层
网络层	网络控制	通过逻辑链路发送报文组，会话信息可以分为几个分组发送	走哪条路可到达该处	分组	网络层
数据链路层	链路控制	在物理链路上发送帧及应答	每一步应该怎样走	帧	数据链路层
物理层	物理控制	建立物理线路，以便在线路上发送位	对上一层的每一步怎样利用物理媒体	位(比特)	物理层

3.3.12　使用OSI参考模型作为故障检修的框架及故障排除方法

实训目的

(1) 掌握OSI参考模型各层次的结构。

(2) 掌握OSI参考模型故障检修的框架。

实训内容

1. OSI 参考模型故障检测框架

表 3-7 给出了 OSI 参考模型的七层结构以及与每一层相关的一些典型问题。一个有助于构造对已知网络问题进行响应的通用的故障检修框架是国际标准化组织(ISO)提出的开放系统互联(OSI)模型。如果与网络设备一起工作已经有一段时间,用户可能对 OSI 模型已经熟悉。它是一个囊括了当今很多网络和大多数网络协议的七层框架。用户以前可能没有用到的是把它当作一种故障检修指南来对网络中的未知问题进行分类。

表 3-7　OSI 参考模型故障检测框架

OSI 模型	潜在问题	故障检测工具
应用层 表示层 会话层	DNS 解析问题 网络/系统应用问题 高层协议失效(HTTP、FTP、SMTP 等) SMB 签名问题 中间人攻击	网络模拟器 流量发生器 协议分析器
传输层	重传问题 分组分裂问题 端口问题 TCP 窗口问题	网络模拟器 流量发生器 协议分析器 网络探测器 流量分析器
网络层	IP 寻址问题 IP 地址复制问题 路由问题和协议错误 ICMP 错误或 ICMP 过滤外部攻击问题	流量分析器 网络探测器
数据链路层	配置不当的网络接口 ARP 和 ARP 高速缓存问题 速率/模式不匹配问题 无线电干扰 其他硬件错误	流量分析器 网络探测器 网络连接工具
物理层	电源问题 电缆问题 连接器问题 硬件故障	电缆测试器 网络连接工具

按照从下到上的顺序来讨论每一层可能会出现的典型故障。

(1) 物理层的典型故障包括构成网络的物理连接的断裂。断开的网络连接,电缆和连接器问题和由硬件引起的禁止电流在设备之间的传送问题都是物理层的一些典型问题。

(2) 数据链路层的典型问题是接口本身的配置。数据链路问题常常与地址解析协议

问题有关,该协议负责将 IP 地址转换成 MAC 地址,网络设备之间速率和工作模式的不匹配或者过多的硬件接口错误都会引发这些问题。而设备操作系统(OS)接口的错误配置或者无线连接的干扰同样会导致数据链路层出现问题。

(3) 网络层的典型问题要从网络遍历问题开始说起。网络分组无法在从源地址到目的地址的过程中进行正确的路由选择往往会造成网络层问题,这可能与不正确的 IP 寻址或者网络中的 IP 地址复制有关。网络中的数据或者 ICMP 分组路由问题以及协议错误也有可能导致问题的发生。在极端情况下,外部攻击同样有可能造成网络设备的错误,从而导致网络层出现问题。

(4) 传输层问题一般出现在以太网中的 TCP 或者 UDP 分组上。这些问题可能与过量重传错误或者分组有关,没有单独的一种问题能够导致网络性能完全下降。该层上的问题比较难以追踪,因为不像底层出现的问题那样,传输层问题通常不会导致连接的完全丢失。此外,传输层问题还经常与 IP 端口的流量拥塞有关。如果用户能够连通服务器,但是不能通过已知端口进行连接,这有可能就是一个传输层问题。

(5) 会话层、表示层和应用层(高三层)的问题放到一起讨论,因为最近有关 OSI 的解释趋向于淡化这三层之间的分隔。这三层的故障检修过程包括与应用有关的各种问题,这些应用问题可能包括 DNS 问题或者其他一些存在于操作系统中的解析问题,又或者是高层协议失效或者错误配置问题。一些典型的高层协议包括 HTTP 协议、SMTP 协议、FTP 协议和其他一些典型的"使用网络"而不是"运行网络"的协议。另外,一些专门的外部攻击(如中间人攻击) 也会造成这些层次上的问题。

2. OSI 参考模型对问题进行隔离的过程中使用的方法(图 3-25)

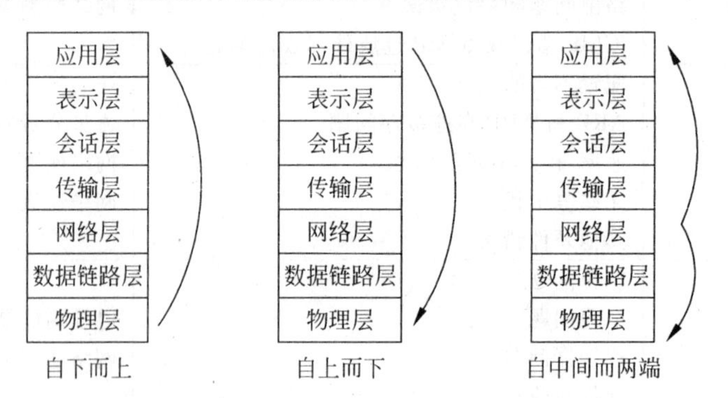

图 3-25　三种问题隔离过程中使用的方法

1) 自下而上

自下而上(bottom-up)的方法就是网络管理员从 OSI 模型的底部开始,逐步穿过各个层次,直到找到问题的根源所在。使用自下而上方法的网络管理员一般从检查物理层

问题开始，首先确定网络连接是否断裂；其次查看网络接口配置和误差率；再次检查路由、分段和端口阻塞等 IP 连接和 TCP/UDP 错误；最后查看各个应用错误。

这种方法最适合于网络完全崩溃或者具有大量底层错误的情形。当问题特别复杂时，这种方法也是最佳选择。在复杂的问题中，故障检测程序往往无法给网络管理员提供足够的调试数据，以便对问题进行分析。因此，聚焦于网络的方法是最佳的。

2）自上而下

自上而下(top-down)的方法与自下而上的方法正好相反，网络管理员首先从 OSI 模型的顶端开始，查看出现故障的程序并设法跟踪程序出现故障的原因。这种方法最适合于网络状态良好，网络中新的应用或者应用配置正在完成的时候。网络管理员可以首先确保应用的正确配置，然后向下保证全 IP 连接和适当的端口处于开放状态，以确保程序的正常运行。一旦所有的上层问题被解决，就可以回头检查网络功能是否正常。正如先前所述，这种方法一般用于网络功能正常，但是正在引入新的网络应用或者正在对现存应用进行重新配置的情况。

3）自中间而两端

自中间而两端(divide-and-conquer)方法一般被对网络和可能出现的问题有较深理解的有经验的网络管理员所使用。自中间而两端的方法需要网络管理员具有对问题出现的地方有一种直观的感觉，首先从认为问题可能出现的那一层开始，然后从该位置逐步扩展到模型的两端。这种方法还可以用于解决以前遇到过的一些小问题。

然而，这种方法经常会因为没有足够的科学依据而无法正确地诊断比较困难的问题而失败。如果问题在本质上非常复杂，那么自中间而两端的方法可能就无法有效地追踪问题的所在。

不管使用的是哪种方法，只有充分了解了网络和它的特质，才能考虑选择使用一种结构化的方法作为故障检修的技术。尽管使用结构化的方法可能会增加解决问题的时间，但是它将彻底追查问题根源所在，而不会由于遗漏一些关键问题而导致日后对网络进行“修修补补”。

3.4 TCP/IP 体系结构

3.4.1 TCP/IP 历史

TCP/IP 协议是目前最流行的商业化网络协议，尽管它不是某一标准化组织提出的正式标准，但已经被公认为目前的工业标准 或“ 事实标准 ”。互联网之所以能迅速发展，就是因为 TCP/IP 协议能够适应和满足世界范围内数据通信的需要。TCP/IP 协议具有以下几个特点：

(1) 开放的协议标准,可以免费使用,并且独立于特定的计算机硬件与操作系统。

(2) 独立于特定的网络硬件,可以运行在局域网、广域网及互联网中。

(3) 统一的网络地址分配方案,使得整个 TCP/IP 设备在网中都有唯一的地址。

(4) 标准化的高层协议。

3.4.2 TCP/IP 模型

TCP/IP(transmission control protocol/internet protocol)是指运输控制协议/网际协议。TCP/IP 体系共有四个层次,实际只有三个层次:应用层、传输层、网络层,第四层次为网络接口层,但内容少。TCP/IP 协议集见图 3-26。

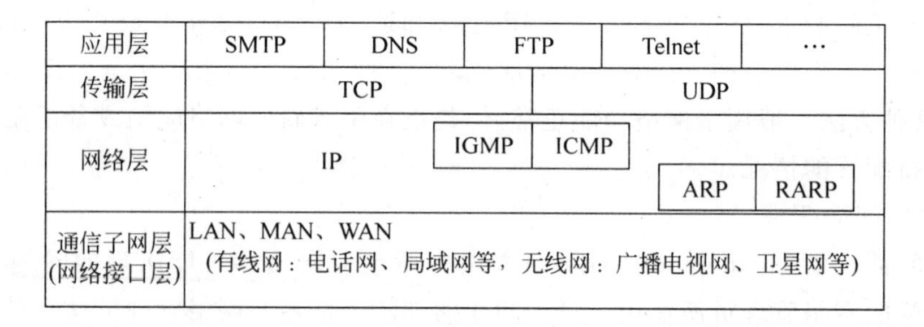

图 3-26　TCP/IP 协议集

3.4.3 TCP/IP 各层功能

TCP/IP 各层功能见图 3-27。

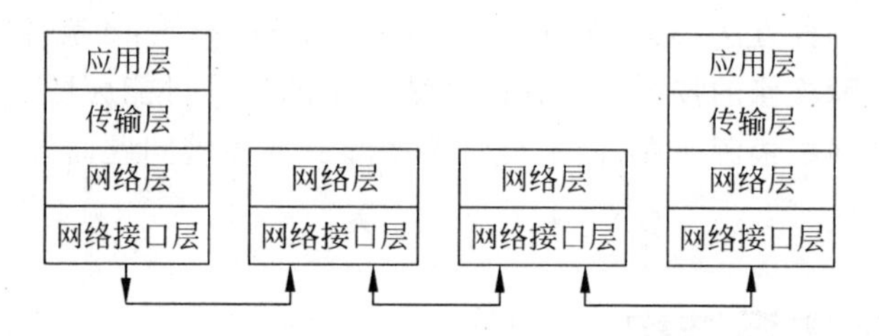

图 3-27　TCP/IP 各层功能

1. 网络接口层

在 TCP/IP 分层体系结构中,最底层是网络接口层(network interface layer),它负责通过网络发送和接收 IP 数据报。TCP/IP 体系结构并未对网络接口层使用权的协议作出强硬的规定,它允许主机连入网络时使用多种现成的和流行的协议,如局域网协议或其他一些协议。帧是独立的网络信息传输单元。

2. 网络层

网络层(internet layer) 是 TCP/IP 体系结构的第二层,它实现的功能相当于 OSI 参考模型网络层的无连接网络服务。网络层负责将源主机的报文分组发送到目的主机,源主机与目的主机可以在一个网上,也可以在不同的网上。

网络层的主要功能包括:

(1) 处理来自传输层的分组发送请求。在收到分组发送请求之后,将分组装入 IP 数据报,填充报头,选择发送路径,然后将数据报发送到相应的网络输出线。

(2) 处理接收的数据报。在接收到其他主机发送的数据报之后,检查目的地址,如需要转发,则选择发送路径,转发出去;如目的地址为本节点 IP 地址,则除去报头,将分组送交给传输层处理。处理互联的路径、流控与拥塞问题。

3. 传输层

网络层之上是传输层(transport layer),它的主要功能是负责应用进程之间的端-端(host-to-host) 通信。在 TCP/IP 体系结构中,设计传输层的主要目的是在互联网中源主机与目的主机的对等实体之间建立用于会话的端-端连接 。因此,它与 OSI 参考模型的传输层功能相似。

TCP/IP 体系结构的传输层定义了传输控制协议(transport control protocol,TCP)和用户数据报协议(user datagram protocol,UDP) 两种协议。

(1) TCP 协议是一种可靠的面向连接的协议,它允许将一台主机的字节流(byte stream)无差错地传送到目的主机。

(2) UDP 协议是一种不可靠的无连接协议,它主要用于不要求分组顺序到达的传输中,分组传输顺序检查与排序由应用层完成。

4. 应用层

在 TCP/IP 体系结构中,应用层(application layer)是最靠近用户的一层。它包括了所有的高层协议,并且总是不断有新的协议加入。其主要协议包括:

(1) 网络终端协议(telnet),用于实现互联网中远程登录功能;

(2) 文件传输协议(file transfer protocol,FTP),用于实现互联网中交互式文件传输功能;

(3) 简单邮件传输协议(simple mail transfer protocol,SMTP),用于实现互联网中邮件传送功能;

(4) 域名系统(domain name system,DNS),用于实现互联网设备名字到 IP 地址映射的网络服务;

(5) 超文本传输协议(byper text transfer protocol,HTTP),用于目前广泛使用的 Web 服务;

(6) 路由信息协议(routing information protocol,RIP),用于网络设备之间交换路由信息;

(7) 简单网络管理协议(simple network file system,SNMP),用于管理和监视网络设备;

(8) 网络文件系统(network file system,NFS),用于网络中不同主机间的文件共享。

3.5 TCP/IP 和 OSI/RM 模型的比较

1. 标准的特色

OSI 参考模型的标准最早是由 ISO 和 CCITT(ITU 的前身)制定的,由于其拥有通信的技术背景,因此具有了深厚的通信系统特色,通常会考虑到面向连接的服务。它首先定义了一套功能完整的构架,然后根据构架来发展相应的协议与系统。

TCP/IP 协议产生于对 Internet 网络的研究与实践中,是根据实际需求产生的,再由 IAB、IETF 等组织标准化,之前并没有一个严谨的框架。而且 TCP/IP 最早是在 UNIX 系统中实现的,考虑了计算机网络的特点,比较适合于计算机的实现和使用。

2. 连接服务

OSI 的网络层基本上与 TCP/IP 的网际层对应,二者的功能基本相似,但是寻址方式有较大的区别。

OSI 的地址空间为不固定的可变长,由选定的地址命名方式决定,最长可达 160byte,可以容纳非常大的网络,因而具有较大的成长空间。根据 OSI 的规定,网络上每个系统至多可以有 256 个通信地址。

TCP/IP 网络的地址空间为固定的 4byte(目前常用的 IPV4 中是这样,在 IPV6 中将扩展到 16byte)。网络上的每一个系统至少有一个唯一的地址与之对应。

3. 传输服务

OSI 与 TCP/IP 的传输层都对不同的业务采取不同的传输策略。OSI 定义了五个不同层次的服务:TP1、TP2、TP3、TP4、TP5。TCP/IP 定义了 TCP 和 UPD 两种协议,分别具有面向连接和面向无连接的性质。其中,TCP 与 OSI 中的 TP4,UDP 与 OSI 中的 TPO 在构架和功能上大体相同,只是内部细节有一些差异。

4. 应用范围

OSI 由于体系比较复杂,而且设计先于实现,有许多设计过于理想,不太方便计算机软件的实现,因而完全实现 OSI 参考模型的系统并不多,应用的范围也有限。

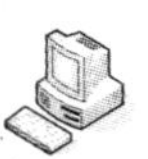

TCP/IP 协议最早在计算机系统中实现，在 UNIX、Windows 平台中都有稳定的实现，并且提供了简单、方便的编程接口（API），可以在其上开发出丰富的应用程序，因此得到了广泛的应用。TCP/IP 协议已成为目前网际互联事实上的国际标准。

TCP/IP 与 OSI 体系结构的对照见图 3-28。

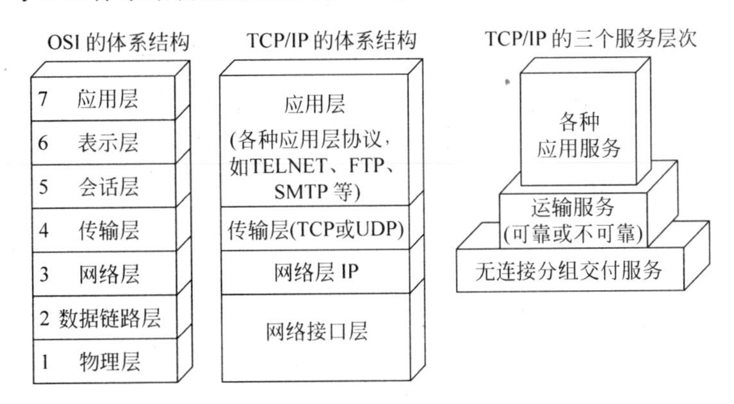

图 3-28　TCP/IP 与 OSI 体系结构的对照

1）相同点

（1）均以协议栈的概念为基础，协议之间彼此独立。

（2）模型中各个层的功能基本相似。

2）不同点

（1）OSI 模型有七层；TCP/IP 模型仅有四层。

（2）OSI 模型区分了服务、接口和协议的概念；TCP/IP 模型对此没有明确的区分。

（3）OSI 区分了物理层与数据链路层；TCP/IP 甚至没有分别提及这两层。

（4）TCP/IP 模型中网络层是一个接口，处在网络层和数据链路层之间。

（5）OSI 模型出现在协议发明之前，因此模型与协议间存在不符合要求的服务规范，但是，由于它不偏向任何一种协议，通用性更好；TCP/IP 模型则相反，先出现协议，模型与协议匹配良好但不适用于其他协议栈。

（6）OSI 模型在网络层支持无连接和面向连接的通信，传输层仅支持面向连接的通信；TCP/IP 模型在网络层仅支持无连接的服务，在传输层支持两种类型的服务。

本章小结

本章重点介绍了网络体系结构、网络协议的概念，以及两种主要的网络体系结构的模型。分层思想是为了分解复杂系统，使得能够“分而治之”，达到简化的目的。各层完成一定的功能，合在一起实现完整的网络通信功能。本章介绍的是计算机网络的基础知识，学

完之后，可以对计算机网络有一个总体了解。待学完全书以后，再回过头学习本章，以此作为总结。

习题

1. 物理层协议包括哪些内容？
2. 什么是计算机网络体系结构？
3. 应用实体由哪些元素组成？它们的作用各是什么？
4. 传输服务向传输服务用户提供了哪些功能？
5. 什么是网络服务中的无连接服务？
6. 绘制 OSI 参考模型示意图。
7. 绘制 TCP/IP 参考模型示意图。
8. 试比较 OSI 参考模型与 TCP/IP 参考模型的优缺点。

第4章 局域网

本章关键词

以太网(Ethernet)
令牌环(Token Ring)
虚拟局域网(VLAN)
媒体接入控制(medium access control)
无线局域网(WLAN)

本章要点

局域网是计算机网络的重要组成部分,有着极其广泛的应用。通过本章的学习,掌握以以太网和令牌环网为代表的局域网媒体接入控制机制,了解无线局域网的接入控制方法,掌握虚拟局域网的组网方法。

局域网(LAN)产生于20世纪70年代,是应用最广泛的一种网络,它是一种将地理范围内的各种通信设备连接在一起的计算机网络。局域网可支持各种数据通信设备间的互连、信息交换和资源共享。其地理覆盖距离较短,信道具有高速数据传输速率和低误码率。它一般是一个单位所拥有的专用网。

4.1 局域网参考模型

随着局域网的广泛应用和各种局域网产品的出现,美国电气电子工程师协会(IEEE)下设的802委员会在局域网的标准制定方面做了许多卓有成效的工作,制定了IEEE 802标准(也称为局域网参考模型)。局域网参考模型包括OSI参考模型的物理层和数据链路层。随着网络与通信技术的不断发展及相互融合,各种高速局域网、无线局域网、宽带及多媒体局域网等高性能局域网技术已大量涌现。总的来说,局域网正朝着高速、宽带及多媒体的趋势不断发展。

4.1.1 IEEE 802 LAN体系结构

IEEE 802标准经过多年的研究和反复修订,公布了多种标准文本,其中大多数文本已作为IEEE标准。IEEE 802标准已被美国国家标准协会接纳为美国国家标准,1984年又被ISO列入国际标准。

IEEE 802标准遵循ISO/OSI参考模型的原则，主要涉及其低两层——物理层和数据链路层的功能以及与网络层的接口、网际互连有关的高层功能。

在ISO/OSI的七层模型中，其下三层即物理层、数据链路层和网络层，主要涉及的是通信功能。局域网在通信方面有自己的特点：第一，其数据是以帧为单位传输的。第二，局域网内部一般不需中间转接。局线网拓扑主要是总线型、树型或环型，故路径选择功能可大大简化，常常不设立单独的网络层。因此，局域网的参考模型见图4-1，它仅相当于ISO/OSI参考模型中的低两层。物理层用来建立物理连接是需要的。数据链路层把数据以帧为单位进行传输，并实现帧顺序控制、错误控制及流控制等功能，使不可靠的链路变为可靠的链路，这也是必需的。

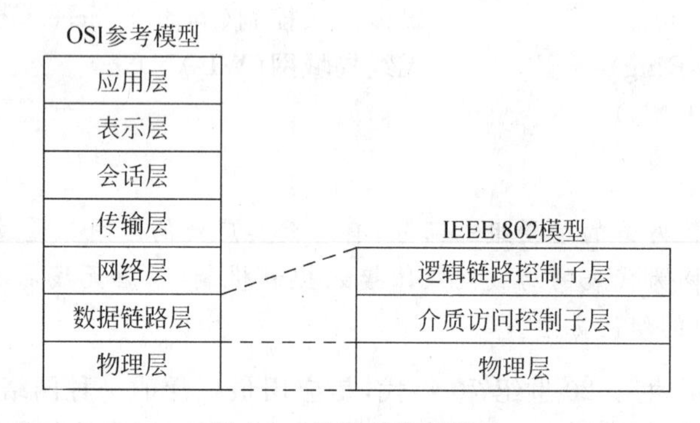

图4-1　局域网参考模型

1. 物理层

该层包括位流的传输与接收、同步前序的产生与删除等功能。它规定了所使用的信号、编码和介质，规定了有关拓扑结构如环型、总线型、树型等；有关信号与编码，如曼彻斯特码、非归零码等，以及有关速率，如1Mb/s、4Mb/s、5Mb/s和20Mb/s等；传输介质包括双绞线、同轴电缆和光缆，等等。

2. 数据链路层

该层又细分为两个功能子层：数据链控制(LLC)子层和介质访问控制(MAC)子层。这种功能分解主要是为了将数据链路层功能中与硬件有关的部分和与硬件无关的部分分开，使研制互连不同类型物理传输接口数据设备的价格可降低。

局域网数据链路层与传统的数据链路层在功能上类似，都是涉及帧在两站之间的传输问题，但局域网内帧的传输没有中间交换节点。由于共享信道，故与传统的链路有如下差别：

(1) 局域网链路支持多重访问，支持成组地址与广播式的帧传输。

(2) 支持 MAC 层链路访问控制功能。

(3) 提供某些网络层功能。

数据链路层的两个子层如下：

(1) 数据链路控制(LLC)子层。该层向高层提供一个或多个逻辑接口或称为服务访问点(SAP)。它具有帧收、发功能。发送时把要发送的数据加上地址和 CRC 字段等构成帧。接收时,把帧拆开,执行地址识别和 CRC 校验功能,并具有帧顺序与错误控制以及流控制等功能。这一层还包括某种网络层功能,如数据报、虚电路和多路复用等。

(2) 介质访问控制(MAC)子层。该层具有管理多个源、多个目的链路的功能,这是传统的数据链路控制所没有的。IEEE 802 标准制定了几种介质访问控制方法,同一个 LLC 层能与其中任一种访问方法接口。目前这些介质访问控制方法包括“载波监听、冲突检测多重访问”(CSMA/CD)方法、“令牌环”(Token-Ring)等。

IEEE 802 LAN 参考模型的物理层主要涉及机械、电气、功能和规程等方面的特性,提供建立、维持和断开物理连接的处理。数据链路层主要负责将有差错的实际传输信道变换成对上层是可靠的传输信道。由于 IEEE 802 局域网均为多个节点共享传输介质,因此在站点间传输数据之前,首先必须解决由哪些站点占用传输介质。为此,数据链路层必须具有介质访问控制功能,并能提供多种介质访问控制方法。为使数据帧传输独立于所采用的物理介质和介质访问控制方法,IEEE 802 标准将数据链路层划分为两个层次,即 LLC 和 MAC。物理介质、介质访问方法对网络层的影响在 MAC 子层已完全隐蔽,即各种 MAC 与 LLC 的界面是一致的,也就是说,LLC 子层与所用的介质、介质访问方法无关,而 MAC 子层却与介质密切相关。由于 IEEE 802 局域网拓扑结构简单,网络层的很多功能(如路由选择、流量控制、寻址、排序、差错控制等功能)均可在数据链路层完成,因此 IEEE 802 标准未单独设立网络层。

4.1.2　IEEE 802 LAN 标准

自 1984 年以来,IEEE 802 LAN 标准委员会制定了多种局域网络标准,其中主要包括以下几种:

(1) IEEE 802.1：综述及体系结构、网际互连、网络管理及网络互连。

(2) IEEE 802.2：逻辑链路控制,即 LLC 规范。

(3) IEEE 802.3：CSMA/CD 访问方法和物理层技术规范。

(4) IEEE 802.4：令牌总线访问方法和物理层技术规范。

(5) IEEE 802.5：令牌环网访问方法和物理层技术规范。

(6) IEEE 802.6：城域网访问方法和物理层技术规范。

(7) IEEE 802.7：宽带技术咨询和物理层课题。

(8) IEEE 802.8：光纤技术。

(9) IEEE 802.9：综合话音数据局域网。

(10) IEEE 802.10：可互操作的局域网安全。

(11) IEEE 802.11：无线局域网访问方法和物理层规范。

(12) IEEE 802.12：100 VG-AnyLAN 快速局域网访问方法和物理层规范。

(13) IEEE 802.13：交互式电视网。

(14) IEEE 802.16：无线城域网。

IEEE 802 标准文本公布后，ISO 已将其作为局域网的国际标准，标准仍在不断发展和完善之中，其中有些标准还可能会有变化。

IEEE 802 标准已定义了多种类型的介质访问方法，逻辑链路控制协议标准可与任意一种介质访问标准配合使用。

在 IEEE 802 标准局域网中，每一个子层都规定了相应的协议并定义了向其相邻高层提供的一组标准服务。IEEE 802 标准遵照 ISO/OSI 原则，在与相邻高层界面服务访问点处提供了精心定义的服务。

4.2 以太网

以太网最早由 Xerox(施乐)公司创建，1980 年 DEC、lntel 和 Xerox 三家公司联合开发使之成为一个标准。以太网是应用最为广泛的局域网，包括标准的以太网(10Mb/s)、快速以太网(100Mb/s)和 10G(10Gbit/s)以太网，采用的是 CSMA/CD 访问控制法，它们都符合 IEEE 802.3 标准。

最初的以太网只有 10Mbps 的吞吐量，使用的是带有冲突检测的载波侦听多路访问(carrier sense multiple access/collision detection，CSMA/CD)的访问控制方法。这种早期的 10Mbps 以太网称为标准以太网。以太网可以使用粗同轴电缆、细同轴电缆、非屏蔽双绞线、屏蔽双绞线和光纤等多种传输介质进行连接，并且在 IEEE 802.3 标准中，为不同的传输介质制定了不同的物理层标准。在这些标准中，前面的数字表示传输速度，单位是“Mbps”，最后的一个数字表示单段网线长度(基准单位是 100m)，Base 表示“基带”，Broad 代表“带宽”。

10Base-5 使用直径为 0.4 英寸、阻抗为 50Ω 粗同轴电缆，也称粗缆以太网，最大网段长度为 500m，基带传输方法，拓扑结构为总线形；10Base-5 组网主要硬件设备有粗同轴电缆、带有 AUI 插口的以太网卡、中继器、收发器、收发器电缆等。10Base-2 使用直径为 0.2 英寸、阻抗为 50Ω 细同轴电缆，也称细缆以太网，最大网段长度为 185m，基带传输方法，拓扑结构为总线形；10Base-2 组网主要硬件设备有细同轴电缆、带有 BNC 插口的以太网卡、中继器、T 型连接器 、终结器等。

20 世纪 90 年代，采用以太网交换机进行连接的全双工以太网以及快速以太网的出

现，使得以太网在局域网中占据主流地位。1998 年出现了千兆位以太网技术。2002 年，IEEE 批准了 10G 以太网，使以太网从局域网技术上升为城域网技术甚至广域网技术。

2007 年 IEEE 批准了速率为 40/100Gbps 的下一代以太网标准。

总之，以太网是近 30 年来最成功的网络技术。

4.2.1　ALOHA 协议与 CSMA 协议

传统以太网的核心思想是各个工作站之间使用共享传输介质传输数据，其基本特征是在 MAC 子层采用载波侦听多路访问/冲突检测协议（carrier sense multiple access/collision detection，CSMA/CD）。CSMA/CD 协议的基本思想是所有工作站在发送数据前先要侦听共享信道，以确定信道是否空闲，即其他工作站没有发送数据，而且在数据发送过程中要不断进行冲突检测。

CSMA/CD 的设计思想来源于 ALOHA 和 CSMA。因此，在论述 CSMA/CD 之前，有必要介绍一下 ALOHA 和 CSMA。

ALOHA 是美国夏威夷大学的校园网（ALOHA 在夏威夷是人们迎送中的一种问候语）。它是最早采用随机访问的一种无线网络。其设计思想为后来的 CSMA 和 CSMA/CD 等随机访问总线局域网络奠定了基础。ALOHA 网络的结构采用的是一种集中控制的星形结构。用户节点（如小型机、电传机、绘图终端等）通过一公用频带与中心节点相连接。用户节点向中心节点的信息发送采用随机访问方式。作为回程，中心节点则利用另一专用频带，采用广播方式向用户节点传播信息。此外，该网络还通过网关和地面站与 ARPA 网络实现了互连。ALOHA 网络的随机访问方式还可分为两种具体形式：纯 ALOHA 和时间片 ALOHA。

图 4-2 显示了各个工作站之间使用共传输介质。

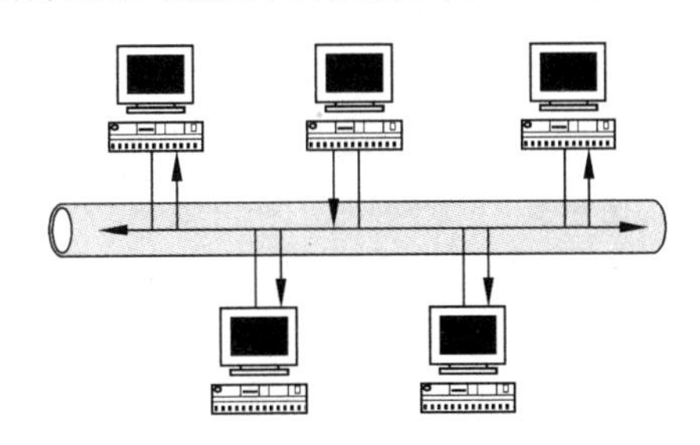

图 4-2　各个工作站之间使用共享传输介质

在纯 ALOHA 方式中，各用户节点可以完全随机地（不按时间片）循着入链路（公用无线频带）向中心节点发送定长信包，然后在出链路（专用无线频带）上等待接收应答信息。若有两个或两个以上的用户节点同时发送信息，则发生冲突，如图 4-3 所示。遭遇到冲突的用户节点需要等待一随机时间延迟后再重发。中心节点可通过检查接收信包的校

验和判断它是否有误。若正确,则接收该信包,并回送确认(ack)信息,否则将不予理会。若用户节点在预定的时间内收不到确认信息,即发生超时,则认为发送失败,需要重发该信包。若多次发送失败,则应考虑放弃该信包的发送。

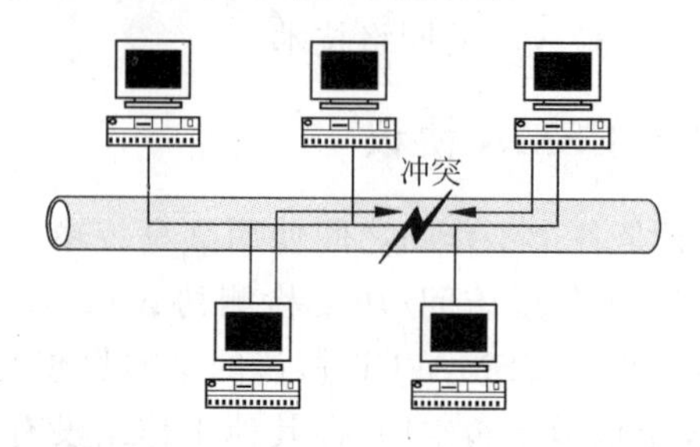

图 4-3　两个站同时发送数据,发生冲突

一般而言,信道的随机访问控制技术从原理上讲需要权衡利弊且需要考虑以下几个方面的问题:访问时机、冲突检测和重试策略。其中,访问时机包括不按时间片和按时间片两种方案;冲突检测包括不监听、"讲前先听"和"边讲边听"三种不同方案;重试策略包括随机、适应和预约等多种方案。据此分析,上述纯 ALOHA 采取的是"不按时间片""不监听-随机重发"策略,因而其访问方式可简单地归纳成"发送—冲突—再发送"的三步方案。

研究表明,纯 ALOHA 的最大信道利用率不超过 18.4%。

为了提高纯 ALOHA 的吞吐量,可将时分多路复用(TDMA)的时间片概念引入 ALOHA,即得到所谓分槽 ALOHA 方式。其时间片长度等于或大于一个定长信包的发(传)送时间。各用户节点只允许在一时间片的起始时刻开始发送信息。这样因为冲突而浪费的时间将等于一信包传送时间。研究表明,分槽 ALOHA 与纯 ALOHA 相比,其最大吞吐量已提高了一倍。

载波监听多路访问 CSMA 是在 ALOHA 的基础上发展起来的又一种随机访问控制技术。它适用于总线形拓扑、树形拓扑等随机访问局域网络。CSMA 克服了 ALOHA 发送之前不管信道状态的盲目性,增加了"讲前先听"的机制,因而能有效地提高信道利用率。

CSMA 可有三种不同的具体形式,它们都试图提高信道利用率,但所考虑的角度各有其特点。

1. 1坚持 CSMA(1-persistent CSMA)

这种形式的操作算法是:某站要发送数据时,先侦听信道,看是否有其他站正在发送数据。若信道闲,则立即发送(即发送概率 $P=1$);若信道忙,则持续监听信道,直到信道由忙变闲再发送。

2. 非坚持 CSMA(non-persistent CSMA)

这种形式的操作算法是：某站要发送数据时，先侦听信道，看是否有其他站正在发送数据。若信道闲，则立即发送；若信道忙，则不再继续监听信道，而是等待一个随机长的时间后再重复上面的过程，这样冲突会更少些。

3. p 坚持 CSMA(p-persistent CSMA)

这种形式的操作主要用于分槽的 ALOHA，算法如下：某站要发送数据时，先侦听信道，看是否有其他站正在发送数据。若信道闲，则以概率 $p(0<p<1)$发送，以$(1-p)$的概率将数据发送推迟到下一个时间片。如果下一个时间片信道依然空闲，便再次以概率 p 发送数据，以 $1-p$ 的概率将数据发送推迟到下一个时间片，直到数据发送出去为止。若信道仍然忙，则等到下一个时间片继续侦听信道，然后重复这一过程。

以上 1-坚持 CSMA 借助持续监听，可使一个待发节点在另一个发送之后，立即进行发送，以试图尽量减少信道空闲时间。但若等待发送数据的节点不止一个，则将会发生冲突。非坚持式 CSMA 的主要特征是当发送节点监听到信道忙时，不是继续监听信道，而是等待一随机时间再监听，以试图尽量避免冲突。但当两个希望发信的节点监听到信道忙时，很可能后退不同的时间，这种时间延迟很可能要浪费一些信道空闲时间。p 坚持 CSMA 则是一种折中的方法，它试图将冲突时间和空闲时间都减到最少。

4.2.2　CSMA/CD 协议

载波监听多路访问/冲突检测 (CSMA/CD)是在 CSMA 的基础上发展起来的一种随机访问控制技术。它已被广泛应用于总线形拓扑、树形拓扑等局域网络。在基带局域网络中，最早采用这种访问协议的是以太网(1976 年)，最早采用这种访问协议的宽带网络是 MIT-RENET(1979 年)。CSMA/CD 不仅保留了 CSMA“讲前先听”的载波监听功能，并进一步增加了“边讲边听”的冲突检测机制，从而能进一步提高信道的利用率。1983 年，CSMA/CD 已被列入 IEEE 802.3 标准。随后，又被 ISO 确立为国际局域网络标准。与此同时，美国波音公司还制定了一种以 IEEE 802.3 为基础，支持办公自动化的技术与办公协议标准。如无特别声明，我们约定 IEEE 802.3 局域网、CSMA/CD 总线网和以太网具有相同的含义。

从信道访问控制技术或访问协议的角度来看，CSMA/CD 的基本原理主要包括以下内容：当某站点欲发送数据时，它先监听信道(讲前先听)。若信道闲(无载波)，则立即发送，并继续监听信道进行冲突检测(边讲边听)；若信道忙(已有载波)，则继续侦听信道。如果站点在发送数据的过程中检测到冲突，则立即停止发送数据，等待一个随机长的时间，然后重新侦听信道并重复上面的过程。

下面我们再来仔细研究一下 CSMA/CD 协议。假设某个站点正好在 t_0 处开始发送数据，那么站点需要多长时间后才能发现冲突？检测到冲突的最短时间应该是信号从一个站点传播到另一个站点所需的时间。

基于上述推理，假设某站点在从开始发送数据到经过电缆传输的时间内检测到冲突，就可以确认自己"抓住"了电缆。所谓"抓住"，是指其他站点知道该站点在使用电缆，因而不会干扰该站点的数据传输。实际上，这个推断是错误的。

考虑图 4-4 所给出的一种最坏情形。在图 4-4 中，A、B 两个站点的单向传播时延是 T(电缆长度除信号在介质上的传播速度)。假设在 0 时刻，站点 A 开始发送数据，经过 $T-\varepsilon$ 时间后(即信号快到达最远站点 B 之前)，由于 A 点发送的数据信号还未到达 B 站点，因此 B 站点侦听信道时认为信道是空闲的，B 也发送数据。当然，B 站点很快检测到冲突而取消数据发送，站点 A 则要等 $2T$ 时间(往返传播时间)后才能检测到冲突。也就是说，对于该模型中的站点，必须在经过 $2T$ 时间内都没有检测到冲突时，才能确定该站点"抓住"了信道。一般把 $2T$ 称为冲突窗口。

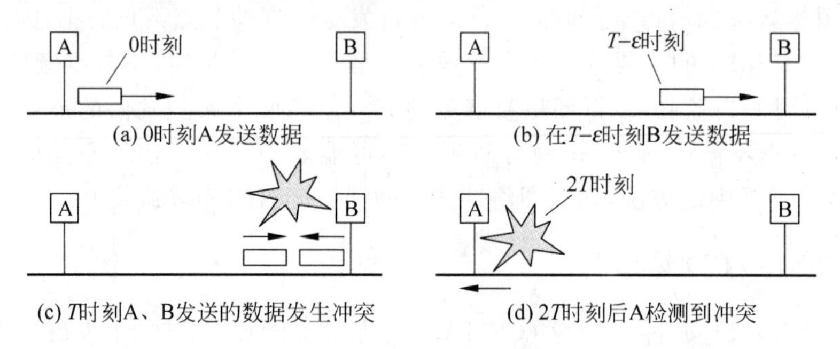

图 4-4 冲突检测时间

对于 10Mbps 的以太网来说，它规定冲突窗口为 51.2μs，而 51.2μs 正好是 10Mbps 以太网发送 64 个字节(即 512 位)的时间。10Mbps 粗缆以太网标准规定，两个站点最多可以经过 4 个中继器连接 5 段电缆，每段长度为 500m，因此电缆的最大长度为 2500m。这就意味着 2500m 电缆的传播时延(信号在电缆上的传播速度是 200m/μs)加上 4 个中继器的双向时延的总时延要小于 51.2μs。

下面我们来看一下，当站点在发送数据过程中检测到冲突时，站点是如何进行退避的？

以太网退避过程是以冲突窗口大小为基准的，每个站点有一个冲突次数计数器 i。如果站点发生第 i 次冲突，等待时间将从 $0\sim(2^i-1)$ 个 51.2μs 中随机选一个值。例如，当站点发生第 1 次冲突后，站点将等待 0 或 1 个 51.2μs 后重新侦听信道。如果发生第 2 次冲突，站点将从 0～3 个 51.2μs 中随机选择一个作为等待时间。以此类推。但当冲突次数大于 10 后，都是从 $0\sim2^{10}-1$ 个 51.2μs 中选择一个等待时间。当冲突次数超过 16 时，表示发送失败，放弃该组发送。

上述算法称为二进制指数退避(binary exponential backoff)算法。二进制指数退避算法的核心思想是：站点冲突次数越多，平均等待时间也就越长。从单个站点的角度来看好像是不公平的，但从整个网络来看，某个站点冲突次数的增加意味着网络的负载较大，因而要求该站点的平均等待时间增加，这样可以更快地解决网络冲突问题。

最后简单讨论一下以太网站点是如何发送数据帧的。图 4-5 给出了以太网站点是如何发送一帧的。

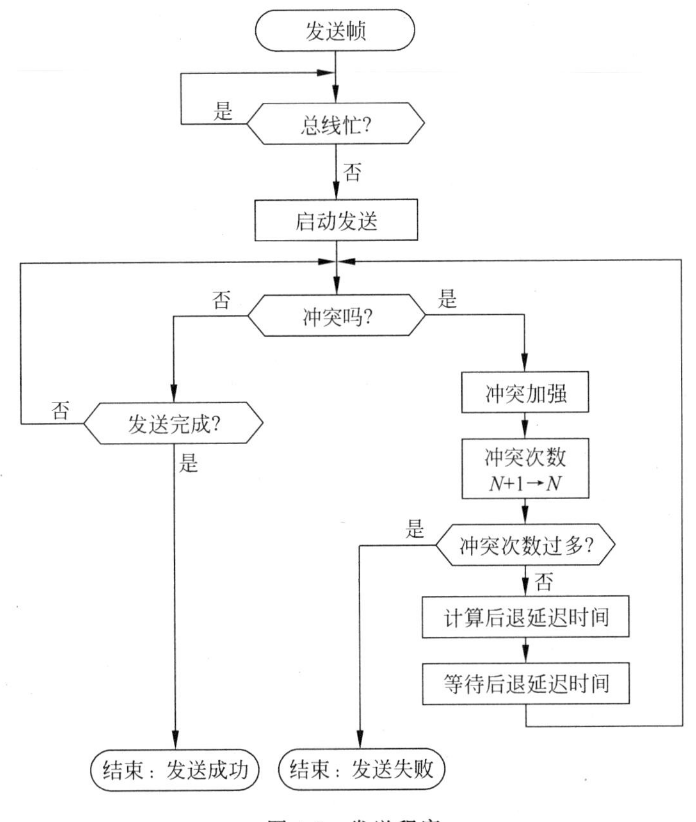

图 4-5　发送程序

图 4-5 中，站点在发送数据帧之前，首先要进行载波侦听，以确定总线是否忙。如果总线空闲，发送数据，并同时进行冲突检测。如果在数据发送过程中检测到冲突，发送冲突加强信号，并进入退避过程，再重新开始侦听信道。如果冲突达到 16 次，则结束数据发送过程。

4.2.3　帧格式

历史上，以太网有五种帧格式，其中，最常用的是 Ethernet-Ⅱ 和 Ethernet-802.3 两

种。RFC894 定义了 IP 报文在 Ethernet-Ⅱ帧格式中的封装方法，而 FRC1042 定义了 IP 报文在 Ethernet-802.3 帧格式中的封装方法。本书将 Ethernet-Ⅱ格式称为以太网格式，将 Ethernet-802.3 格式称为 802.3 格式。下面主要介绍这两种帧格式。以太网 802.3 的帧格式由八部分组成：前导符、起始符、目的地址、源地址、类型/长度、数据、填充和 CRC，如图 4-6 所示。

前导符	起始符	目的地址	源地址	类型/长度	数据	PAD	CRC

图 4-6　帧格式

这八部分说明如下：

(1) 前导符(preamble)：7 个字节的 10101010，接收方通过该字段提取同步时钟。

(2) 起始符(start-of-frame delimiter)：1 个字节，10101011，用于帧定界。

(3) 目的地址(destination address)：6 个字节，用于标识目的的站点。目的地址分为单播地址(unicast address)、组播地址(multicast address)和广播地址(broadcast address)三种。

(4) 源地址(source address)：6 个字节，用于标识源站点。源地址必须为单播地址。

(5) 类型/长度(type/length)：2 个字节。以太网帧格式用这个字段作为类型字段，用于表明数据字段中的数据是哪种类型协议交下来的，而接收方通过这个字段来决定应将这个帧递交给哪一个高层协议(如 IP 或 ARP 协议)。类型字段为 0x0800(十进制为 2048)，表明数据字段中携带的是 IP 报文，类型字段为 0x0806(十进字为 2054)，表明数据字段中携带的是 ARP 报文。而在 802.3 帧格式标准中，这个字段是作为长度数值，用于指明数据段中数据的字节数。

(6) 数据(data)：用户数据长度为 0～1500 个字节。每个以太网帧最多包含 1500 个字节的用户数据，即以太网的 MTU(maximum transmission unit)为 1500 个字节。

(7) 填充(PAD)：0～46 个字节。由于以太网规定它的最小帧长度为 64 个字节，以保证主机能够在数据发送过程中进行冲突检测，因此当以太网长度小于 64 个字节时，必须进行填充。

(8) CRC：4 位，是以太网帧格式中最后一个字段，其生成多项式为 $G(x)=x^{32}+x^{26}+x^{23}+x^{22}+x^{16}+x^{11}+x^{10}+x^{8}+x^{7}+x^{5}+x^{4}+x^{2}+x^{1}$。CRC 码的校验范围为目的地址、源地址、长度、数据和 PAD。

4.2.4　MAC 层地址

这里主要讨论 MAC 子层的地址。IEEE 802 标准所说的“地址”实际上是一个站的“名字”或标识符，习惯上称作“地址”。

在制定局域网的地址标准时，首先遇到的问题就是应当用多少个比特来表示一个网

络的地址字段。为了减少开销，地址字段的长度应尽可能短。起初人们觉得用2个字节(共16比)表示地址就够了，因为这一共可表示6万多个地址号。但是，由于局域网的迅速发展，而处在不同地点的局域网之间经常需要交换信息，这就希望在各地局域网站中具有互相不同的物理地址。为了使用户在买到网卡并把机器连到局域网后马上就能工作，而不需要等待网络管理员给他先分配一个地址，IEEE 802标准规定MAC地址字段的长度可采用6字节(48bit)或2字节(16bit)。

IEEE的注册管理委员会RAC是世界上局域网全局地址的法定管理机构，它负责分配地址字段6个字节中的前3个字节(即高24位)。世界上凡要生产局域网网卡的厂家都必须向IEEE购买由这三个字节构成的一个号码，这个号的名称叫结构唯一标识符(OUI，又称为"地址块")。地址字段中的后3个字节(即低24位)则是可变的，称为扩展的唯一标识符(EI)，由厂商自行分配。在生产网卡时这种6字节的MAC地址已被固化在网卡中。

IEEE规定地址字段的第一个字节的最低位为I/G比特。当I/G比特为0时，地址字段表示一个单个站的地址。当I/G比特为1时，表示组地址，用来进行多播。因此，IEEE只分配地址字段的前三个字节中的23个比特。当I/G比特分别为0和1时，一个地址块可分别生成2^{24}个单地址和2^{24}个组地址。IEEE还考虑到可能有人不愿意购买地址块，为此，其将地址字段第一字节的最低第二位规定为G/L比特。当G/L比特为1时，是全局管理，厂商购买的地址块都属于全局管理。当G/L比特为0时，是局部管理，这时用户可任意分配网络上的地址。采用2字节地址字段时全都是局部管理。这样，在全局管理时，每一个站地址可用46位的二进制数字来表示(最低位为0和最低第二位为1)。剩下的46位组成的地址空间可以有超过70万亿个地址，可保证世界上的每一个站都有一个与其他任何站不同的唯一地址。以太网地址长度为6个字节，其中前面3个字节用于标识厂商，由IEEE负责分配；后面3个字节为系列号，由厂商自行分配。以太网地址通常以十六进制数方式表示，如00-E0-98-76-BF-57就是一个以太网地址。为了保证全球每块以太网卡都得到一个唯一地址，每个以太网卡制造厂商都被分配了一个3字节的以太网地址前缀，例如，Cisco公司的是00-00-0C，IBM公司的是08-00-5A。以太网地址格式如图4-7所示。

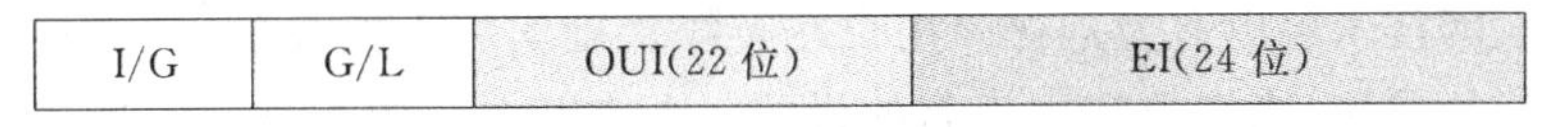

图4-7 MAC地址(这里，低位在前面，也可能在前8位的后面)

以太网帧中的目的地址分为单播地址、组播地址和广播地址。

单播地址是指向某个特定网卡的地址。以太网帧中的源地址必须为单播地址。每块以太网卡都有一个唯一地址，通常固化在以太网适配器的ROM中，因此，一般也称这种地址为硬件地址、物理地址或者MAC地址。

组播地址用于标识一组机器，将组播地址作为目的地址的以太网帧可以被一组网卡接收到，组播地址只能作为目的地址。

在以太网地址格式中，第 40 位（第一个字节的最低位）是组播地址标志位（实际上在物理线路上发送以太网帧时，发送的第 1 位就是组播地址标志位，也就是说，以太网帧在发送时是按照一个字节的最低位先发送的）。

LANA 规定，将 01-00-5E-00-00-00～01-00-5E-7F-FF：用于 IP 组播地址到以太网组播地址的映射。

广播地址是指 48 位全为 1 的地址，用于指向局域网内的所有站点。目的地址为广播地址的以太网帧，可以被局域网内的所有网卡接收到。广播地址只能作为目的地址。

如果用户不是购买网卡而是购买以太网芯片开发以太网卡，那么地址怎么办？其实，用户使用一个还没有被 IEEE 分配的 3 字节厂商编号就可以了。就算是使用已经分配的厂商编号也没什么，只要能保证在所使用的局域网内任何两个网卡的地址不一样就可以了。也就是说，以太网卡上的地址只要在局域网内唯一就可以，而并不需要全球唯一。

另外，在以太网地址中，第 41 位是本地管理地址标志位。如果该位为 1，则表示是组织自行分配的地址，不需要经过 IEEE 进行分配（类似于私有 IP 地址）。

4.2.5 快速以太网

随着网络技术的发展，传统的标准的以太网技术已难以满足日益增长的网络数据流量速度的需求。1993 年 10 月以前，对于要求 10Mbps 以上数据流量的 LAN 应用，只有光纤分布式数据接口（FDDI）可供选择，但它是一种价格非常昂贵的、基于 100Mpbs 光缆的 LAN。1993 年 10 月，Grand Junction 公司推出了世界上第一台快速以太网集线器 Fastch10/100 和网络接口卡 FastNIC100，快速以太网技术正式得以应用。随后 Intel、SynOptics、3COM、BayNetworks 等公司亦相继推出自己的快速以太网装置。与此同时，IEEE 802 工程组亦对 100Mbps 以太网的各种标准，如 100BASE-TX、100BASE-T4、MII、中继器、全双工等标准进行了研究。1995 年 3 月 IEEE 宣布了 IEEE 802.3u 100BASE-T 快速以太网标准（Fast Ethernet），从而开始了快速以太网的时代。

快速以太网与原来在 100Mbps 带宽下工作的 FDDI 相比具有许多优点，这最主要体现为快速以太网技术可以有效地保障用户在布线基础实施上的投资，它支持 3、4、5 类双绞线以及光纤的连接，能有效利用现有的设施。快速以太网的不足其实也是以太网技术的不足，那就是快速以太网仍是基于 CSMA/CD 技术，当网络负载较重时，会造成效率的降低，当然这可以使用交换技术来弥补。100Mbps 快速以太网标准又分为 100BASE-TX、100BASE-FX、100BASE-T4 三个子类。

100BASE-TX：是一种使用五类数据级无屏蔽双绞线或屏蔽双绞线的快速以太网技术。它使用两对双绞线，一对用于发送，一对用于接收数据。在传输中使用 4B/5B 编码

方式，信号频率为 125MHz。符合 EIA586 的五类布线标准和 IBM 的 SPT 一类布线标准。使用与 10BASE-T 相同的 RJ-45 连接器。它的最大网段长度为 100m。它支持全双工的数据传输。

100BASE-FX：是一种使用光缆的快速以太网技术，可使用单模光纤和多模光纤连接的最大距离为 550m。单模光纤连接的最大距离为 3000m。在传输中使用 4B/5B 编码方式，信号频率为 125MHz。它使用 MIC/FDDI 连接器、ST 连接器或 SC 连接器。它的最大网段长度分别为 150m、412m、2000m 或更长至 10km，这与所使用的光纤类型和工作模式有关。它支持全双工的数据传输。100BASE-FX 特别适合于有电气干扰的环境、较大距离连接或高保密环境等情况下的适用。

100BASE-T4：是一种可使用 3、4、5 类无屏蔽双绞线或屏蔽双绞线的快速以太网技术。100Base-T4 使用四对双绞线，其中三对用于在 33MHz 的频率上传输数据，每一对均工作于半双工模式。第四对用于 CSMA/CD 冲突检测。在传输中使用 8B/6T 编码方式，信号频率为 25MHz，符合 EIA586 结构化布线标准。它使用与 10BASE-T 相同的 RJ-45 连接器，最大网段长度为 100m。

千兆以太网技术作为最新的高速以太网技术，给用户带来了提高核心网络的有效解决方案。这种解决方案的最大优点是继承了传统以太技术价格便宜的优点。千兆技术仍然是以太技术，它采用了与 10M 以太网相同的帧格式、帧结构、网络协议、全/半双工工作方式、流控模式以及布线系统。由于该技术不改变传统以太网的桌面应用、操作系统，因此可与 10M 或 100M 的以太网很好地配合工作。升级到千兆以太网不必改变网络应用程序、网管部件和网络操作系统，能够最大限度地投资保护。

千兆以太网技术有两个标准：IEEE 802.3z 和 IEEE 802.3ab。IEEE 802.3z 制订了光纤和短程铜线连接方案的标准。IEEE 802.3ab 制订了五类双绞线上较长距离连接方案的标准。

1. IEEE 802.3z

IEEE 802.3z 工作组负责制定光纤（单模或多模）和同轴电缆的全双工链路标准。IEEE 802.3z 定义了基于光纤和短距离铜缆的 1000Base-X，采用 8B/10B 编码技术，信道传输速度为 1.25Gbit/s，去耦后实现 1000Mbit/s 传输速度。

2. IEEE 802.3ab

IEEE 802.3ab 工作组负责制定基于 UTP 的半双工链路的千兆以太网标准，产生 IEEE 802.3ab 标准及协议。IEEE 802.3ab 定义基于五类 UTP 的 1000Base-T 标准，其目的是在五类 UTP 上以 1000Mbit/s 速率传输 100m。

万兆以太网规范包含在 IEEE 802.3 标准的补充标准 IEEE 802.3ae 中，它扩展了 IEEE 802.3 协议和 MAC 规范使其支持 10Gb/s 的传输速率。除此之外，通过 WAN 界面子层(WAN interface sublayer,WIS),10千兆位以太网也能被调整为较低的传输速率,这就允许10千兆位以太网设备与同步光纤网络传输格式相兼容。

万兆位以太网可组构成局域网,也可组构成城域网或广域网。它采用光纤作为传输介质,以全双工方式工作,无须采用CSMA/CD访问协议。

万兆位局域网支持IEEE 802.3 MAC全双工方式,其帧格式与以太网的帧格式一致。万兆位局域网允许现有以太网平滑升级,并与10/100/1000 Mbit/s以太网兼容,可使局域网的覆盖距离达到40km。

4.3 令牌环网和FDDI网

在局域网中,除了采用CSMA/CD这种使用竞争机制的介质访问控制的协议外,还有采用其他介质访问控制的局域网,其中典型的就是令牌环网和FDDI网络。

4.3.1 令牌环网

令牌环网(Token Ring)访问方法是IBM公司于20世纪80年代发展的,现今仍然是一种主要的LAN技术。IEEE 802委员会在IEEE 802.5中对令牌环网作了标准化规范。在老式的令牌环网中,数据传输速度为4Mbit/s或16Mbit/s,新型的快速令牌环网速度可达100 Mbit/s。

在令牌环网中,令牌(token)实际上是一个特殊的比特串。令牌环网采用的令牌传递机制的思想是:当环空闲时,有一个令牌不停地在环上旋转。当某个站点有数据要发送时,它首先改变令牌中的一位,然后将要发数据加到令牌后面(实际上是将令牌变为数据帧的一部分),然后将整个数据帧发到环中,数据帧沿环旋转至接收方,接收方拷贝数据帧,而数据帧继续沿着环旋转,最后回到发送站点。发送站点通过检查返回到数据帧来查看数据帧是否被接收站点正确接收,同时发送站点负责将其发送的数据帧从环中移走,然后产生一个新的令牌并发送到环上。

当数据帧在环上传输时,如果环中没有令牌,则其他想发送数据的站点必须等待令牌,这就说明令牌环的介质访问控制算法是非竞争的。

令牌环网的节点以串行方式顺序相连,形成一个封闭的环路结构。数据顺序通过每一工作站,直至到达数据的原发者才停止。基本环形结构如图4-8(a)所示,图4-8(b)给出了图(a)的改进模型。在改进的结构中,工作站未直接与物理环相连,而是连接到一种多站访问单元(multistation access unit,MAU)。MAU是一种专业化的集线器,旨在确保数据帧可以围绕着计算机的环路进行传输。MAU最多可连接8个工作站。

令牌环的基本原理是:当环启动时,一"自由"或空令牌沿环信息流方向转动,欲发信站接收到此空令牌后,将它变成忙令牌(将令牌包中的令牌位置1),即可将信包尾随在忙令牌后面进行发送。目的站接收到信包后将它拷贝并传送给站主机。当原信包和忙令牌

绕环一周返回发送站后，发送站将它们删除掉，并向环插入一新的空令牌，以继续重复上述过程。

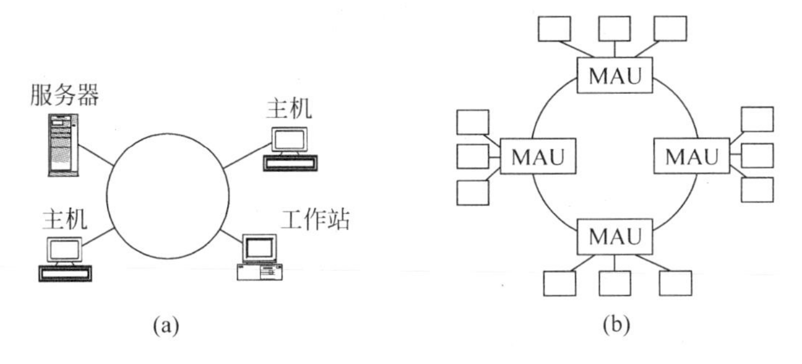

图 4-8　令牌环网结构

4.3.2　FDDI 网

光纤分布式数据接口(FIBER distributed data intergace，FDDI)是由美国国家标准化协会(ANSI)设计开发的世界上第一个高速局域网。

FDDI 以光纤通信和 IEEE 802.5 令牌环网技术为基础，增加一条光纤链路，使用双环结构，从而提高了网络的容错性。另外，FDDI 采用改进的定时令牌传送机制，实现了多个数据帧同时在环上传输，提高了网络利用率。

FDDI 并不是单一规范，而是由四个部分组成的，每部分具有特定的功能。这四部分为 MAC 子层、PHY(PHYsical，物理)子层、PMD(physical media dependent，物理介质相关)子层和 SMT(staion management，站管理)子层，它们实现了 OSI 参考模型的物理层和数据链路层的功能。

MAC 规定了怎样访问介质，包括协议所需要的帧格式、寻址、令牌处理、循环冗余校验算法以及差错恢复机制；PHY 规定了传输编码和解码过程、时钟要求及其他功能；PMD 规定了传输介质应具备的特性，包括光纤链路、功率电平、误码码率、光纤器件以及连接器；SMT 规定了 FDDI 站点配置、环配置以及环控制等特征，包括站点的插入和删除、启动、故障分离和恢复、模式安排及统计集合。

FDDI 采用双环拓扑结构，一个环称为主环；另一个环称为辅环。两个环的传输方向相反。正常情况下，只有主环工作，而辅环作为备份。一旦网络发生故障，无论是线路故障还是站点故障，FDDI 站点都会通过卷绕自动将双环重构为一个单环，从而保证了网络不会中断。这是 FDDI 区别于其他局域网的一个重要特点。

FDDI 网络支持两种类型的工作站：双连接站(dual attachment station，DAS)和单连接站(single attachment station，SAS)。DAS 工作站需要两套物理层器件(PMD 和 PHY)，但它可直接连在 FDDI 网络上。当 DAS 工作站发生故障时，可以通过卷绕或光旁路开关将该站点隔离出去。SAS 工作站只需要一套物理层器件，但它必须通过一个称为 FDDI 集中器的设备才能连入 FDDI 网络。

支持双环连接的 DAS 有两个物理接口，分别称为 A 端口和 B 端口，A 端口包含主环输入（primary input，PI）辅环输出（secondary output，SO），B 端口包含主环输出（primary output，PO）和辅环输入（secondary input，SI）。

除上面提到的环重构的容错方法外，FDDI 网络还提供了另外一种容错方法，这种方法是在 FDDI 站点中引入可配置的光旁路开关。当 FDDI 工作站出现故障时，将启动光旁路开关，重新配置以切断站点与光纤环的连接，让光信号从上游站点通过光旁路开关直接连接到下游站点，绕过有故障的站点，从而将故障隔离。

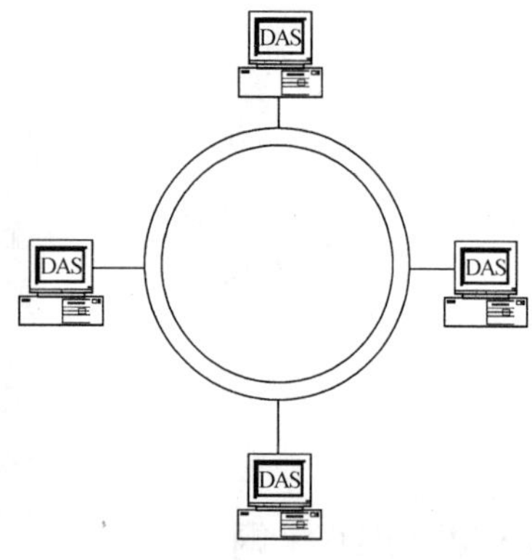

图 4-9　FDDI 网的双环结构

FDDI 的主要特点有：

（1）传输速度快，同时传输多个数据帧。

（2）容量大，可以容纳更多的站点数。

（3）传输距离远，相邻站间的最大长度可达 2km，最大站间距离为 200km。

（4）可靠性高，具有对电磁和射频干扰抑制能力，不受电磁噪声和射频噪声的影响。

（5）保密能好，光纤可防止传输过程中被分接偷听，也杜绝了辐射波的窃听。

4.4　无线局域网

随着移动计算技术、移动通信技术的不断发展和相互渗透，各种手提式计算机、掌上计算机、个人数字助理（PDA）以及手机等移动设备得到了迅速发展，其上网的需求与日俱增。无线局域网（wireless LAN）正好可以满足这种移动。

无线上网需求的一种网络，它可使用户在旅行的车、船和飞机上阅读和发送电子邮件，在移动中相互通信和交互。1998 年，无线局域网标准（IEEE 802.11）应运而生，并随后被确立为国际标准。

4.4.1　无线局域网标准

1997 年 6 月，IEEE 提出了 IEEE 802.11 标准，该标准主要用于解决办公室局域网和校园网中用户终端的无线接入问题，数据传输速率最高可达 2Mb/s。

由于 IEEE 802.11 在速率和传输距离上无法满足日益发展的业务需求，IEEE 相继推出了 IEEE 802.11b 和 IEEE 802.11a 两个标准。2001 年底又通过了 IEEE 802.11g 试

用混合方案，该方案可在2.4GHz频带上实现54Mb/s的数据速率，并与IEEE 802.11b标准兼容。

IEEE 802.11b工作于ISM（工业、科技、医疗）的2.4GHz频带，能够支持5.5Mb/s和11Mb/s两种速率，可以与速率为1Mb/s和2Mb/s的IEEE 802.11 DSSS（直接序列扩频）系统交互操作。

IEEE 802.11a采用的调制方式为正交频分复用（OFDM）。通过对标准物理层进行扩充，IEEE 802.11a支持的数据传输速率最高可达54Mb/s，还可以提供25Mb/s的无线ATM接口和10Mb/s的以太网无线帧结构接口以及TDMA空中接口。

2001年11月，IEEE通过了IEEE 802.11g版方案。IEEE 802.11g可以在2.4GHz频带上实现最高54Mb/s的数据传输，与IEEE 802.11a相当，并和IEEE 802.11b保持兼容。此外，IEEE 802.11g还较好地解决了蓝牙技术。

2001年12月IEEE批准通过了IEEE 802.16标准。IEEE 802.16标准的接入信道带宽超过20Mb/s，可以提供数字音频/视频广播、数字电话、ATM、网络接入、无线中继和帧中继等服务。

4.4.2 IEEE 802.11 LAN

无线局域网可以分为两个大类：第一类是有固定基础设施的无线局域网；第二类是无固定基础设施的无线局域网。有固定基础设施的无线局域网是指需要预先建立能够覆盖一定地理范围的一批固定基站。

对第一类是有固定基础设施的无线局域网，IEEE 802.11标准规定无线局域网的最小构件是基本服务集BSS。一个基本服务集BSS包括一个基站和若干个移动站，其结构如图4-10所示。

图4-10是IEEE 802.11工作组开发的一种LAN结构。在该结构中，无线局域网的最小构成模块是基本服务集BSS，它由一些运行相同MAC协议和争用同一共享介质的站点组成。基本服务集可以是单独的，也可以通过访问点AP连到主干分布系统。访问点的作用类似于网桥。MAC协议可以是完全分布式的，也可以由处于访问点的中央协调功能来完成，通常把BSS称为一个单元。

一个扩展服务集ESS由两个或更多个通过分布系统互连的BSS组成。一般而言，分布系统是一个有线主干LAN。扩展服务集相对于逻辑链路控制LLC子层来说，只是一个简单的逻辑LAN，如图4-11所示。

基于移动性，IEEE 802.11标准定义了以下三种站点：

(1) 不迁移。这种站点的位置是固定的，或者是在某个通信范围内移动。

(2) BSS迁移。这种站点从某个ESS的BSS迁移到同一ESS的另一个BSS。在这种情况下，为了将数据传送给站点，应具备寻址功能，以识别站点的新位置。

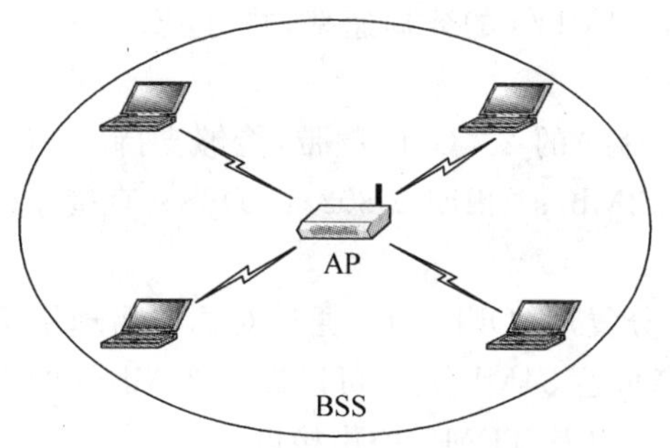

图 4-10 以 AP 为核心的基本服务集

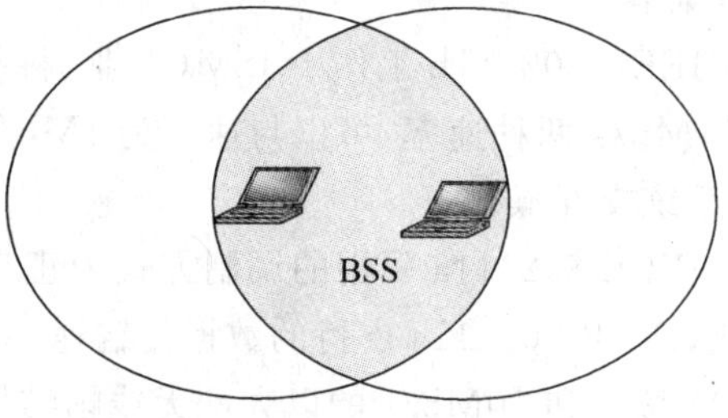

图 4-11 扩展基本服务集

(3) ESS 迁移。这种站点从某个 ESS 的 BSS,迁移到同一个 ESS 的另一个 BSS。这种情况下,因为由 IEEE 802.11 支持的对高层连接的维护因不能得到保证服务而可能会受到破坏。

另一类无线局域网是无固定基础设施的无线局域网,又叫做自组网络,或者 Ad hoc 网络。自组网络是这样组网的:移动设备发现它们附近是否存在其他的可移动设备,并要求和它们通信。自组网络的通信方式已受到广泛关注。

4.4.3 IEEE 802.11 标准的物理层

IEEE 802.11 标准中的物理层有三种实现方式:

(1) 跳频扩频。这(frequency hoppinx spread spectrum,FHSS)是扩频技术中常用的一种。它使用 2.4GHz 的 ISM 频段(即 2.4000～2.4835GHz),共有 79 个信道可供跳频使用。第一个频道的中心频率为 2.402GHz,以后每隔 1MHz 有一个信道。因此,每个信道可使用的带宽为 1MHz。当使用二元高斯移频键控 GFSK 时,基本接入速率为 1Mb/s。当使用四元 GFSK 时,接入速率为 2Mb/s。

(2) 直接序列扩频。这(direct sequence spread spectrum,DSSS)是另一种重要的扩频技术。它也使用 2.4GHz 的 ISM 频段。当使用二元相对移相键控时,基本接入速率为 1Mb/s。当使用四元相对移相键控时,接入速率为 2Mb/s。

(3) 红外技术 IR。这(infra red,IR)是指使用波长为 850～950nm 的红外线在室内传送数据。接入速率一般为 1～2Mb/s。

4.4.4 IEEE 802.11 标准的 MAC 层

无线信道由于传输条件特殊,造成信号强度的动态范围较大。这就使得发送站无法使用冲突检测的方法来确定是否发生了冲突。因此,无线局域网不能使用 CSMA/CD,而只能使用改进的 CSMA 协议。为了提高 CSMA 的效率,IEEE 802.11 标准使用了

CSMA/CA 技术。这里的 CA 表示冲突避免(collision avoidance)。为了尽量减少冲突，IEEE 802.11 标准设计了独特的 MAC 子层。它包括两个子层：低子层叫做分布协调功能 DCF 子层。DCF 在每个节点使用 CSMA 机制的分布式接入算法，让各个站通过争用信道来获取发送权。因此，DCF 可向上提供争用服务。高子层叫做点协调功能 PCF 子层。PCF 使用集中控制的接入算法(一般在接入点实现集中控制)，用类似于轮询的方法将发送权轮流交给各个站，从而避免了冲突的发生。对于时间敏感的业务，如分组话音，就应当使用点协调功能 PCF，PCF 提供的是无争用服务。

为了尽量避免冲突，IEEE 802.11 标准规定，所有的站在完成发送后，必须再等待一段很短的时间(继续监听)才能发送下一帧。这段时间的通称是帧间间隔 IFS(interframe space)。常用的三种帧间间隔如下：

(1) SIFS，即短帧间间隔(short)IFS，长度为 28ms。

(2) PIFS，即点协调功能 IFS(比 SIFS 长)，是为了在开始使用 PCF 方式时(在 PCF 方式下使用没有争用)优先获得接入到媒体中。其长度为 78ms。

(3) DIFS，即分布协调功能 IFS(最长的 IFS)，在 DCF 方式中用来发送数据帧和管理帧，长度为 128ms。

为了说明其原理，下面先介绍仅使用一种 IFS 的 CSMA 接入算法：

(1) 欲发送站先监听信道。若信道空闲，则继续监听一段时间 IFS，看信道是否仍是空闲？若是，则立即发送。为什么信道已经空闲了还要等待一段时间呢？这是因为三种不同数值的 IFS 可将不同类型的数据划分为不同的优先级，IFS 值小的优先级较高，这样可减小冲突概率。

(2) 若信道忙(无论是一开始，还是在后来的 IFS 时间内)，则继续监听信道，直到信道由忙变闲。

(3) 一旦信道空闲，该站延迟另一个时间 IFS。若信道在该 IFS 内仍为空闲，则按截断二进制指数后退算法(TBEB)再延迟一段时间。只有当信道一直保持空闲时，该站才能发送数据。这样做可使网络在重负荷的情况下，有效地减小冲突的概率。

欲发送数据的站先检测信道。在 IEEE 802.11 标准中规定了在物理层的空中接口进行物理层的载波监听。通过收到的相对信号强度是否超过一定的门限数值就可判定是否有其他的移动站在信道上发送数据。当原站发送它的第一个 MAC 帧时，若检测到信道空闲，则在等待一段时间 DIFS 后就可发送。

为什么信道空闲还要再等待呢？主要是考虑到可能有其他的站有高优先级的帧要发送。如有，就要让高优先级帧先发送。

现在假定没有高优先级帧要发送，因而源站发送了自己的数据帧。目的站若正确收到此帧，则经过时间间隔 SISF 后，向源站发送确认帧 ACK。若源站在规定时间内没有收到确认帧 ACK(由重传计时器控制这段时间)，就必须重传此帧，直到收到确认为止；或

者经过若干次的重传失败后放弃发送。

IEEE 802.11 标准还采用了一种叫做虚拟载波监听(virtual carrier sense)的机制，这就是让源站将它要占用信道的时间(包括目的站发回确认帧所需的时间)通知给所有其他站，以便使其他所有站在这一段时间都停止发送数据。这样就大大减少了碰撞的机会。“虚拟载波监听”是表示其他站并没有监听信道，而是由于其他站收到了“源站的通知”才不发送数据。这种效果好像是其他站都监听了信道。所谓“源站的通知”就是源站在其MAC 帧首部中的第二个字段“持续时间”中填入了在本帧结束后还要占用信道多少时间(以微秒为单位)，包括目的站发送确认帧所需的时间。

当一个站检测到正在信道中传送的 MAC 帧首部的“持续时间”字段时，就调整自己的网络分配向量 NAV(network allocation vector)。NAV 指出了必须经过多少时间才能完成数据帧的这次传输，才能使信道转入到空闲状态。因此，信道处于忙态，或者是由于物理层的载波监听检测到信道忙，或者是由于 MAC 层的虚拟载波监听机制指出了信道忙。

当信道从忙态变为空闲时，任何一个站要发送数据帧时，不仅必须等待一个 DIFS 的间隔，而且还要进入争用窗口，并计算随机退避时间，以便再次重新试图接入到信道。请读者注意，在以太网的 CSMA/CD 协议中，碰撞的各站执行退避算法是在发生了碰撞之后；但在 IEEE 802.11 标准的 CSMA/CD 协议中，因为没有像以太网那样的碰撞检测机制，因此在信道从忙态转为空闲时，各站就要执行退避算法。这样做就减少了发生碰撞的概率(当多个站都打算占用信道时)。IEEE 802.11 标准也是使用二进制指数退避算法，但具体做法稍有不同。例如，第 i 次退避就在 2^{2+i} 个时隙中随机地选择一个。这就是说，第 1 次退避是在 8 个时隙(而不是 2 个)中随机选择一个，而第 2 次退避是在 16 个时隙(而不是 4 个)中随机选择一个。

当某个想发送数据的站使用退避算法选择了争用窗口中的某个时隙后，就根据该时隙的位置设置一个退避计时器(backoff timer)。当退避计时器的时间减小到零时，就开始发送数据。也可能当退避计时器的时间还未减小到零时信道又转变为忙态，这时就冻结退避计时器的数值，重新等待信道变为空闲，再经过时间 DIFS 后，继续启动退避计时器(从剩下的时间开始)。这种规定有利于继续启动退避计时器的站，以便更早地接入到信道中。

应当指出，当一个站要发送数据帧时，仅在下面的情况下才不使用退避算法：检测到信道是空闲的，并且这个数据帧是它想发送的第一个数据帧。除此以外的所有情况，都必须使用退避算法。具体来说，就是：

(1) 在发送它的第一个帧之前检测到信道处于忙态。

(2) 在每一次的重传后。

(3) 在每一次的成功发送后。

IEEE 802.11 标准还规定了其他一些减少冲突的信道争用方式，这里从略。

4.5 虚拟局域网

传统的局域网使用的是 HUB，HUB 只有一根总线，一根总线就是一个冲突域。所以，传统的局域网是一个扁平的网络，一个局域网属于同一个冲突域。任何一台主机发出的报文都会被同一冲突域中的所有其他机器接收到。后来，组网时使用网桥（二层交换机）代替集线器（HUB），每个端口可以看成是一根单独的总线，冲突域缩小到每个端口，使得网络发送单播报文的效率大大提高，极大地提高了二层网络的性能。但是，网络中所有端口仍然处于同一个广播域，网桥在传递广播报文的时候依然要将广播报文复制多份，发送到网络的各个角落。随着网络规模的扩大，网络中的广播报文越来越多，广播报文占用的网络资源越来越多，严重影响了网络性能，这就是所谓的广播风暴的问题。

由于网桥二层网络工作原理的限制，网桥对广播风暴的问题无能为力。为了提高网络的效率，一般需要将网络进行分段：把一个大的广播域划分成几个小的广播域。过去往往通过路由器对 LAN 进行分段。用路由器替换图 7-8 中的中心节点交换机（或者网桥），使得广播报文的发送范围大大减小。这种方案解决了广播风暴的问题，但是用路由器是在网络层上分段将网络隔离，网络规划复杂，组网方式不灵活，并且大大增加了管理维护的难度。作为替代的 LAN 分段方法，虚拟局域网被引入到网络解决方案中，用于解决大型的二层网络环境面临的问题。

另外，安全问题也是凸显在集线器和交换机上的问题。因为，在默认时所有用户都可以看见所有的设备。既不能让设备停止广播，也不能让用户不响应广播。如果创建 VLAN，情况就可以得到大大改善。可以通过 VLAN 的划分把一组要求安全性高的用户放入 VLAN 中，这样，外部的用户就无法与它们通信，而且是作为逻辑上的用户组，可以与地理位置无关。当然，VLAN 能做到的隔离应用还远不止这些。

4.5.1 虚拟局域网的概念

VLAN（virtual LAN，虚拟局域网）就是按照某种要求由一些局域网段构成的与物理位置无关的逻辑组。划分在这个逻辑组中的网段或站点，可能来自一个物理的局域网，也可能来自互相连接的不同的局域网中；一个物理的局域网中的站点，可以被划分在不同的逻辑组中，形成不同的 VLAN。

在传统的局域网中，任何一个站点所发出的广播数据包都将转发至网络中的所有站点。而在交换式以太网中，利用 VLAN 技术，可以将由交换机连接成的物理网络划分成多个逻辑子网。即各站点可以分别属于不同的 VLAN，构成 VLAN 的站点不拘泥于所处的物理位置，它们既可以挂接在同一个交换机中，也可以挂接在不同的交换机中。也就

是说，一个 VLAN 中的站点所发送的广播数据包将仅转发至属于同一 VLAN 的站点。VLAN 技术使得网络的拓扑结构变得非常灵活。例如，位于不同楼层的用户或者不同部门的用户根据需要加入不同的 VLAN。这些用户可以处在不同的物理 LAN 上，但他们之间可以像在同一个 LAN 上那样自由通信而不受物理位置的限制。网络的定义和划分与物理位置和物理连接没有任何必然的联系。网络管理员可以根据不同的需要，通过相应的网络软件灵活地建立和配置虚拟网，并为每个虚拟网分配它所需要的带宽。

在大型局域网中，VLAN 技术给网络管理员和网络用户都带来了许多好处。归纳起来主要有以下几点：

(1) 减少移动和改变的代价，即所说的动态管理网络，也就是当一个用户从一个位置移动到另一个位置时，他的网络属性不需要重新配置，而是动态地完成，这种动态管理网络给网络管理者和使用者都带来了极大的好处。一个用户，无论他到哪里，他都能不作任何修改地接入网络。当然，并不是所有的 VLAN 定义方法都能做到这一点。

(2) 虚拟工作组。使用 VLAN 的最终目标就是建立虚拟工作组，例如，在企业网中，同一个部门好像在同一个 LAN 上一样，很容易互相访问、交流信息，同时，所有的广播包也都限制在该虚拟 LAN 上，而不影响其他 VLAN 的人。一个人如果从一个办公地点换到另外一个办公地点，而他仍然在该部门，那么，该用户的配置无须改变。同时，如果一个人虽然办公地点没有变，但他更换了部门，那么，只需网络管理员更改一下该用户的配置即可。这个功能的目标就是建立一个动态的组织环境。

(3) VLAN 的应用解决了许多大型二层交换网络产生的问题：限制广播包，提高带宽的利用率，有效地解决了广播风暴带来的性能下降问题。一个 VLAN 形成一个小的广播域，同一个 VLAN 成员都在由所属 VLAN 确定的广播域内。那么，当一个数据包没有路由时，交换机只会将此数据包发送到所有属于该 VLAN 的其他端口，而不是所有的交换机的端口，这样，就将数据包限制在了一个 VLAN 内，从而在一定程度上可以节省带宽。

(4) 增强通信的安全性。一个 VLAN 的数据包不会发送到另一个 VLAN，这样，其他 VLAN 用户的网络上收不到任何该 VLAN 的数据包，这样就确保了该 VLAN 的信息不会被其他 VLAN 的人窃听，从而实现了信息的保密。

(5) 由于 VLAN 是从逻辑上对网络进行划分，组网方案灵活，配置管理简单，从而降低了管理维护的成本。

4.5.2 虚拟局域网技术标准

IEEE 802.1Q 是虚拟桥接局域网的正式标准，定义了同一个物理链路上承载多个子网的数据流的方法。IEEE 802.1Q 定义了 VLAN 帧格式，为识别帧属于哪个 VLAN 提供了一个标准的方法。这个格式统一了标识 VLAN 的方法，有利于保证不同厂家设备配

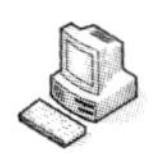

置的 VLAN 可以互通。

IEEE 802.1Q 定义了以下内容：VLAN 的架构；VLAN 中所提供的服务；VLAN 实施中涉及的协议和算法。

IEEE 802.1Q 标准不仅规定 VLAN 中 MAC 帧的格式，而且还制定了诸如帧发送及校验、回路检测，对业务质量（QOS）参数的支持以及对网管系统的支持等方面的标准。

IEEE 802.1Q 标准定义了以太网帧格式的扩展，以便支持虚拟局域网，虚拟局域网协议允许以太网的帧格式中源 MAC 地址后面插入一个 4 个字节的标识符，称为 VLAN 标记（tag）。当数据链路层检测到帧的源地址字段后面的长度/类型字段的值是 0x8100 时，就知道现在插入了 4 个字节的 VLAN 标记，于是接着检查后 2 个字节的内容。IEEE 802.1Q 标签头包含了 2 个字节的标签协议标识（TPID）和 2 个字节的标签控制信息（TCI）。TPID（tag protocol identifier）是 IEEE 定义的新的类型，表明这是一个加了 802.1Q 标签的帧。TPID 包含了一个固定的值 0x8100。TCI 包含的是帧的控制信息，它包含了下面的一些元素：①Priority。这三位指明帧的优先级。一共有 8 种优先级，0～7。IEEE 802.1Q 标准使用这三位信息。②canonical format indicator（CFI）。CFI 值为 0 时，说明是规范格式；为 1 时，说明是非规范格式。它被用在令牌环/源路由 FDDI 介质访问方法中来指示封装帧中所带地址的比特次序信息。③VLAN identified（VLAN ID）。这是一个 12 位的域，这 12 位是该虚拟局域网的 VLAN 号（VLAN ID），所以 VLAN ID 表示的范围为 0～4095，它唯一标识了这个以太网帧是属于哪个 VLAN。

因此，在 VLAN 技术中，当交换机接收到某数据帧时，交换机根据数据帧中的 VLAN ID 来判断该数据帧应该转发到哪些端口。如果目标端口连接的是交换机，则添加 tag 域后发送数据。这样报文只能被转发到属于同一 VLAN 的端口或主机。也就是说，每一 VLAN 代表了一个广播域，不同的 VLAN 用户属于不同的广播域，它不能接收来自于不同 VLAN 用户的广播报文。因为不转发二层本地广播报文，从而满足了隔离广播域的要求。根据交换机处理 VLAN 数据帧的不同方式，可以将交换机的端口分为两类：一类是只能传送标准以太网帧的端口，称为 Access 端口；另一类是既可以传送有 VLAN 标识的数据帧，也可以传送标准以太网帧的端口，称为 Trunk 端口。

4.5.3 虚拟局域网组网方法

VLAN 建立在交换技术的基础上，通过交换机"有目的"地发送数据，灵活地进行逻辑子网（广播域）的划分，而不像传统的局域网那样把站点束缚在所处一物理网络之中。

划分 VLAN 的方式有多种，每种方法的侧重点不同，所达到的效果也不尽相同。下面介绍几种划分方法。

1. 根据端口划分

这是应用最广泛、最有效的一种 VLAN 划分方法，目前绝大多数 VLAN 协议的交换机都提供这种 VLAN 配置方法。这种方法是根据以太网交换机的交换端口来划分的，它是将 VLAN 交换机上的物理端口和其内部的 PVC（永久虚电路）端口分成若干个组，每个组中被设定的端口都在同一个广播域中，构成一个虚拟网。通过交换机的端口定义，可以将连接在一台交换机上的站点划分为不同的子网。

从这种划分方法中可以看出，定义端口 VLAN 成员时非常简单，只要将所有的端口都定义为相应的 VLAN 组即可，其适合于任何规模的网络。其缺点是不允许多个 VLAN 共享一个物理网段或交换机端口。如果某一用户从一个端口所在的虚拟网移动到另一个端口所在的虚拟网，网络管理员需要重新进行设置。

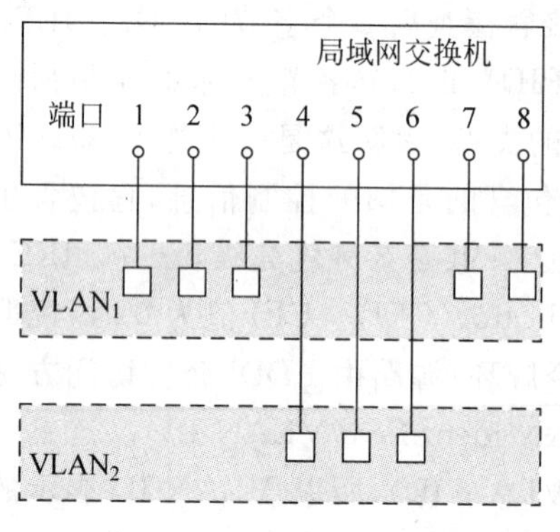

图 4-12 一个交换机端口定义 VLAN

这种划分 VLAN 的方法是根据以太网交换机的端口来划分，如图 4-12 所示的交换机的 1、2、3、7、8 端口为 VLAN 1，4～6 端口为 VLAN 2。当然，至于这些属于同一 VLAN 的端口如何配置，将由管理员决定。

如果有多个交换机（图 4-13），可以指定交换机 1 的 1、2 端口和交换机 2 的 4～7 端口为同一 VLAN 1，交换机 2 的 3～8 端口和交换机 2 的 1、2、3、8 端口为同一 VLAN 2，同一 VLAN 可以跨越数个以太网交换机，根据端口划分是目前定义 VLAN 的最常用的方法。这种方法的优点是定义 VLAN 成员时非常简单，只要将所有的端口都指定一下就可以了。其缺点是如果 VLAN A 的用户离开了原来的端口，到了一个新的交换机的某个端口，就必须重新定义。

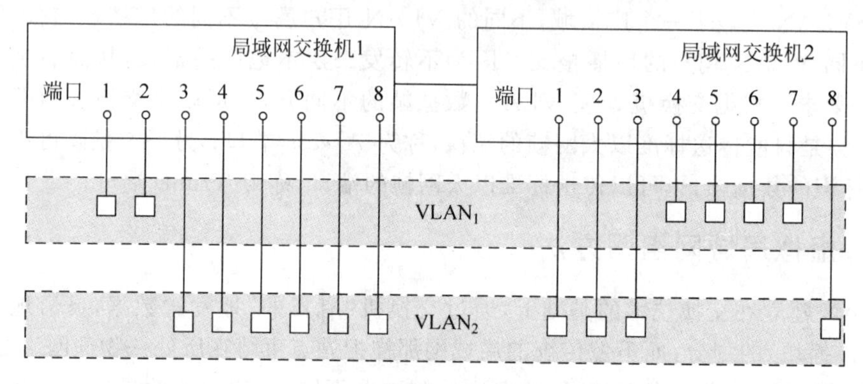

图 4-13 多个交换机端口定义 VLAN

2. 根据 MAC 划分

MAC VLAN 是根据每个主机的 MAC 地址来划分的，其优点是允许工作站移动到

网络的其他物理网段中。因为MAC地址是与硬件相关、固定于工作站的网卡内的，当网络用户从一个物理位置移动到另一个物理位置时，VLAN交换机将跟踪属于VLAN的MAC的地址，自动保留其所属VLAN的成员身份。

MAC VLAN的不足之处在于所有的用户必须被明确地分配给虚拟网，要求所有用户在初始阶段必须至少配置到一个VLAN中；初始配置必须由人工完成，然后才可以自动跟踪用户。这对于用户较多的大型网络是非常烦琐的。

3. 基于网络层协议划分

基于网络层协议划分的VLAN也称为第三层VLAN，是按网络层协议，如IP、IPX、DECnt、AppleTalk、Banyan等来划分VLAN。这种方法的优点是用户的物理位置改变了，不需要重新配置所属的VLAN，这对网络管理者来说很重要。并且，由于不需要附加的帧标签来识别VLAN，可以减少网络的通信量。

这种方法的缺点是效率低。因为检查每一个数据包的网络层地址是需要消耗处理时间的(相对于前面两种方法)，一般的交换机芯片都可以自动检查网络上数据包的以太网帧头，但要让芯片能检查IP帧头，需要更复杂的技术，也更费时。当然，这与各个厂商的实现方法有关。

这种按网络层协议来组成的VLAN，可使广播域跨越多个VLAN交换机。这对于希望针对具体应用和服务来组织用户的网络管理来说非常具有吸引力。而且，用户可以在网络内部自由移动，但其VLAN成员身份仍然保留不变。

4. 其他划分方法

(1) 利用IP广播域来划分。利用IP广播域来划分VLAN的方法给用户带来了巨大的灵活性和扩展性。而且，在这种方式下，整个网络可以非常方便地通过路由器或第三层交换机来扩展网络规模。

(2) 按用户定义、非用户授权划分。是指为了适应特别的VLAN网络，根据具体的网络用户的特别定义和设计VLAN，可以让非VLAN群体用户访问VLAN，但是需要提供用户密码，在得到VLAN管理的认证后才可以加入一个VLAN。

本章小结

局域网是计算机网络的重要组成部分。在局域网中常用的拓扑结构是总线型、星型、环型。由于以太网占有了市场绝大部分份额，以太网得到了长足的发展。其中，IEEE 802.3标准是标准以太网的MAC层标准，其媒体访问控制方法采用CSMA/CD，以太网LLC子层的链路访问采用的是广播方式，以太网的MAC子层对物理层也制定了规范。

局域网扩展常用的设备有集线器、网桥、交换机，集线器是物理层设备，外部表现与交换机相似，但有本质的不同。交换机能隔离冲突域，它的这一特点使以太网得到了快速发展。

百兆以太网、千兆以太网、万兆以太网属于高速以太网，现在百兆以太网已得到了普及。以太网是向下兼容的。

令牌环网和FDDI网是环形拓扑结构的网络。

无线局域网是现在发展最快的局域网，无线局域网采用扩频技术，其中IEEE 802.11系列标准在无线局域网中应用较广。

VLAN能够隔离广播域，基于端口划分VLAN的方法非常实用，它满足了很多企业与用户对于安全的要求。

习题

1. 局域网参考模型包含哪些层？每层各有什么功能？
2. 简述CSMA/CD的工作过程。
3. 简述以太网帧的结构和每部分的内容。
4. 简述CSMA/CA的工作过程。
5. 引入VLAN的目的是什么？它的组网方式有哪些？

第5章 广域网

本章关键词

虚电路(virtual circuit)　　数据报(datagram)

帧中继(frame relay)　　ATM(asynchronous transfer mode)

ADSL(asymmetric digital subscriber line)

本章要点

本章内容包括广域网的基本概念，广域网的两种服务——数值报和虚电路以及几个广域网实例。通过本章的学习，掌握数据报和虚电路各自的特点，了解几种广域网的技术特征，并理解网络技术随着技术的进步而变化。

5.1 广域网概述

广域网(WAN)一般是指覆盖范围广阔(可以覆盖一个地区、一个国家，甚至全球)的一类数据通信网络，的确，世界上最大的广域网因特网覆盖了地球上几乎所有的国家和地区。

当主机之间的距离较远时，例如，相隔几十公里或几百公里，甚至几千公里时，局域网显然就无法完成主机之间的通信任务。这时就需要另一种结构的网络，即广域网。

5.1.1 广域网的构成

广域网由一些节点交换机以及连接这些交换机的链路组成。节点交换机执行将分组转发的功能。节点之间都是点到点连接，但为了提高网络的可靠性，通常一个节点交换机往往与多个节点交换机相连。受经济条件的限制，广域网都不使用局域网普遍采用的多点接入技术。从层次上考虑，广域网和局域网的区别也很大，因为局域网使用的协议主要在数据链路层(还有少量物理层的内容)，而广域网使用的协议在网络层。广域网中存在的一个重要问题就是路由选择和分组转发。

然而,广域网并没有严格的定义。通常广域网是指覆盖范围很广(远远超过一个城市的范围)的长距离网络。由于广域网的造价较高,一般都是由国家或较大的电信公司出资建造。广域网是互联网的核心部分,其任务是通过长距离(如跨越不同的国家)运送主机所发送的数据。连接广域网各节点交换机的链路都是高速链路,其距离可以是几千公里的光缆线路,也可以是几万公里的点对点卫星链路。因此,广域网首先要考虑的问题是它的通信容量必须足够大,以便支持日益增长的通信量。

图 5-1 显示了距离较远的局域网通过路由器与广域网相连,组成了一个覆盖范围很广的互联网。这样,局域网就可通过广域网与另一个相隔很远的局域网进行通信。互联网和路由器的工作原理将在网际互连中讨论。路由器是一种有特殊用途的主机,在图 5-1 中将它画在两种网络之外。其实也可以将它同时画在两个网络之中,因为它既属于局域网,也属于广域网。

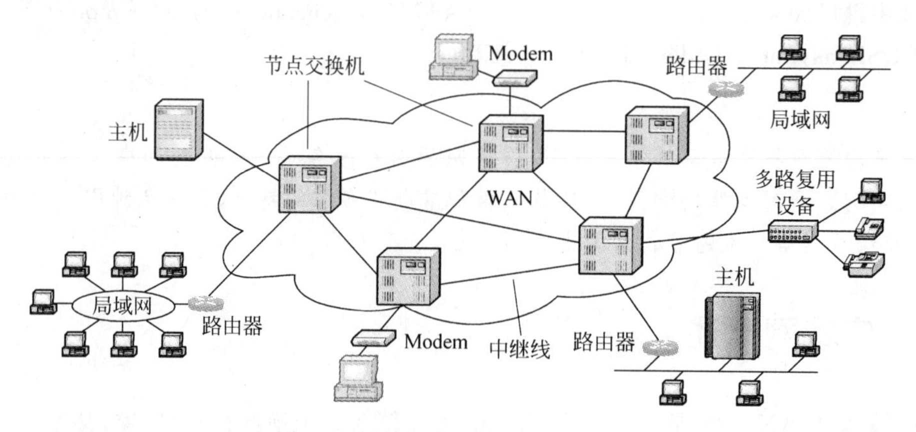

图 5-1　局域网和广域网组成互联网

如图 5-1 所示的互联网,即使覆盖范围很广,一般也不称之为广域网。因为在这种网络中,不同网络的"互连"才是它的最主要的特征。互联网必须使用路由器来连接,而广域网指的是单个的网络,它使用节点交换机连接各主机而不是用路由器来连接各网络。节点交换机和路由器都是用来转发分组的,它们的工作原理相似。区别是:节点交换机是在单个网络中转发分组,而路由器是在多个网络构成的互联网中转发分组。图 5-1 中由交换机组成的这部分主干网才是广域网。

广域网和局域网都是互联网的重要组成构件。尽管它们的价格和作用距离相差很远,但从互联网的角度来看,广域网和局域网却是平等的。这里的一个关键就是广域网和局域网有一个共同点:连接在一个广域网或一个局域网上的主机在该网内进行通信时,只需要使用其网络的物理地址即可。

5.1.2　广域网参考模型

由于广域网通常用来连接相距很远的局域网，所以在广域网中一般将公用数据通信网络系统作为通信子网。这些通信子网包括：

(1) PSTN：公用电话交换网；

(2) X.25：公共分组交换网，使用 X.25 协议进行分组交换的数据通信技术；

(3) Frame Relay：帧中继，一种高速的在链路层进行分组交换的技术；

(4) ISDN：综合业务数据网，一种可以在电话线路上同时提供音频、视频和数据服务的数字网络；

(5) DDN：数字数据网，一种利用数字信道提供半永久性连接电路的数字网络；

(6) xDSL：数字用户线，一种利用电话线路进行数字传输的高速接入技术；

(7) ATM：异步传输模式，一种基于异步时分多路复用的、采用信元交换代替分组交换的技术；

(8) 交换式多兆位数据服务 SMDS 等。

这些公用数据通信网工作包括 OSI/RM 的最低三层，如图 5-2 所示。

(1) 物理层：PSTN、DDN、xDSL、SONET/SDH；

(2) 数据链路层：ISDN、FR、ATM；

(3) 网络层：X.25。

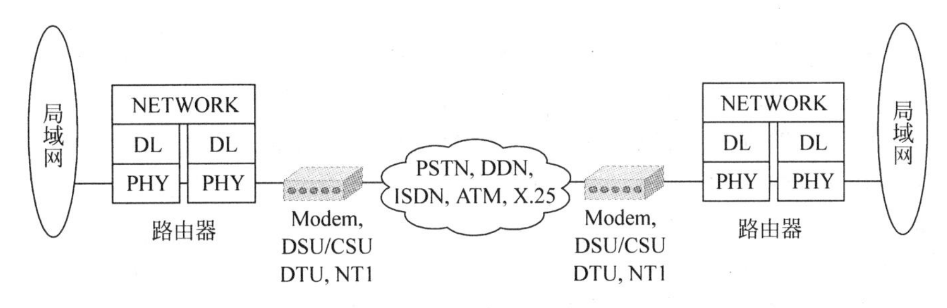

图 5-2　广域网的协议层次

5.2　虚电路与数据报

从层次上看，广域网的最高层是网络层。网络层为接在网络上的主机提供的服务可以分为两大类：面向连接的网络服务和无连接的网络服务。这两种服务的具体实现就是虚电路服务和数据报服务。

5.2.1 虚电路

对于采用虚电路方式的广域网，源节点要与目的节点进行通信之前，首先必须建立一条从源节点到目的节点的虚电路(即逻辑连接)，如图5-3所示，然后通过该虚电路进行数据传送，最后当数据传输结束时，释放该虚电路。在虚电路方式中，每个交换机都维持一个虚电路表，用于记录经过该交换机的所有虚电路的情况，每条虚电路占据其中的一项。在虚电路方式中，其数据报文在其报头中除包括序号、校验以及其他字段外，还必须包含一个虚电路号。

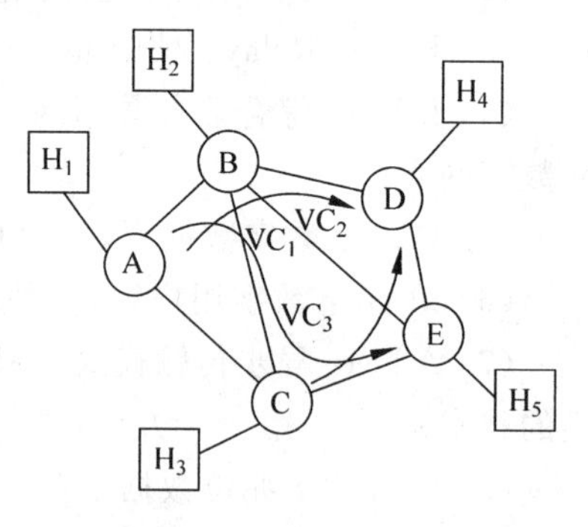

图5-3　虚电路示意图

在虚电路方式中，当某台机器试图与另一台机器建立一条虚电路时，首先选择本机还未使用的虚电路号作为该虚电路的标识，同时在该机器的虚电路表中填上一项。由于每台机器(包括交换机)独立选择虚电路号，所以虚电路号仅仅具有局部意义。也就是说，报文在通过虚电路传送的过程中，报文头中的虚电路号会发生变化。

虚电路是在分组交换散列网络上的两个或多个端点站点间的链路。一旦源节点与目的节点建立了一条虚电路，就意味着在所有交换机的虚电路表上都登记有该条虚电路的信息。当两台建立了虚电路的机器相互通信时，可以根据数据报文中的虚电路号，通过查找交换机的虚电路表得到它的输出线路，进而将数据传送到目的端。当数据传输结束时，必须释放所占用的虚电路表空间，具体做法是由任一方发送一个撤除虚电路的报文，清除沿途交换机虚电路表中的相关项。

这种分组交换的方式是利用统计复用的原理，将一条数据链路复用成多个逻辑信道。就是采用时分复用的原理和数据分组插入的技术，把一条数据链路分成多条逻辑信道。在数据通信呼叫建立时，每经过一个节点便选择一条逻辑信道，最后通过逐段选择逻辑信道，在发信用户和收信用户之间建立起一条信息传送通路。由于这种通路是由若干逻辑信道构成的，并非实体的电路，所以叫做“虚电路”。虚电路为两个端点间提供临时或专用面向连接的会话。它的固有特点是，有一条通过多路径网络的预定路径。提前定义好一条路径，可以改进性能，并且消除了帧和分组头部的需求，从而增加了吞吐率。从技术上看，可以通过分组交换网络的物理路径进行改变，以避免拥挤和失效线路，但是两个端系统要保持一条连接，并根据需要改变路径描述。虚电路有永久性的和交换型的两种。永久性虚电路(PVC)是一种提前定义好的，基本上不需要任何建立时间的端点站点间的连接。交换型虚电路(SVC)是端点站点之间的一种临时性连接。

图5-3中建立了三条虚电路：A—B—C—E(VC_1)、A—B—D(VC_2)和C—E—D(VC_3)。

虚电路技术的主要特点是：在数据传输之前必须通过虚呼叫设置一条虚电路。它适用于两端之间长时间的数据交换。其优点是：可靠，保持顺序；其缺点是：如有故障，则经过故障点的数据全部丢失。

虚电路技术的主要特点是：在数据传送以前必须在源端和目的端之间建立一条虚电路。值得注意的是，虚电路的概念不同于前面电路交换技术中电路的概念。后者对应着一条实实在在的物理线路，该线路的带宽是预先分配好的，是通信双方的物理连接。而虚电路的概念是指在通信双方建立了一条逻辑连接，该连接的物理含义是指明收发双方的数据通信应按虚电路指示的路径进行。虚电路的建立并不表明通信双方拥有一条专用通路，即不能独占信道带宽，到来的数据报文在每个交换机上仍需要缓存，并在线路上进行输出排队。

广域网另一种组网方式是数据报方式，交换机不必登记每条正在使用的链路，它们只需要用一张表来指明到达所有可能的目的端交换机的输出线路即可。由于数据报方式中每个报文都要单独寻址，因此要求每个数据报包含完整的目的地址。

5.2.2　数据报

数据报(datagram)是分组交换的另一种业务类型。它属于“无连接型”(connectionless)业务。用数据报方式传送数据时，是将每一个分组作为一个独立的报文进行传送。数据报方式中的每个分组是被单独处理的，每个分组称为一个数据报，每个数据报都携带地址信息。通信双方在开始通信之前，不需要先建立虚电路连接，因此被称为“无连接型”。无连接型的发信方和收信方之间不存在固定的电路连接，所以发送分组和接收分组的次序不一定相同，各个分组各走各的路。收信方接收到的分组要由接收终端来重新排序。如果分组在网内传输的过程中出现了丢失或差错，网络本身也不作处理，完全由通信双方终端的协议来解决。

如图 5-4 所示，从 H1 到 H5 的数据报分别沿着不同的路径 A—C—E 和 A—B—E 传输。

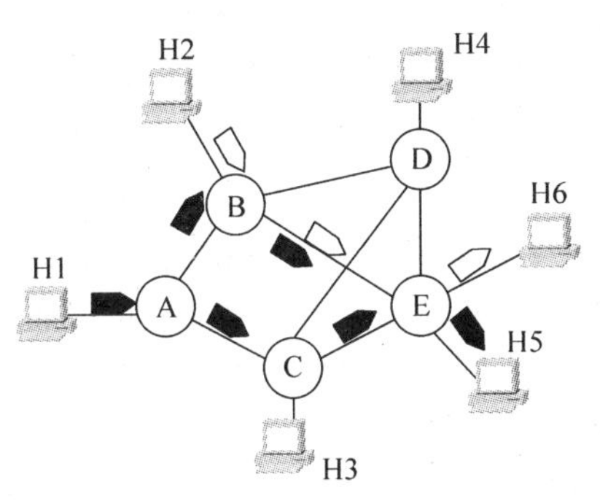

图 5-4　数据报

网络提供数据报服务的特点是：网络随时都可接受主机发送的分组(即数据报)。网络为每个分组独立地选择路由。网络只是尽最大努力地将分组交付给目的主机，但网络对源主机没有任何承诺。网络不保证所传送的分组不丢失，也不保证按源主机发送分组的先后顺序以及在多长的时限内必须将分组交付给目的主机。当需要把分组按发送顺序交付给目的主机时，在目的站还必须把收到的分组缓存一下，等到能够按顺序交付主机时再进行交付。当网络发生拥塞时,网络中的某个节点可根据当时的情况将一些分组丢弃(请注意,网络并不是随意丢弃分组)。所以,数据报提供的服务是不可靠的,它不能保证服务质量。实际上"尽最大努力交付"的服务就是没有质量保证的服务。

虚电路方式与数据报方式之间的最大差别在于:虚电路方式为每一对节点之间的通信预先建立一条虚电路,后续的数据通信沿着建立好的虚电路进行,交换机不必为每个报文进行路由选择;而在数据报方式中,每一个交换机为每一个进入的报文进行一次路由选择,也就是说,每个报文的路由选择独立于其他报文。

广域网是采用虚电路方式还是数据报方式,涉及的因素比较多。下面主要是从两个方面来比较这两种结构:一方面是从广域网内部来考察;另一方面是从用户的角度(即用户需要广域网提供什么服务)来考察。

在广域网内部,虚电路和数据报之间有好几个需要权衡的因素。

一个因素是交换机的内存空间与线路带宽的权衡。虚电路方式允许数据报文只含位数较少的虚电路号,而不需要完整的目的地址,从而节省了交换机输入/输出线路的带宽。虚电路方式的代价是在交换机中占用内存空间用于存放虚电路表,而同时交换机仍然要保存路由表。

另一个因素是虚电路建立时间和路由选择时间的比较。在虚电路方式中,虚电路的建立需要一定的时间,这个时间主要是用于各个交换机寻找输出线路和填写虚电路表,而在数据传输过程中,报文的路由选择却比较简单,仅仅查找虚电路表即可。数据报方式不需要连接建立过程,每一个报文的路由选择单独进行。

网络所提供的上述这两种服务的思路来源不同。

虚电路服务的思路来源于传统的电信网。电信网将其用户终端(电话机)做得非常简单,而电信网负责保证可靠通信的一切措施,因此电信网的节点交换机复杂而昂贵。

数据报服务使用另一种完全不同的新思路。它力求使网络生存性好和使对网络的控制功能分散,因而只能要求提供尽最大努力的服务。但这种网络要求使用较复杂且有相当智能的主机作为用户终端。可靠通信由用户终端中的软件(即 TCP)来保证。

虚电路还可以进行拥塞避免,原因是虚电路方式在建立虚电路时已经对资源进行了预先分配(如缓冲区)。而数据报广域网要实现拥塞控制就比较困难,原因是数据报广域网中的交换机不存储广域网状态。

广域网内部使用虚电路方式还是数据报方式正是对应于广域网提供给用户的服务。虚电路方式提供的是面向连接的服务,而数据报方式提供的是无连接的服务。问题的焦点就是网络要不要提供网络端到端的可靠通信?OSI 一开始就按照电信网的思路来对待网络,坚持"网络提供的服务必须是非常可靠的"这样一种观点,因此 OSI 在网络层(以及其他的各个层次)采用了虚电路服务。

支持虚电路方式(如 X.25)的人认为,网络本身必须解决差错和拥塞控制的问题,提

供给用户完善的传输功能。而虚电路方式在这方面做得比较好，虚电路的差错控制是通过在相邻交换机之间“局部”控制来实现的。也就是说，每个交换机发出一个报文后要启动定时器，如果在定时器超时之前没有收到下一个交换机的确认，则它必须重发数据。而拥塞避免是通过定期接收下一站交换机的“允许发送”信号来实现的。这种在相邻交换机之间进行差错和拥塞控制的机制通常叫做“跳到跳”控制。

而支持数据报方式(如 IP)的人认为，网络最终能实现什么功能应由用户自己来决定的，试图通过在网络内部进行控制来增强网络功能的做法是多余的。也就是说，即使是最好的网络也不要完全相信它。可靠性控制最终要通过用户来实现，利用用户之间的确认机制去保证数据传输的正确性和完整性，这就是所谓的“端到端”控制。

然而，美国 ARPANET 的一些专家则认为，多年的实践证明，不管用什么方法设计网络，网络(这可能由多个网络互连而成)提供的服务并不可能做得非常可靠，用户主机仍要负责端到端的可靠性。所以，他们认为：让网络只提供数据报服务就可大大简化网络层的结构。当然，网络出了差错不去处理而让两端的主机来处理肯定会延误一些时间，但技术使得网络出错的概率已越来越小，因而让主机负责端到端的可靠性不但不会给主机增加更多的负担，反而能够使更多的应用在这种简单的网络上运行。互联网能够发展到今天这样的规模，已充分说明了网络层提供数据报服务是非常成功的。

由于在虚电路方式中，交换机保存了所有虚电路的信息，因而虚电路方式在一定程度上可以进行拥塞控制。但如果交换机由于故障且丢失了所有路由信息，则将导致经过该交换机的所有虚电路停止工作。与此相比，在数据报广域网中，由于交换机不存储网络路由信息，交换机的故障只会影响到目前在该交换机排队等待传输的报文。因此从这点来看，数据报广域网比虚电路方式更强壮些。

总而言之，数据报广域网无论在性能、健壮以及实现的简单性方面都优于虚电路方式。基于数据报方式的广域网将得到更大的发展。

5.2.3　拥塞控制

拥塞控制是广域网和互联网中一个很重要的问题。本节将从一般意义上介绍拥塞控制的意义和拥塞控制的基本原理。

计算机网络中的链路容量(即带宽)、交换节点中的缓存和处理机等，都是网络的资源。在某段时间，若对网络中某一资源的需要超过了该资源所能提供的可用部分，网络的性能就要变坏。这种情况就叫做拥塞(congestion)。可将出现资源拥塞的条件写成如下的关系式：

$$\sum \text{对资源的需求} > \text{可用资源}$$

若网络中有许多资源同时产生拥塞，网络的性能就要明显变坏，整个网络的吞吐量将随输入负荷的增大而下降。

有人可能会说:“只要增加一些资源,例如,将节点缓存的存储空间扩大,或将链路更换为更高速率的链路,或将节点处理机的运算速度提高,就可解决网络拥塞的问题。”其实不然,这是因为网络拥塞是一个非常复杂的问题。简单地采用上述做法,在许多情况下,不但不能解决拥塞问题,而且还可能使网络的性能更坏。

网络拥塞往往是由许多因素引起的。例如,当某个节点缓存的容量太小时,到达该节点的分组因无存储空间暂存而不得不丢弃。现在设想将该节点缓存的容量扩展到非常大。于是凡到达该节点的分组均可在这缓存的队列中排队,不受任何限制。由于输出链路的容量和处理机的速度并未提高,因此在这队列中的绝大多数分组的排队等待时间将会很长很长,结果上层软件只好将它们进行重传(因为早就超时了)。由此可见,简单地扩大缓存的存储空间同样会造成网络资源的严重浪费,解决不了网络拥塞的问题。

又如,处理机处理的速率太慢可能引起网络的拥塞。简单地将处理机的速率提高,可能会使上述情况缓解一些,但往往又会将瓶颈转移到其他地方。问题的实质往往是整个系统的各个部分不匹配。只有所有的部分都平衡了,问题才会得到解决。

拥塞常常使问题趋于恶化。如果一个路由器没有足够的缓存空间,它就会丢弃一些新到的分组。但当分组被丢弃时,发送这一分组的相邻路由器就会重传这一分组,甚至可能还要重传多次。发送端在未收到确认之前必须保留所发分组的副本,以便进行可能的重传。可见,在接收端产生的拥塞反过来会引起发送端的缓存的拥塞。

拥塞控制与流量控制的关系密切,但它们之间也存在着一些差别。拥塞控制所要做的都有一个前提,就是网络能够承受现在的网络负荷。拥塞控制是一个全局性的过程,涉及所有的主机、所有的路由器,以及与降低网络传输性能有关的所有因素。

相反,流量控制往往指在给定的发送端和接收端之间的点对点通信量的控制。流量控制所要做的就是抑制发送端发送数据的速率,以便使接收端来得及接收。流量控制几乎总是存在着从接收端到发送端的某种直接反馈,使发送端知道接收端处于怎样的状况。

5.3 广域网实例

下面将简单介绍几种常用的广域网,包括公用电话交换网(PSTN)、公用数据分组交换网(X.25)、数字数据网(DDN)、帧中继(FR)、异步传输模式(ATM)和 ADSL 接入技术。

5.3.1 公用电话交换网

公共电话交换网(public switched telephone network,PSTN)是提供电话服务的公共网络系统,是国家公用通信基础设施之一,由国家电信部门统一建设、管理和运营。它主要是提供语音通信服务,同时还提供数据通信业务,如电报、传真等。

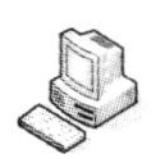

PSTN 是以电路交换技术为基础的用于传输模拟话音的网络。目前，全世界的电话数目早已达几十亿部，并且还在不断增长。要将如此之多的电话连在一起并使之很好地工作，唯一可行的办法就是采用分级交换方式。

电话网概括起来主要由三个部分组成：本地回路、干线和交换机。其中，干线和交换机一般采用数字传输和交换技术，而本地回路（也称用户环路）基本上采用模拟线路。由于本地回路是模拟的，因此当两台计算机想通过 PSTN 传输数据时，中间必须经双方 Modem 实现计算机数字信号与模拟信号的相互转换，如图 5-5 所示。

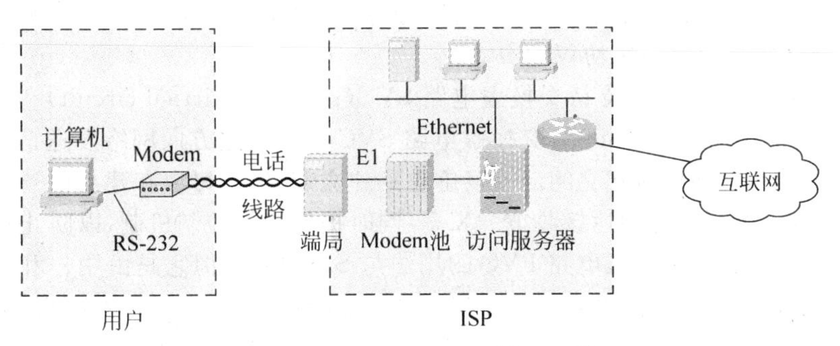

图 5-5　用户通过 PSTN 接入互联网

PSTN 是一种电路交换的网络，可看做是物理层的一个延伸，在 PSTN 内部并没有上层协议进行差错控制。在通信双方建立连接后电路交换方式独占一条信道，当通信双方无信息传输时，该信道也不能被其他用户所利用。

用户可以使用普通拨号电话线或租用一条电话专线进行数据传输，使用 PSTN 实现计算机之间的数据通信是最廉价的，但由于 PSTN 线路的传输质量较差，而且带宽有限，再加上 PSTN 交换机没有存储功能，因此 PSTN 只能用于对通信质量要求不高的场合。目前通过 PSTN 进行数据通信的最高速率不超过 56kbps。

5.3.2　公用数据分组交换网

公用数据分组交换网是一种采用分组交换技术实现的数据通信网。ITU-T 的 X.25 协议就是针对分组交换网制定的，相应地这类网络也叫做 X.25 网。我国的公用数据分组交换网是 CHINAPAC。

X.25 是 20 世纪 70 年代由国际电报电话咨询委员会（CCITT）制定的“在公用数据网上以分组方式工作的数据终端设备（DTE）和数据电路设备（DCE）之间的接口”。X.25 于 1976 年 3 月正式成为国际标准，1980 年和 1984 年又先后经过补充修订。从 ISO/OSI 体系结构观点看，X.25 对应于 OSI 参考模型底下三层，分别为物理层、数据链路层和网络层。X.25 的物理层协议是 X.21，用于定义主机与物理网络之间物理、电气、功能以及过程特性。实际上，目前支持该物理层标准的公用网非常少，原因是该标准要求用户在电话线路上使用数字信号，而不能使用模拟信号。作为一个临时性措施，CCITT 定义了一个类似于大家熟悉的 RS-232 标准的模拟接口。

X. 25 的数据链路层描述用户主机与分组交换机之间数据的可靠传输，包括帧格式定义、差错控制等。X. 25 数据链路层一般采用高级数据链路控制 HDLC(high-level data link control)协议。

X. 25 的网络层描述主机与网络之间的相互作用，网络层协议处理诸如分组定义、寻址、流量控制以及拥塞控制等问题。网络层的主要功能是允许用户建立虚电路，然后在已建立的虚电路上发送最大长度为 128 个字节的数据报文。报文可靠且按顺序到达目的端。X. 25 网络层采用分组级协议 PLP。

X. 25 是面向连接的，它支持交换虚电路 SVC(switched virtual circuit)和永久虚电路 PVC(permanent virtual circuit)。交换虚电路 SVC 是在发送方向网络发送请求建立连接报文要求与远程机器通信时建立的。一旦虚电路建立起来，就可以在建立的连接上发送数据，而且可以保证数据正确到达接收方。X. 25 同时提供流量控制机制，以防止快速的发送方淹没慢速的接收方。永久虚电路 PVC 的用法与 SVC 相同，但它是由用户和长途电信公司经过商讨而预先建立的，因而它时刻存在，用户不需要建立链路而可直接使用它。

由于许多的用户终端并不支持 X. 25 协议，为了让用户哑终端(非智能终端)能接入 X. 25 网络，CCITT 制定了另外一组标准。用户终端通过一个称为分组装拆器(packet assembler dissembler，PAD)的"黑盒子"接入 X. 25 网络。用于描述 PAD 功能的标准协议称为 X. 3，而在用户终端和 PAD 之间使用 X. 28 协议，另一个协议是用于 PAD 和 X. 25 网络之间的，称为 X. 29。

X. 25 网络是在物理链路传输质量很差的情况下开发出来的。为了保障数据传输的可靠性，它在每一段链路上都要执行差错校验和出错重传。这种复杂的差错校验机制虽然使它的传输效率受到了限制，但确实为用户数据的安全传输提供了很好的保障。

X. 25 网络的突出优点是可以在一条物理电路上同时开放多条虚电路，供多个用户同时使用；网络具有动态路由功能和复杂完备的误码纠错功能。X. 25 分组交换网可以满足不同速率和不同型号的终端与计算机、计算机与计算机间以及局域网 LAN 之间的数据通信。X. 25 网络提供的数据传输率一般为 64kbps。

X. 25 网主要由分组交换机、用户接入设备和传输线路组成，如图 5-6 所示。

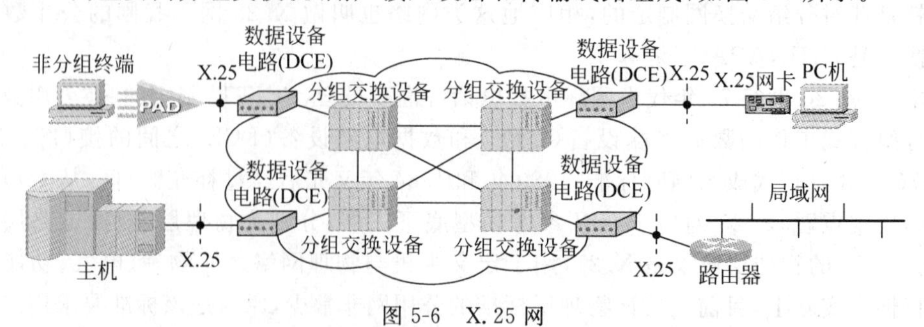

图 5-6　X. 25 网

X. 25 网的层次，如图 5-7 所示。

(1) 物理层协议，X. 21：

- DTE 和 DCE 之间的物理接口；
- 包括物理接口的机械、电气、功能和过程特性。

(2) 数据链路层协议，LAPB：

- 实现主机 DTE 和交换机 DCE 之间数据的可靠传输；
- 包括帧格式、差错控制和流量控制等。

(3) 分组层协议，PLP：

- 采用虚电路技术，实现任意两个 DTE 之间数据的可靠传输；
- 包括分组格式、路由选择、流量控制以及拥塞控制等。

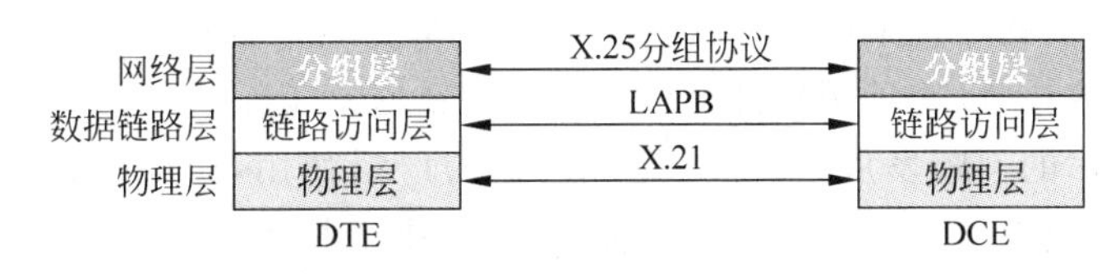

图 5-7　X. 25 的层次

5.3.3　数字数据网

数字数据网(digital data network，DDN)是一种利用数字信道提供数据通信的传输网，它主要提供点到点及点到多点的数字专线或专网。

DDN 由数字通道、DDN 节点、网管系统和用户环路组成。DDN 的传输介质主要有光纤、数字微波、卫星信道等。DDN 采用了计算机管理的数字交叉连接技术，为用户提供半永久性连接电路，即 DDN 提供的信道是非交换、用户独占的永久虚电路。一旦用户提出申请，网络管理员便可以通过软件命令改变用户专线的路由或专网结构，无须经过物理线路的改造扩建工程。因此，DDN 极易根据用户的需要，在约定的时间内接通所需带宽的线路。

DDN 为用户提供的基本业务是点到点的专线。从用户角度来看，租用一条点到点的专线就是租用了一条高质量、高带宽的数字信道。用户在 DDN 上租用一条点到点数字专线与租用一条电话专线十分类似。

DDN 专线与电话专线的区别在于：电话专线是固定的物理连接，而且电话专线是模拟信道，带宽窄，质量差，数据传输率低；而 DDN 专线是半固定连接，其数据传输率和路由可随时根据需要申请改变。另外，DDN 专线是数字信道，其质量高、带宽宽，并且采用了冗余技术，具有路由故障自动迂回功能。

DDN 与 X. 25 网的区别在于：X. 25 是一个分组交换网，X. 25 网本身具有三层协议，用呼叫建立临时虚电路，保证数据包在两个 DTE 之间可靠传输。X.25 具有协议转换、速度匹配等功能，适合于不同通信规程、不同速率的用户设备之间的相互通信。而 DDN 是一个全透明的网络，它不具备自动交换功能，只有物理层接口，提供两个相邻 DTE 之间的数据快速传输，利用 DDN 的主要方式是定期或不定期地租用专线。从用户所需承担的费用角度看，X.25 是按字节收费，而 DDN 是按固定月租收费。所以，DDN 适合于需要频繁通信的 LAN 之间或主机之间的数据通信。

5.3.4 帧中继

帧中继(frame relay，FR)技术是由 X.25 分组交换技术演变而来的。FR 的引入是由于过去 20 年来通信技术的改变。20 年前，人们使用慢速、模拟和不可靠的电话线路进行通信，当时计算机的处理速度很慢且价格比较昂贵。结果是在网络内部使用很复杂的协议来处理传输差错，以避免用户计算机来处理差错恢复工作。

随着通信技术的不断发展，特别是光纤通信的广泛使用，通信线路的传输率越来越高，而误码率越来越低。为了提高网络的传输率，帧中继技术省去了 X.25 分组交换网中的差错控制和流量控制功能，这就意味着帧中继网在传送数据时可以使用更简单的通信协议，而把某些工作留给用户端去完成，这样就使得帧中继网的性能优于 X.25 网，它可以提供 1.5 Mbps 的数据传输率。

我们可以把帧中继看做一条虚拟专线。用户可以在两节点之间租用一条永久虚电路并通过该虚电路发送数据帧，其长度可达 1600 个字节。用户也可以在多个节点之间通过租用多条永久虚电路进行通信。

实际租用专线(DDN 专线)与虚拟租用专线的区别在于：对于实际租用专线，用户可以每天以线路的最高数据传输率不停地发送数据；而对于虚拟租用专线，用户可以在某一个时间段内按线路峰值速率发送数据。当然，用户的平均数据传输速率必须低于预先约定的水平。换句话说，长途电信公司对虚拟专线的收费要少于物理专线的收费。

帧中继技术只提供最简单的通信处理功能，如帧开始和帧结束的确定以及帧传输差错检查。当帧中继交换机接收到一个损坏帧时只是将其丢弃，帧中继技术不提供确认和流量控制机制。

帧中继与 X.25 的比较

帧中继网和 X.25 网都采用虚电路复用技术，以便充分利用网络带宽资源，降低用户通信费用。但是，由于帧中继网对差错帧不进行纠正，简化了协议，因此，帧中继交换机处理数据帧所需的时间大大缩短，端到端用户信息传输时延低于 X.25 网，而帧中继网的吞吐率也高于 X.25 网。帧中继网还提供一套完备的带宽管理和拥塞控制机制，在带宽动态分配上比 X.25 网更具优势。帧中继网可以提供从 2～45Mbps 速率范围的虚拟专线。

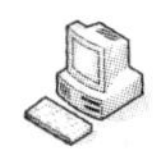

为了进一步提高分组交换网的吞吐量和传输速率，可从两个方面来考虑，一方面提高信道的传输能力；另一方面发展新的交换技术。对于传输来说，采用光纤通信技术，它具有容量大、质量高的特点，这种通信信道为分组交换的发展提供了有利条件，于是快速分组交换技术迅速发展起来，以满足高容量、高带宽的广域网要求，适应多媒体通信、宽带综合业务、局域网高速互连等。目前广为采用的快速分组交换技术主要有两类，即帧中继和异步传输模式(asynchronous transfer mode，ATM)。

X.25数据链路层采用LAPB(平衡链路访问规程)，帧中继数据链路层规程采用LAPD(D表示信道链路访问规程，是综合业务数字网ISDN的第二层协议)的核心部分，称为LAPF(帧方式链路访问规程)，它们都是HDLC的子集。

与X.25相比，帧中继在第二层增加了路由的功能，但它取消了其他功能，如在帧中继节点不进行差错纠正，因为帧中继技术建立在误码率很低的传输信道上，差错纠正的功能由端到端的计算机完成。在帧中继网络中的节点将舍弃有错的帧，由终端的计算机负责差错的恢复，这样就减轻了帧中继交换机的负担。与X.25相比，帧中继不需要进行第三层的处理，它能够让帧在每个交换机中直接通过，即交换机在帧的尾部还未收到之前就可以把帧的头部发送给下一个交换机，一些第三层的处理，如流量控制，留给智能终端去完成。

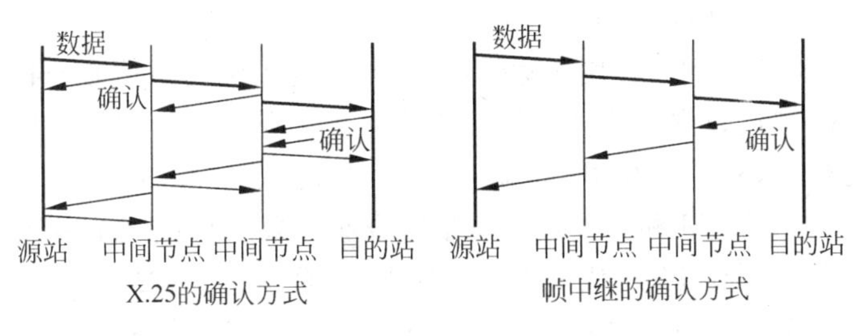

图5-8　帧中继与X.25的确认方式比较

正是因为处理方面工作的减少，给帧中继带来了明显的效果。首先帧中继有较高的吞吐量，能够达到E1/T1(2.048/1.544Mb/s)、E3/T3的传输速率；其次帧中继网络中的时延很小，在X.25网络中每个节点进行帧校验产生的时延为5～10ms，而帧中继节点小于2ms。

帧中继与X.25也有相同的地方。例如，二者采用的均是面向连接的通信方式，即采用虚电路交换，可以有交换虚电路(SVC)和永久虚电路(PVC)两种。

通过以上比较可知，帧中继技术是在OSI第二层上用简化的方法传送和交换数据单元的一种技术。帧中继技术适用于以下三种情况：

(1) 用户需要数据通信，其带宽要求为64k～2Mbit/s，而参与通信的各方多于两个的时候使用帧中继是一种较好的解决方案。

(2) 通信距离较长时，应优选帧中继。应为帧中继的高效性使用户可以享有较好的

经济性。

(3) 当数据业务量为突发性时，由于帧中继具有动态分配带宽的功能，选用帧中继可以有效地处理突发性数据。

帧中继将X.25网络的下三层协议进一步简化，将差错控制、流量控制推到网络的边界，从而实现轻载协议网络。

帧中继在OSI第二层以简化的方式传送数据，仅完成物理层和链路层核心层的功能，智能化的终端设备把数据发送到链路层，并封装在LAPD帧结构中，实施以帧为单位的信息传送。网络不进行纠错、重发、流量控制等。

帧不需要确认，就能够在每个交换机中直接通过。若网络检查出错误帧，则直接将其丢弃。一些第二、三层的处理，如纠错、流量控制等，留给智能终端去处理，从而简化了节点机之间的处理过程。

5.3.5 ATM

ATM(asynchronous transfer mode,异步传输模式)也是基础的网络宽带技术之一。ATM是一种简化的面向连接的高速分组交换，它采用信元(cell)作为交换单位，信元实际上是一种固定长度的分组，所以也是一种分组交换，从面向连接这一要求来看又具有某些电路交换的特征，但更重要的是要在操作规则上作大量简化，才能实现高速处理。ATM是目前国际上统一的一种用于宽带网内传输、复用和交换信元的技术，是为支持高质量的语音、图像、高速数据等综合服务设计的。它本身不属于网络结构，只是一种适用于宽带网的传递模式，802.bDQDB(双队列双总线)建议与ATM是各自独立开发的，但现在已用来作为达到ATM和B-ISDN(宽带综合业务数字网)结合的引导。

ATM技术是20世纪80年代末由电信提出的，是一种为实现包括话音、数据和图像在内的各种业务传输的宽带综合数据业务网B-ISDN而发展起来的网络技术。ATM技术的实质是电路交换和分组交换的综合。因此，ATM技术具有很大的灵活性，任何时候都能按实际需要来占用资源；对特定业务，传送速率随信息到达的速率而变化；能够适应任何类型的业务，无论其速率高低、突发性大小、实时性要求和质量要求如何，都能提供满意的服务。

ATM网络不提供任何数据链路层的功能，而是将差错控制、流量控制等工作交给终端去做，从而进一步简化了网络功能。20世纪90年代中期，ATM技术已基本成熟。

1. ATM的特点

(1) 面向连接模式。所谓面向连接，是指在通信前先在收与发终端间建立一条连接，在通信时，报文或信息不断地在该连接上传送，因此在一次通信中有多个报文或信息时，从发端到收端的路由固定。但在面向无连接中采用逐段转发的方式，即根据报文或信息上的地址发给下一站，再由下一站根据地址是收下还是继续向前发送直至目的地，因此在

一次通信中有多个报文或信息时，从发端到收端的路由可能不固定。电话通信是典型的面向连接方式，而电报和邮政通信是两个面向无连接方式的实例。这两种方式的根本区别不仅在于路由是否固定，而且在于是否用逻辑号来代替真实的地址。在面向连接中，由于建立连接时网络已经为该连接分配了一个逻辑号，因此在通信过程中就用逻辑号代替真实地址，但在无连接方式中，通信时只能用真实地址，显然识别逻辑号比识别真实地址快，因而面向连接适用于实时业务。

(2) 分组长度固定的分组交换方式。在传统的分组交换方式中分组长度不固定，这时必须经过比较才能知道分组是否结束。当分组长度固定时，只需计数便可知道分组的终结，计数执行指令比执行指令的时间少许多。分组长度固定适合于快速处理，在 ATM 中将长度固定的分组称为信元，信元由信头域和信息域组成，信头域长 5 个字节，信息域长为 48 个字节，信头的主要功能是流量控制、虚通道 / 虚通路、交换、信头检验和信元定界以及信元类型的识别。

(3) 由于 ATM 技术简化了交换过程，去除了不必要的数据校验，采用易于处理的固定信元格式，从而使传输时延减少，交换速率大大高于传统数据网，因此适用于高速数据交换业务，数据率可达 155～622Mbps，甚至 2.4Gbps。

2. ATM 的信元结构

ATM 为实现高速交换展示了诱人的前景，使得 B-ISDN 网络的实现成为可能。近年来，电路交换设备的功能日益增强且越来越多地采用光纤干线，但利用电路交换技术难以圆满解决 B-ISDN 对不同速率和不同传输质量控制的需求。理论分析和模拟表明，ATM 技术可以满足 B-ISDN 的要求。

正因为这样，ATM 技术的基本思想是让所有的信息都以一种长度较小且大小固定的信元进行传输。信元的长度为 53 个字节，其中信元头是 5 个字节，有效载荷部分占 48 个字节。ATM 信元的结构如图 5-9 所示。

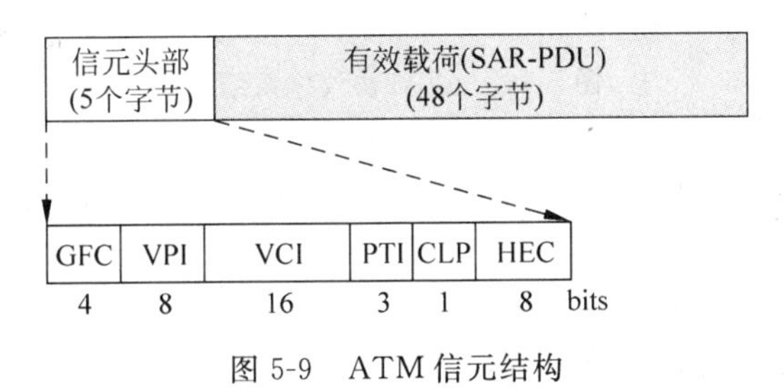

图 5-9　ATM 信元结构

5 个字节的头共 40 位，前 4 位应用于通用的流量控制 GFC，接下来的 24 位是 8 位的虚路径标识符 VPI 和 16 位虚通道标识符 VCI，用于标识 ATM 虚电路。

有效载荷类型标识符 PTI 用于标识有效荷载区内的数据类型，也有可能包括用户数据或者管理信息。当 PTI 的第 1 比特为 1 时,其他位用于表示管理;当 PTI 的第 1 比特为 0 时,表明是用户数据。

信元丢弃优先级 CLP 用来表示信元能否丢弃。

最后一个字段是信元头错误控制 HEC,是 8 比特的 CRC 校验码。

3. 虚路径和虚通道

在 ATM 中,两个终端之间的虚电路是由传输路径、虚路径和虚通道组成的。传输路径是端点之间的物理连接。如果把两个城市看成两个端点,那么传输路径就是直接连接这两个城市的所有的公路。

一条传输路径可以分为几个虚路径。虚路径提供两个端点之间的一个连接。若把公路比作虚路径,则每条公路就是一条虚路径,所有虚路径和起来就是传输路径。

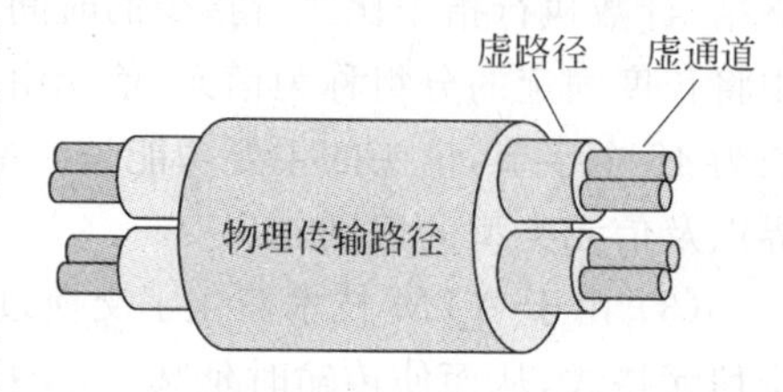

图 5-10　传输路径、虚路径和虚通道示意图

虚通道相当于公路的车道。信元是基于虚通道的,属于同一报文的所有信元沿着同一虚通道传输,并保持原来的顺序,直到到达终点,就像沿着同一车道行驶的有序车队一样。这三者的关系如图 5-10 所示。

4. ATM 协议体系结构

ATM 协议体系结构分为三层,对应于 OSI 的物理层和数据链路层,如图 5-11 所示。

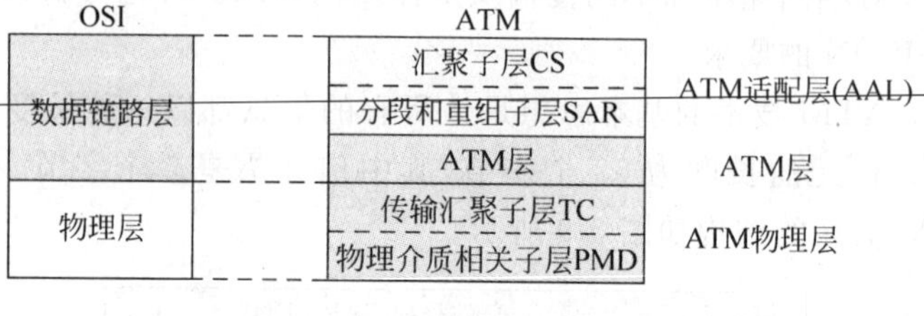

OSI	ATM	
数据链路层	汇聚子层CS	ATM适配层(AAL)
	分段和重组子层SAR	
	ATM层	ATM层
物理层	传输汇聚子层TC	ATM物理层
	物理介质相关子层PMD	

图 5-11　ATM 协议体系结构

(1) ATM 物理层:在物理介质上以位为单位传输信元,包括用于 ATM 的电气接口和物理接口。

(2) ATM 层:构造信元,错误控制,建立/撤销虚电路。

(3) ATM 适配层:对数据进行分割和重组,对不同的数据传输类型赋予正确的 QoS 标准。

5.3.6 ADSL

DSL(digital subscriber line,数字用户线路)是以铜质电话线为传输介质的传输技术

组合。包括 HDSL、SDSL、VDSL、ADSL 和 RADSL 等，一般称之为 xDSL。它们主要的区别体现在信号传输速度和距离的不同以及上行速率和下行速率对称性的不同这两个方面。其中，ADSL 在我国使用最为普遍。

ADSL(asymmetric digital subscriber line，非对称数字用户线)是一种通过现有普通电话线为家庭、办公室提供宽带数据传输服务的技术。ADSL 即非对称数字信号传送，它能够在现有的铜双绞线，即普通电话线上提供高达 8Mbit/s 的高速下行速率，远高于 ISDN 速率；而上行速率有 1Mbit/s，传输距离达 3～5km。

ADSL 技术的主要特点是可以充分利用现有的铜缆网络(电话线网络)，在线路两端加装 ADSL 设备，即可为用户提供高宽带服务。ADSL 的传输速度之所以可以超出 56kb/s，是因为使用了电话线的高频段。在 ADSL 线路中，4kHz 以下的频段用来传输电话语音信号，10～50kHz 的频段由上行数字信道使用，下行数字信道占用其余的频段。这样，将上下行数字信道分开，有效避免了回波干扰问题。下行的数字信道占有相当宽的频段，而下行数据可以达到很高的速率。ADSL 的优点在于，它可以与普通电话共存于一条电话线上，在一条普通电话线上接听、拨打电话的同时进行 ADSL 传输而又互不影响。用户通过 ADSL 接入宽带多媒体信息网与互联网，同时可以收看影视节目，举行一个视频会议，还可以很高的速率下载数据文件。这还不是全部，还可以在这同一条电话线上使用电话，而又不影响以上所说的其他活动。而且安装 ADSL 也极其方便、快捷。在现有的电话线上安装 ADSL，除了在用户端安装 ADSL 通信终端外，不用对现有线路作任何改动。

1. xDSL 技术

DSL 包括以下几种技术：

(1) ADSL，即非对称数字用户线(我国使用最广泛)。

(2) RADSL，即速率自适应非对称数字用户线。

(3) HDSL，即高比特率数字用户线。

(4) VDSL，即甚高比特率数字用户线。

(5) SDSL，即单线对 HDSL 数字用户线(HDSL2)。

HDSL 与 SDSL 支持对称的 T1/E1(1.544Mbps/2.048Mbps)传输。其中，HDSL 的有效传输距离为 3～4km，且需要两至四对铜质双绞电话线；SDSL 的最大有效传输距离为 3km，只需一对铜线。比较而言，对称 DSL 更适用于企业点对点连接应用，如文件传输、视频会议等收发数据量大致相等的工作。与非对称 DSL 相比，对称 DSL 的市场要少得多。

VDSL、ADSL 和 RADSL 属于非对称式传输。其中，VDSL 技术是 xDSL 技术中最快的一种，在一对铜质双绞电话线上，下行数据的速率为 13～52Mbps，上行数据的速率为 1.5～2.3Mbps，但是 VDSL 的传输距离只在几百米以内，VDSL 可以成为光纤到家庭的具有高性价比的替代方案。ADSL 在一对铜线上支持上行速率 640k～1Mbps，下行速率 1～8Mbps，有效传输距离在 3～5km 范围以内；RADSL 能够提供的速度范围与 ADSL 基本相同，但它可以根据双绞铜线质量的优劣和传输距离的远近动态地调整用户的访问速度。正是 RADSL 的这些特点使 RADSL 成为用于网上高速冲浪、视频点播(IAV)、远程局域网络(LAN)访问的理想技术，因为在这些应用中用户下载的信息往往比上传的信息(发送指令)要多得多。

2. ADSL 系统构成

ADSL 系统由两部分组成：用户端设备和局端设备，如图 5-12 所示。

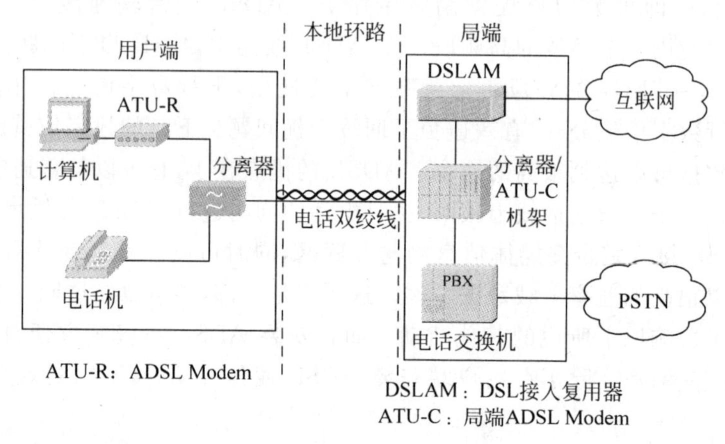

图 5-12　ADSL 系统构成

用户端设备包括：ATU-R(ADSL transmission unit)，也称为 ADSL Modem、ADSL 路由器、宽带路由器，实现 DMT 调制与解调、数据转发、路由功能；分离器，分离语音信号和数据信号。

局端设备包括：DSL 接入复用器(DSL access multiplexer，DSLAM)，实现 ADSL 接入和复用；分离器/ATU-C 机架，局端分离器和 ADSL Modem 组合机柜。

3. ADSL 的特点

ADSL 的主要特点有：

(1) 上行速率与下行速率不相同，与互联网访问特点相适应，下载数据量远远大于上传数据量：FTP、WWW、视频点播；低的上行速率使近端串扰较低；可以简化用户端设备的设计，成本降低。

(2) 仅使用一对铜线，可直接利用原有的电话线。

(3) 语音和数据同时传输，互不干扰；频分复用：语音——0～4kHz，数据——30kHz～1.1MHz；用户端和局端都需要安装话音/数据分离器。

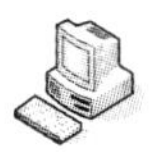

（4）上网时不用拨号，永远在线（打电话仍需拨号）。

本章小结

广域网通常跨接很大的物理范围，它能连接多个城市或国家并能提供远距离通信。广域网内的交换机一般用点到点的专用线路连接起来。广域网的组网方式有虚电路方式和数据报方式两种，分别对应面向连接和无连接两种网络服务模式。

PSTN 是采用电路交换技术的模拟电话网。当 PSTN 用于计算机之间的数据通信时，在计算机两端要引入 Modem。X.25 分组交换网是最早用于数据传输的广域网，它的特点是对通信线路要求不高，缺点是数据传输率较低。DDN 是一种采用数字交叉连接的全透明传输网，它不具备交换功能。帧中继网是由 X.25 网络上改进而来，它简化了 X.25 协议，提高了数据传输率。ATM 网络的主要目标是在同一个网络上提供数据、话音、图像和视频等综合业务。ADSL 是我国普遍使用的接入技术，它利用普通的电话线实现高速数据传输。

习题

1. 比较虚电路方式和数据报方式的优缺点。
2. 试比较 X.25 和帧中继技术各自的特点。
3. ATM 为什么采用信元交换技术？这样做的好处是什么？
4. 为什么 ATM 的虚电路标识采用 VPI 和 VCI 组合？
5. 简述 ADSL 接入的特点。

第6章 传输层

本章关键词

用户数据报协议(user datagram protocol,UDP)

传输控制协议(transmission control protocol,TCP)

本章要点

本章的主要内容包括传输层的概念,TCP/IP体系中的传输层,端口的概念,用户数据报协议UDP,传输控制协议TCP,TCP报文格式,数据的编号与确认,流量控制,拥塞控制,重传机制,TCP的连接管理。

重点掌握TCP/IP体系中的传输控制协议TCP:TCP报文格式、数据的编号与确认、流量控制、拥塞控制、重传机制、TCP的连接管理。

6.1 传输层概述

传输层是建立在网络层和会话层之间的一个层次,实质上它是网络体系结构中高低层之间衔接的一个接口层。传输层不仅仅为一个单独的结构层,它也是整个分层体系协议的核心,没有传输层,整个分层协议就没有意义。因此,传输层是OSI中最重要、最关键的一层,是唯一负责总体数据传输和数据控制的一层。有了传输层,高层用户就可以利用它的服务直接进行端到端的数据传输,而不必知道通信子网的存在。

从通信和信息处理的角度看,传输层向它上面的应用层提供通信服务,它属于面向通信部分的最高层,也是用户功能中的最低层。

在整个协议栈中,传输层位于网络层之上,传输层协议为不同主机上运行的进程提供逻辑通信,而网络层协议为不同主机提供逻辑通信如图6-1所示。这个区别很微妙,但是却非常重要。让我们用一家人作为类比来说明这个区别。

设想有两所房子,一所位于东海岸而另一所位于西海岸,每所房子里都住着12个小孩。东海岸房子里的小孩和西海岸房子里的小孩是堂兄妹。两所房子里的孩子喜欢互相通信——每个孩子每周都给每一个堂兄妹写一封信,每一封信都由老式的邮局分别用信

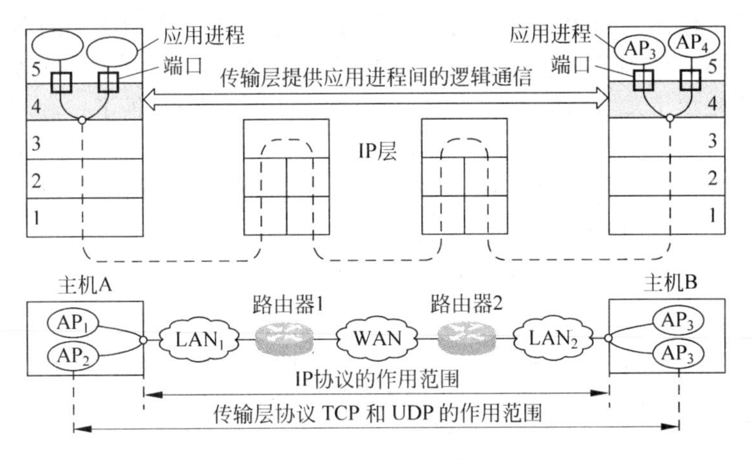

图 6-1　传输层协议

封来寄。这样，每一家每周就都有 144 封信要送到另一家。在每一家里面，都由一个孩子——西海岸房子里的 Ann 和东海岸房子里的 Bill——负责邮件的收集和分发。每周 Ann 都从她的兄弟姐妹那里收集信件，并将这些信件送到每天都来的邮递服务员那里。当信件到达西海岸的房子，Ann 又将这些信件分发给她的兄弟姐妹。Bill 在东海岸做着同样的工作。

在这个例子中，邮递服务提供这两所房子之间的逻辑通信——邮递服务在两所房子之间传递邮件，而不是针对每个人的服务。另外，Ann 和 Bill 提供堂兄妹之间的逻辑通信——Ann 和 Bill 从他们的兄弟姐妹那里收集邮件并将邮件递送给他们。注意，从这些堂兄妹的角度看，Ann 和 Bill 是邮件的服务人，其他堂兄妹只要把信交给他们俩就可以了，不必和邮递员直接打交道。这个例子是传输层和网络层之间关系的一个形象比喻：

主机(也称为终端系统) = 房子
进程 = 其他堂兄妹
应用程序消息 = 信封里的信
网络层协议 = 邮递服务(包括邮递员)
传输层协议 = Ann 和 Bill

继续我们的这个例子，Ann 和 Bill 各自在他们的家中做所有的工作：他们不负责各个邮递中心的邮件分类工作以及将邮件从一个中心送到另一个中心的工作。这正与传输层协议在终端系统中的作用一样。在一个终端系统中，传输层协议将应用进程的消息传送到网络边缘(也就是网络层)；反之亦然。但是，它并不涉及消息是如何在网络层之间传送的工作。中间路由器对于传输层加在应用程序消息上的信息不能作任何识别和处理。

继续我们的例子。假设 Ann 和 Bill 都去度假了，另外一对堂兄妹——Susan 和 Mary 代替——他们来提供家庭内部的邮件收取和分发工作。不幸的是，Susan 和 Mary 所提供的收集和分发工作与 Ann 和 Bill 所提供的不完全相同。对于年龄更小的 Susan 和 Mary 来说，他们收集和分发邮件的频率比较少，而且偶尔会发生丢失信件的事情（这些信件偶尔被家里的狗吃掉了）。这样，这一对堂兄妹 Susan 和 Mary 提供了一套不同于 Ann 和 Bill 的服务（也就是说，服务模型不同）。正如一个计算机网络可以接受不同的传输层协议一样，每一个协议为应用程序提供不同的服务。例如，互联网（Internet）有两个协议——TCP 和 UDP。每一个协议都为调用应用程序提供一套不同的服务。

Ann 和 Bill 所提供的服务可能明显受限于邮递服务所提供的服务。例如，如果邮递服务并不能保证在两所房子之间传递邮件所需要的最大时限（如 3 天），那么 Ann 和 Bill 也就不能保证各个堂兄妹之间邮件的最大延迟。同样，传输层协议所提供的服务也通常受限于位于其下方的网络层协议。如果网络层协议不能提供主机之间传送的数据段的延迟和带宽保证，那么传输层协议也不能提供进程之间传送的消息的延迟和带宽保证。

6.2 传输服务

传输层协议是依据网络层提供的服务质量来分类的。经过多年的研究与讨论，ISO 于 1984 年通过了 OSI 传输协议的标准。这就是 ISO 8072 和 ISO 8073。CCITT 参与了这一标准的制定，并通过了相应的 X. 214 建议书和 X. 224 建议书。欧洲计算机厂家协会（ECMA）、美国国家标准学会（ANSI）以及美国国家标准局（NBS）等也积极参与了传输层协议标准的制定。NBS 已于 1988 年年底改名为国家标准与技术研究院（NIST）。

1. 网络服务的参数

网络服务质量参数，网络层所提供的服务质量是由以下两个参数来评价的。

1）残留差错率（residual error rate）

残留差错率反映网络连接质量，网络实体不可检测；或漏检差错率。残留差错是网络层未改正的差错且不通知传输层。

（1）所有传送的网络服务数据单元（NSDU）N_k，它可分为以下四类：

成功传送（successfully transferred）的 NSDU：N_s

错误（incorrect）的 NSDU：N_e

丢失的（lost）NSDU：N_l

重复（extra）的 NSDU：N_x

（2）定义：在测量时间内，在网络连接上传送的所有错误的、丢失的和重复的 NSDU 与所传送的全部 NSDU 之比。

（3）公式

$$P_r = \frac{N_e + N_l + N_k}{N_k};$$

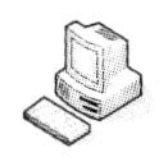

2）可报告差错率

可报告差错率指在可检测的差错中不可恢复的差错所占的比例。

（1）残留差错(residual error)：网络实体不可检测的差错；反映差错检测能力；

（2）可报告差错(signalled error)：网络实体可检测，但不可恢复的差错；反映差错恢复能力。

检测到有不可恢复差错的NSDU时，网络实体并不递交传输实体，而是报告传输实体对它进行恢复；通知传输层的网络连接释放(release)或网络连接恢复(reset)。

可报告差错率低，表示网络实体的差错恢复能力强。

2. 网络服务的分类

1）A类网络服务

可接受的残留差错率、可接受的可报告差错率；A类网络服务是一个完善的、理想的、可靠的网络服务。分组在网络中传送时不会丢失也不会失序(失序指分组到达的顺序与发送的顺序不一致)，这样，传输层就不需要故障恢复的服务和重新排序的服务等，因而传输层就非常简单。

2）B类网络服务

可接受的残留差错率、不可接受的可报告差错率；需要传输实体进行差错恢复。

3）C类网络服务

不可接受的残留差错率、不可接受的可报告差错率。C类网络服务的质量最差。对于这类网络，传输协议应能检测出网络的差错，同时要有差错恢复能力。对失序、重复以及错误投递的数据分组，也应能检测出并对其进行改正。某些局域网和一些具有移动节点的城域网以及具有衰落信道的分组无线电网都属于C类网络。

通常，在高层用户请求建立一条传输虚通信连接时，传输层就通过网络层在通信子网中建立一条独立的网络连接。但是，若需要较高的吞吐量，传输层也可以建立多条网络连接来支持一条传输连接，这就是分流。或者，为了节省费用，传输层也可以将多个传输通信合用一条网络连接，称为复用。

由于不同的通信子网在性能上存在着很大差异，如电话交换网、分组交换网、公用数据交换网、局域网等通信子网都可互连，但它们提供的吞吐量、传输速率、数据延迟通信费用各不相同。对于会话层来说，却要求有一性能恒定的界面。因此，传输层就承担了这一功能。它采用分流/合流、复用/解复用技术来调节上述通信子网的差异，使会话层感受不到。此外，传输层还要具备差错恢复、流量控制等功能，以此对会话层屏蔽通信子网在这些方面的细节与差异。概括地说，传输层为上层用户提供端到端的透明优化的数据传输服务。传输层面对的数据对象已不是网络地址和主机地址，而是会话层的界面端口。

打个比方，对计算机单机或网络的故障进行排障。我的计算机上不了网，那我要从物理层开始找错，看看网线是不是插好了，看看网卡驱动是否正常，然后利用ping命令一

下，127.0.0.1，看看网卡工作是否正常，如果都正常，该到网络层了。看看TCP/IP协议正确安装没，看看IP地址设置是否正确。在这个检查过程中已经包含了传输层的检查，现在如能上网页而不能上QQ，再考虑应用层，看看是不是防火墙阻止了端口。

在网络体系结构中设置传输层有以下两个原因：

第一，端系统上通常运行多个进程，为允许多个进程共享网络，需要有一个层次来提供多路复用和解多路复用的功能。比如，在源主机上各个进程的数据被封装在不同的数据报中送入网络(多路复用)，而在目的主机上从数据报中取出的数据被交给相应的进程处理(解多路复用)。

第二，网络层提供的服务有时不能满足应用程序的需要，需要有一个层次将网络层低于要求的服务转变成应用程序需要的高级服务。比如，应用程序要求消息按顺序传输，并且是无差错的，而网络层(如数据报网络)提供的是不可靠无连接服务，这时传输层必须负责对数据报进行差错控制和排序，以使应用进程得到满意的服务。

传输层中完成向应用层提供服务的硬件和(或)软件称为传输实体(transport entity)。传输实体可能包含在操作系统内核中，或包含在一个单独的用户进程内，也可能包含在网络应用的程序库中，或是位于网络接口卡上。

传输层的最终目标是向其用户(或是指应用层的进程)提供有效、可靠且价格合理的服务。为了达到这一目标，传输层利用网络层提供的服务。

(1) 网络地址与传输地址的关系。网络层地址是IP地址，即可以到达主机的地址；而传输层地址是主机上的某个进程使用的端口的地址。

(2) 两种传输服务。根据不同的协议传输层的传输服务可分为面向连接传输服务和非连接传输服务两种类型。所谓面向连接传输服务是指，发送方与接收方传输服务需要经过建立连接，然后再传输数据，最后释放连接三个过程。而对于非连接传输服务，发送方无须事先建立连接，只要有数据需要发送，就直接发送。

6.3 TCP/IP体系中的传输层

6.3.1 传输层中的两个协议

TCP/IP的传输层有两个不同的协议：①用户数据报协议(UDP)；②传输控制协议(TCP)。

两个对等传输实体在通信时传送的数据单位叫做传输协议数据单元TPDU(transport protocol data unit)。TCP传送的数据单位协议是TCP报文段(segment)，UDP传送的数据单位协议是UDP报文或用户数据报。

UDP在传送数据之前不需要先建立连接。对方的传输层在收到UDP报文后，不需

要给出任何确认。虽然 UDP 不提供可靠交付,但在某些情况下 UDP 是一种最有效的工作方式。TCP 提供面向连接的服务,不提供广播或多播服务。由于 TCP 要提供可靠的、面向连接的传输服务,因此不可避免地增加了许多开销。这不仅使协议数据单元的首部增大很多,而且占用了许多的处理机资源。

传输层的 UDP 用户数据报与网际层的 IP 数据报有很大的区别。IP 数据报要经过互联网中许多路由器的存储转发,但 UDP 用户数据报是在传输层的端到端抽象的逻辑信道中传送的。

TCP 报文段是在传输层抽象的端到端逻辑信道中传送,这种信道是可靠的全双工信道。但这样的信道却不知道究竟经过了哪些路由器,而这些路由器也根本不知道上面的传输层是否建立了 TCP 连接。

6.3.2　端口的概念

按照 OSI 七层协议的描述,传输层与网络层最大的区别是传输层提供进程通信能力。从这个意义上讲,网络通信的最终地址就不仅是主机地址了,还包括可以描述进程的某种标识。为此,TCP/IP 协议提出了协议端口的概念,用于标识通信的进程。UDP 和 TCP 都使用端口与上层的应用进程进行通信。

端口就是传输层服务访问点 TSAP。

端口的作用就是让应用层的各种应用进程都能将其数据通过端口向下交付给传输层,以及让传输层知道应当将其报文段中的数据向上通过端口交付给应用层相应的进程。端口在进程之间的通信中所起的作用见图 6-2。

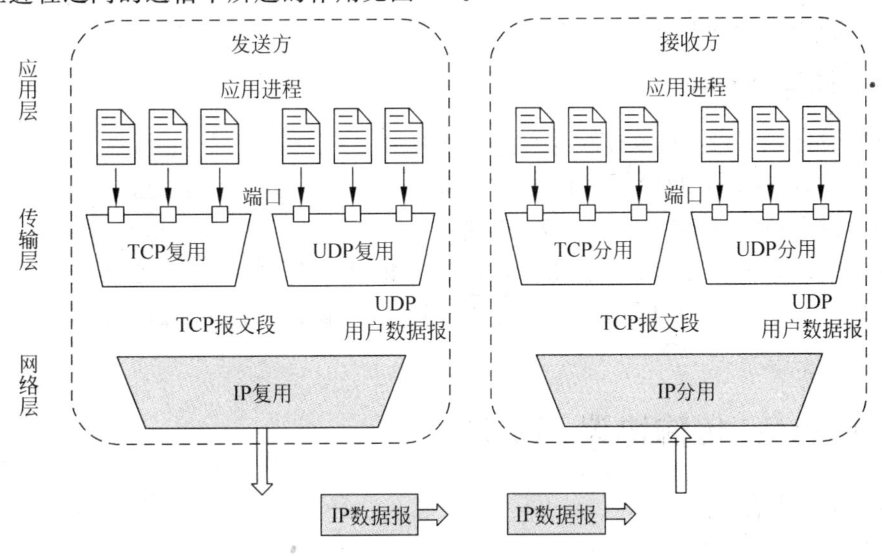

图 6-2　端口在进程之间的通信中所起的作用

计算机“端口”是英文 port 的意译，可以认为是计算机与外界通信交流的出口。其中，硬件领域的端口又称接口，如 USb 端口、串行端口等。软件领域的端口一般指网络中面向连接服务和无连接服务的通信协议端口，是一种抽象的软件结构，包括一些数据结构和 I/O(基本输入输出)缓冲区。

每个端口都拥有一个叫端口号的整数描述符，以区别不同端口。由于 TCP/IP 传输层的两个协议 TCP 和 UDP 是两个完全独立的软件模块，因此各自的端口号也相互独立。如 TCP 有一个 255 号端口，UDP 也可以有一个 255 号端口，两者并不冲突。

端口从 1 开始分配，超出 255 的部分通常被本地主机作为私有用途。1～255 的号码被用于远程应用程序所请求的进程服务和网络服务。

端口号只具有本地意义，即端口号只是为了标志本计算机应用层中的各进程。在互联网中不同计算机的相同端口号是没有联系的。

端口号的分配有以下两种基本方式：

第一种叫全局分配。这是一种集中分配方式，由一个公认的中央机构根据用户的需要进行统一分配，并将结果公布于众。

第二种叫本地分配，又称动态连接，即进程需要访问传输层服务时，向本地操作系统提出申请，操作系统返回本地唯一的端口号，进程再通过合适的系统调用，将自己和该端口连接起来(绑定)。

TCP/IP 端口号的分配综合了两种方式。TCP/IP 将端口号分为两部分，少量的作为保留端口，以全局方式分配给服务进程。因此，每一个标准服务器都拥有一个全局公认的端口叫周知口(well-known port)，即使在不同的机器上，其端口号也相同。剩余的为自由端口，以本地方式进行分配。

6.3.3 插口(socket)

TCP 使用“连接”(而不仅仅是“端口”)作为最基本的抽象，同时将 TCP 连接的端点称为插口(socket)，或套接字、套接口。插口又叫套接字，包括 IP 地址和端口号，如(131.6.23.13，500)和(130.42.85.15，25)。插口和端口、IP 地址的关系见图 6-3。

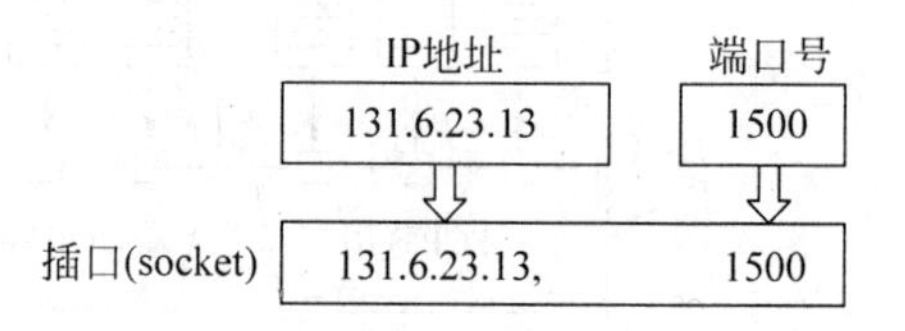

图 6-3 插口和端口、IP 地址的关系

6.4 Internet 传输协议：UDP

6.4.1 UDP 概述

UDP 只在 IP 的数据报服务之上增加了很少一点的功能，即端口的功能和差错检测

的功能。UDP 在某些方面有其特殊的优点：

(1) 发送数据之前不需要建立连接，减少了开销和发送数据之前的时延。

(2) UDP 不使用拥塞控制，也不保证可靠交付，因此主机不需要维持具有许多参数的、复杂的连接状态表。

(3) UDP 用户数据报只有 8 个字节的首部。

(4) 由于 UDP 没有拥塞控制，因此网络出现的拥塞不会使源主机的发送效率降低。这对某些实时应用是很重要的。很多的实时应用(如 IP 电话、实时视频会议等)要求源主机以恒定的速度发送数据，并且允许在网络发生拥塞时丢失一些数据，但却不允许数据有太大的时延，UDP 正好适合这种要求。

图 6-4 显示了端口是用报文队列来实现的示例。

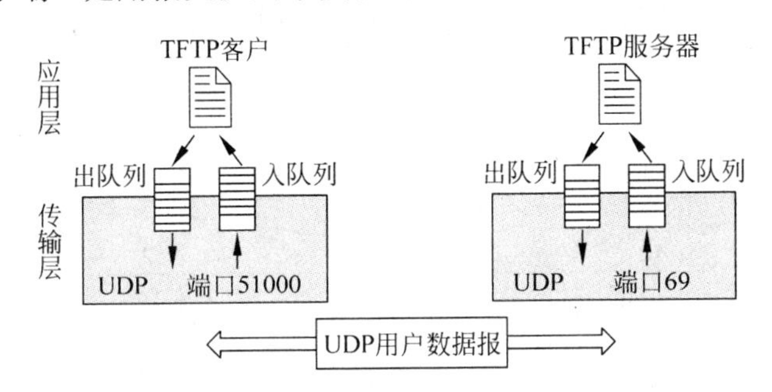

图 6-4　端口是用报文队列来实现的示例

UDP 常用于一次性传输数据量较小的网络应用，如 SNMP、DNS 等应用数据的传输。因为对于这些一次性传输数据量较小的网络应用来说，若采用 TCP 服务，则所付出的关于连接建立、维护和拆除的开销是非常不合算的。表 6-1 列出了一些应用和应用层协议主要使用的传输层协议。

表 6-1　应用和应用层协议主要使用的传输层协议

应　　用	关　键　字	传输层协议
域名服务	DNS	UDP
简单文件传输协议	TFTP	
路由选择协议	RIP	
IP 地址配置	BOOTP、DHCP	
简单网络管理协议	SNMP	
远程文件服务器	NFS	
IP 电话	专用协议	
流式多媒体通信	专用协议	
多播	IGMP	

续表

应　用	关 键 字	传输层协议
文件传输协议	FTP	TCP
远程虚拟终端协议	Telnet	
万维网	HTTP	
简单邮件传输协议	SMTP	
域名服务	DNS	

6.4.2 UDP 数据报的首部格式

UDP 有两个字段：数据字段和首部字段。首部字段只有 8 个字节，由 4 个字段组成。每个字段都是 2 个字节，如图 6-5 所示。

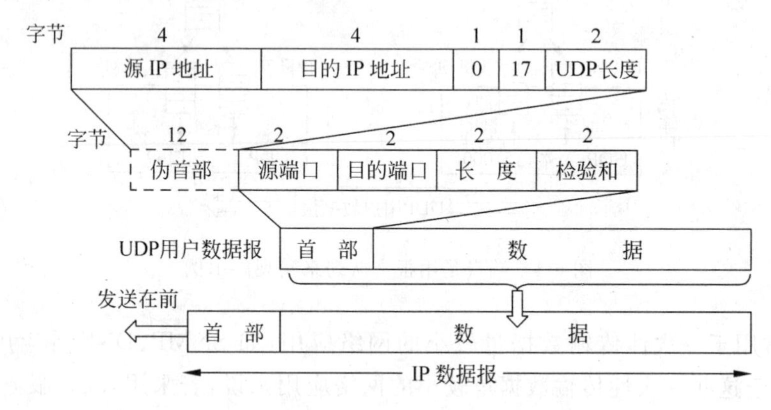

图 6-5　UDP 用户数据报的首部格式

各字段意义如下：

(1) 源端口：占 16bit，源端口号。

(2) 目的端口：占 16bit，目的端口号。

(3) UDP 报文长度：占 16bit，UDP 用户数据报的长度。

(4) 校验和：占 16bit，防止 UDP 用户数据报在传输中出错。

在 UDP 协议中也采用与 TCP 中类似的端口概念来标识同一主机上的不同网络进程，并且两者在分配方式上也是类似的。UDP 与应用层之间的端口都是用报文队列来实现的。

6.4.3 UDP 的检验和

在计算检验和时，临时把“伪首部”和 UDP 用户数据报连接在一起。伪首部仅仅是

为了计算检验和。如果发送端没有计算检验和而接收端检测到检验和有差错，那么 UDP 数据报就要被悄悄地丢弃。不产生任何差错报文(当 IP 层检测到 IP 首部检验和有差错时也这样做)。UDP 检验和是一个端到端的检验和。它由发送端计算，然后由接收端验证。其目的是为了发现 UDP 首部和数据在发送端到接收端之间发生的任何改动。尽管 UDP 检验和是可选的，但是它们应该总是在用。

举例计算 UDP 检验和。

12字节伪首部	153.19.8.104			
	171.3.14.11			
	全0	17	15	
8字节UDP首部	1087		13	
	15		全0	
7字节数据	数据	数据	数据	数据
	数据	数据	数据	全0（填充）

按二进制反码运算求和将得出的结果求反码：

10011001 00010011 → 153.19
00001000 01101000 → 8.104
10101011 00000011 → 171.3
00001110 00001011 → 14.11
00000000 00010001 → 0 和 17
00000000 00001111 → 15
00000100 00111111 → 1087
00000000 00001101 → 13
00000000 00001111 → 15
00000000 00000000 → 0(检验和)
01010100 01000101 → 数据
01010011 01010100 → 数据
01001001 01001110 → 数据
01000111 00000000 → 数据和 0(填充)
10010110 11101011 → 求和得出的结果
01101001 00010100 → 检验和

6.4.4 UDP 报文的发送和接收

UDP 报文是通过 IP 协议来发送和接收的。在发送数据时，UDP 实体构造好 UDP 报文后，交付给 IP 协议，IP 协议将整个 UDP 报文封装在 IP 数据报中，形成 IP 数据报发送到网络中。在接收数据时，UDP 实体判断 UDP 报文的目的端口是否与当前使用的某个端口匹配。若匹配，则将报文存入接收队列；若不匹配，则向源端发送一个端口不可达

的 ICMP 报文，同时丢弃 UDP 报文。

6.5 Internet 传输协议：TCP

尽管 TCP/IP 的网络层提供的是一种面向无连接的 IP 数据报服务，但传输层的 TCP 旨在向 TCP/IP 的应用层提供的是一种端到端的面向连接的可靠的数据流传输服务。TCP 常用于一次传输要交换大量报文的情形，如文件传输、远程登录等。

为了实现这种端到端的可靠传输，TCP 协议必须规定传输层的连接建立与拆除的方式、数据传输格式、确认的方式、目标应用进程的识别以及差错控制和流量控制机制等。与所有网络协议类似，TCP 将自己所要实现的功能集中体现在 TCP 的协议数据单元中。图 6-6 显示了 TCP 传输报文段的情况。

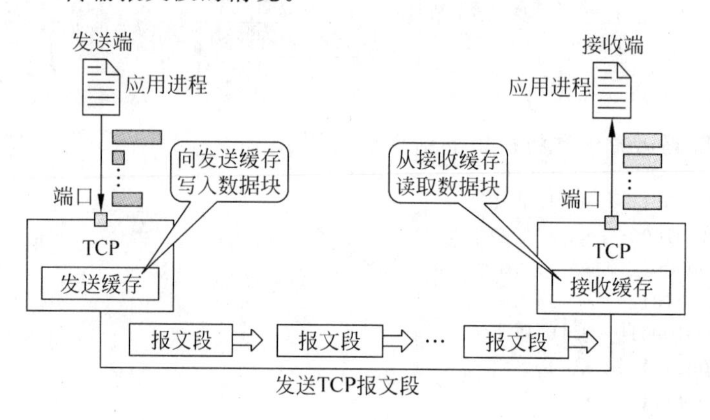

图 6-6　TCP 传输报文段

6.5.1 TCP 报文段的格式

TCP 的协议数据单元被称为报文段(segment)，TCP 通过报文段的交互来建立连接、传输数据、发出确认、进行差错控制、流量控制及关闭连接。报文段分为两部分，即报文段头和数据。所谓报文段头就是 TCP 为了实现端到端可靠传输所加上的控制信息，而数据则是指由高层即应用层来的数据。图 6-7 给出了 TCP 报文段头的格式。其中有关字段的说明如下：

源端口和目的端口字段——各占 2 字节。端口是传输层与应用层的服务接口。传输层的复用和分用功能都要通过端口才能实现。

序号字段——占 4 字节。TCP 连接中传送的数据流中的每一个字节都编上一个序号。序号字段的值则指是本报文段所发送的数据的第一个字节的序号。

确认号字段——占 4 字节，是期望收到对方的下一个报文段的数据的第一个字节的序号。

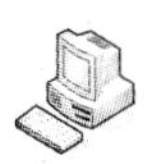

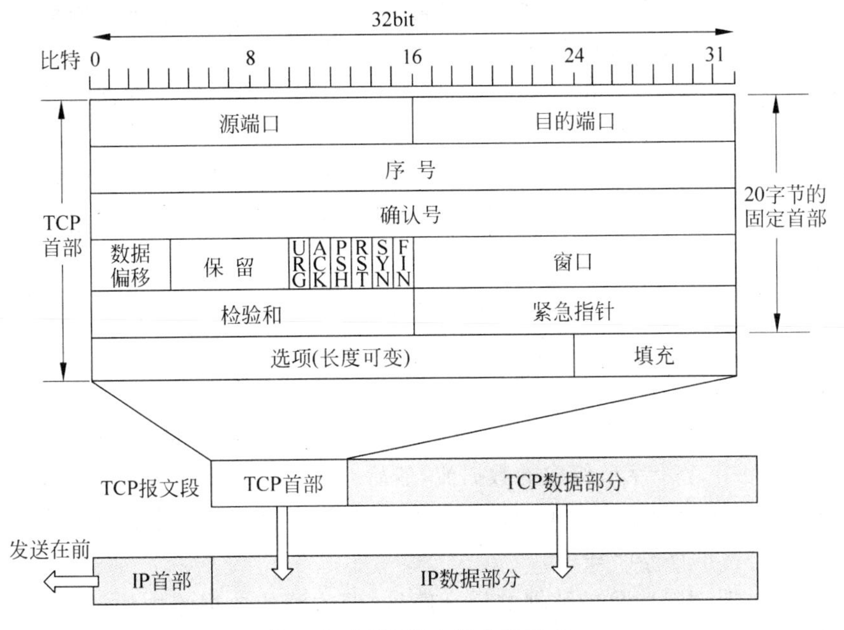

图 6-7　TCP 报文段头的格式

数据偏移——占 4 bit，它指出 TCP 报文段的数据起始处距离 TCP 报文段的起始处有多远。“数据偏移”的单位不是字节而是 32 bit 字(以 4 字节为计算单位)。

保留字段——占 6 bit，保留为今后使用，但目前应置为 0。

紧急比特 URG——当 URG=1 时，表明紧急指针字段有效。它告诉系统此报文段中有紧急数据，应尽快传送(相当于高优先级的数据)。

确认比特 ACK——只有当 ACK=1 时确认号字段才有效。当 ACK=0 时，确认号无效。

推送比特 PSH (PuSH)——接收 TCP 收到推送比特置 1 的报文段，就尽快地交付给接收应用进程，而不再等到整个缓存都填满了后再向上交付。

复位比特 RST (ReSeT)——当 RST=1 时，表明 TCP 连接中出现严重差错(如由于主机崩溃或其他原因)，必须释放连接，然后再重新建立传输连接。

同步比特 SYN——同步比特 SYN 置为 1，就表示这是一个连接请求或连接接收报文。

终止比特 FIN (FINal)——用来释放一个连接。当 FIN=1 时，表明此报文段的发送端的数据已发送完毕，并要求释放传输连接。

窗口字段——占 2 字节。窗口字段用来控制对方发送的数据量，单位为字节。TCP 连接的一端根据设置的缓存空间大小确定自己的接收窗口大小，然后通知对方以确定对方的发送窗口的上限。

检验和——占 2 字节。检验和字段检验的范围包括首部和数据这两部分。在计算检验和时，要在 TCP 报文段的前面加上 12 字节的伪首部。

紧急指针字段——占 16bit。紧急指针指出在本报文段中紧急数据的最后一个字节的序号。

选项字段——长度可变。TCP 只规定了一种选项，即最大报文段长度 MSS(maximum segment size)。MSS 告诉对方 TCP："我的缓存所能接收的报文段的数据字段的最大长度是 MSS 个字节。"

填充字段——这是为了使整个首部长度是 4 个字节的整数倍。

6.5.2 TCP 的数据编号与确认

TCP 不是按传送的报文段来编号。TCP 将所要传送的整个报文(这可能包括许多个报文段)看成是由一个个字节组成的数据流，然后对每一个数据流编一个序号。在连接建立时，双方要商定初始序号。TCP 就将每一次所传送的报文段中的第一个数据字节的序号，放在 TCP 首部的序号字段中。

TCP 的确认是对接收到的数据的最高序号(即收到的数据流中的最后一个序号)表示确认。但返回的确认序号是已收到的数据的最高序号加 1。也就是说，确认序号表示期望下次收到的第一个数据字节的序号。

由于 TCP 能提供全双工通信，因此通信中的每一方都不必专门发送确认报文段，而可以在传送数据时顺便把确认信息捎带传送。

若发送方在规定的设置时间内没有收到确认，就要将未被确认的报文段重新发送。接收方若收到有差错的报文段，则丢弃此报文段而并不发送否认信息。若收到重复的报文段，也要将其丢弃，但要发回(或捎带发回)确认信息。这与数据链路层的情况相似。图 6-8 显示了 TCP 的数据编号与确认。

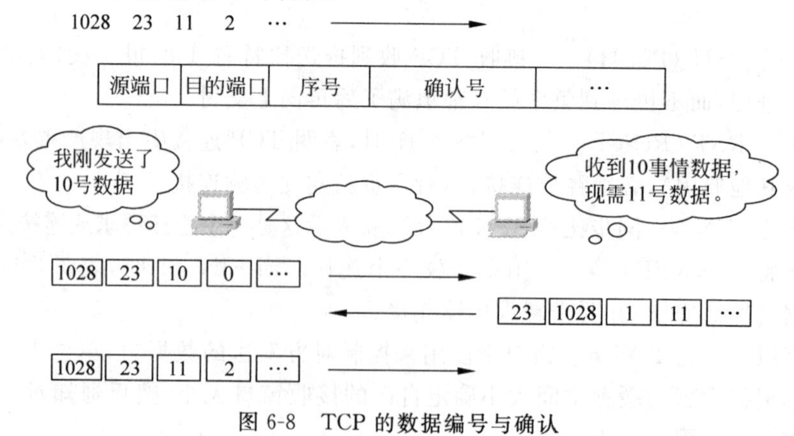

图 6-8 TCP 的数据编号与确认

6.5.3 TCP的流量控制与拥塞控制

1. 滑动窗口的概念

TCP采用大小可变的滑动窗口进行流量控制。窗口大小的单位是字节。在TCP报文段首部的窗口字段写入的数值就是当前给对方设置的发送窗口数值的上限。发送窗口在连接建立时由双方商定。但在通信的过程中,接收端可根据自己的资源情况,随时动态地调整对方的发送窗口上限值(可增大或减小)。

2. 流量控制

TCP采用大小可变的滑动窗口机制实现流量控制功能。窗口的大小是字节。在TCP报文段首部的窗口字段写入的数值就是当前给对方设置发送窗口的数据的上限。

在数据传输过程中,TCP提供了一种基于滑动窗口协议的流量控制机制,用接收端接收能力(缓冲区的容量)的大小来控制发送端发送的数据量。

在建立连接时,通信双方使用SYN报文段或ACK报文段中的窗口字段捎带着各自的接收窗口尺寸,即通知对方从而确定对方发送窗口的上限。在数据传输过程中,发送方按接收方通知的窗口尺寸和序号发送一定量的数据,接收方根据接收缓冲区的使用情况动态调整接收窗口尺寸,并在发送TCP报文段或确认段时稍带将新的窗口尺寸和确认号通知发送方。

如图6-10所示,设主机A向主机B发送数据,发送窗口见图6-9。双方确定的的窗口值是400。设一个报文段为100字节长,序号的初始值为1(即SEQ=1)。在图6-10中,主机B进行了三次流量控制。第一次将窗口减小为300字节,第二次将窗口又减为200字节,最后一次减至零,即不允许对方再发送数据了。这种暂停状态将持续到主机B重新发出一个新的窗口值为止。

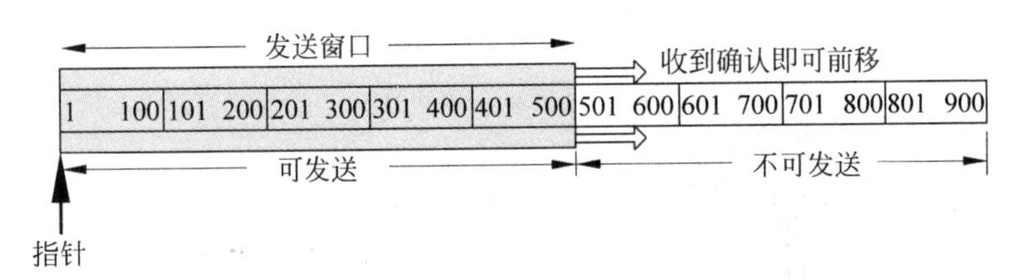

图6-9 TCP采用滑动窗口进行流量控制(1)

发送端要发送900字节长的数据,划分为9个100字节长的报文段,而发送窗口确定为500字节。

发送端只要收到了对方的确认,发送窗口就可前移。

发送TCP要维护一个指针。每发送一个报文段,指针就向前移动一个报文段的距离。

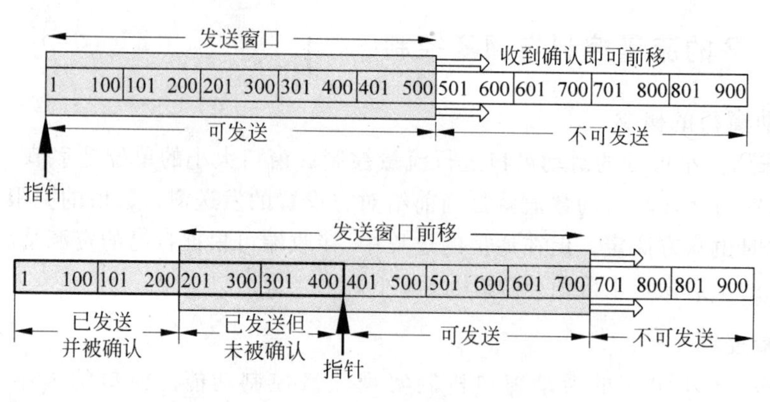

图 6-9 TCP 采用滑动窗口进行流量控制(2)

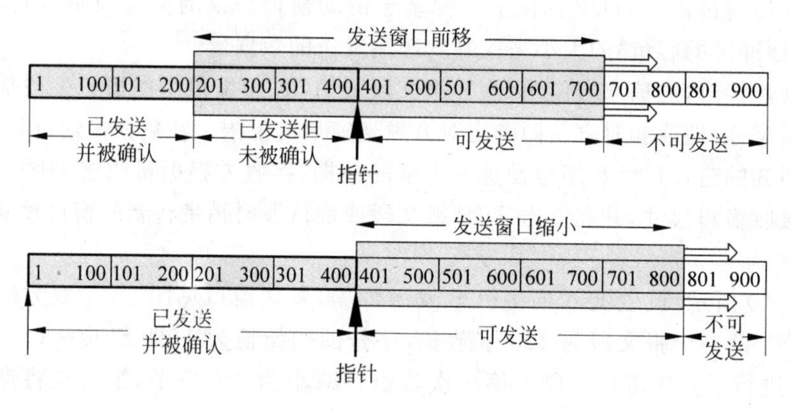

图 6-9 TCP 采用滑动窗口进行流量控制(3)

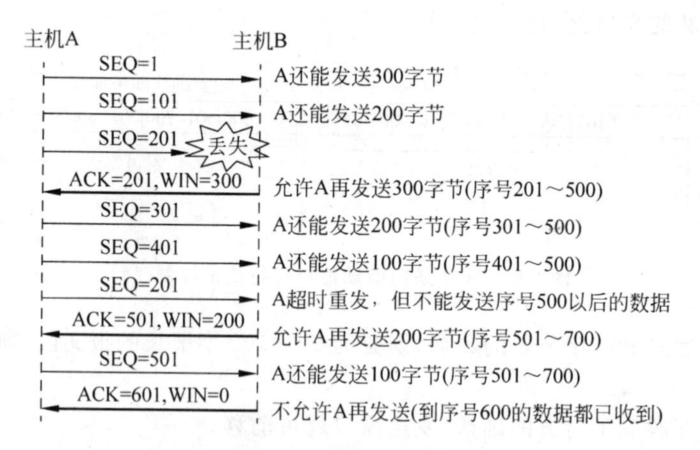

图 6-10 利用可变滑动窗口进行流量控制

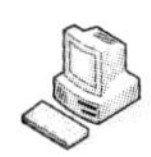

发送端已发送了400字节的数据，但只收到对前200字节数据的确认，同时窗口大小不变。

现在发送端还可发送300字节。

发送端收到了对方对前400字节数据的确认，但对方通知发送端必须把窗口减小到400字节。

现在发送端最多还可发送400字节的数据。

3. 拥塞控制

采用滑动窗口机制还可对网络进行拥塞控制，将网络中的分组(TCP报文段作为其数据部分)数量维持在一定的数量之下，当超过该数值时，网络的性能会急剧恶化。传输层的拥塞控制有慢开始(slow-start)、拥塞避免(congestion avoidance)、快重传(fast retransmit)和快恢复(fast recovery)四种算法。

1）慢开始和拥塞避免

发送端的主机在确定发送报文段的速率时，既要考虑接收端的接收能力，又要从全局考虑不要使网络发生拥塞。因此，每一个TCP连接需要有以下两个状态变量：接收端窗口 rwnd (receiver window) /拥塞窗口 cwnd (congestion window)。

(1) 接收端窗口 rwnd。这是接收端根据其目前的接收缓存大小所许诺的最新的窗口值，是来自接收端的流量控制。接收端将此窗口值放在TCP报文首部中的窗口字段，传送给发送端。

(2) 拥塞窗口 cwnd。这是发送端根据自己估计的网络拥塞程度而设置的窗口值，是来自发送端的流量控制。

2）快重传和快恢复

快重传算法规定，发送端只要一连收到三个重复的ACK即可断定有分组丢失了，就应立即重传丢失的报文段，而不必继续等待为该报文段设置的重传计时器的超时。不难看出，快重传并非取消重传计时器，而是在某些情况下可更早地重传丢失的报文段。

例 发送端连续发送了 $M_1 \sim M_4$ 共四个报文段，当接收端收到 M_1、M_2 后，发出确认 ACK_2 和 ACK_3。若 M_3 丢失，接收端收到 M_4 后，发现其序号不对而缓存之，并发出重复的确认 ACK_3。发送端知道网络可能拥塞，也可能 M_3 滞留在网络某处，于是继续发送 M_5 报文和 M_6 报文。接收端收到 M_5 和 M_6 后又连续发送了两个 ACK_3 确认。这样，发送端共收到四个 ACK_3，其中三个是重复的。

快重传：发送端只要一共连收到三个重复的 ACK_i，就断定报文段丢失了，并立即重传报文段 i，而不必等待 M_i 的重传计时器超时再重传。

快恢复算法：

(1) 当发送端收到连续三个重复的ACK时，就重新设置慢开始门限 ssthresh。

(2) 与慢开始不同之处是拥塞窗口 cwnd 不是设置为1，而是设置为 ssthresh＋

3>MSS。

(3) 若收到的重复的 ACK 为 n 个($n>3$)，则将 cwnd 设置为 ssthresh+n>MSS。

(4) 若发送窗口值还允许发送报文段，就按拥塞避免算法继续发送报文段。

(5) 若收到了确认新的报文段的 ACK，就将 cwnd 缩小到 ssthresh。

快重传示意图见图 6-11。

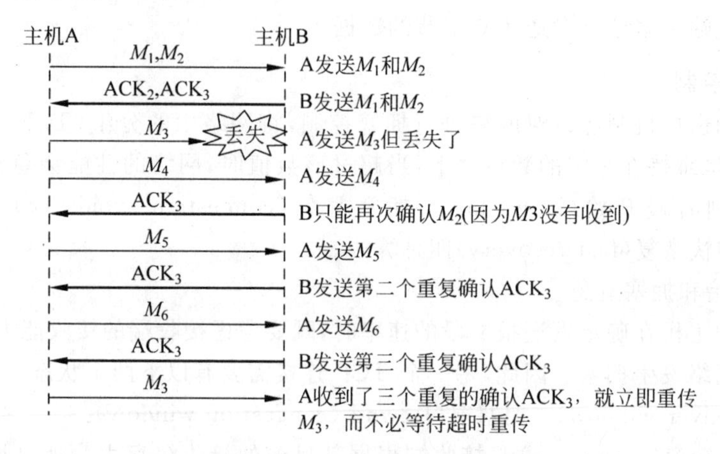

图 6-11　快重传示意图

6.5.4　TCP 的重传机制

TCP 重传中最重要的部分就是对一个给定的连接的往返时间的测量。由于网络流量和路由器的变化，这一时间可能经常会发生变化，TCP 应该跟踪这些变化并相应地改变其超时时间。

超时时间的计算方法主要有自适应算法、Karn 算法、修正的 Karn 算法。

6.5.5　随机早期丢弃 RED(random early discard)

使路由器的队列维持两个参数，即队列长度最小门限 THmin 和最大门限 THmax。RED 对每一个到达的数据报都先计算平均队列长度 LAV。若平均队列长度小于最小门限 THmin，则将新到达的数据报放入队列进行排队。若平均队列长度超过最大门限 THmax，则将新到达的数据报丢弃。若平均队列长度在最小门限 THmin 和最大门限 THmax 之间，则按照某一概率 p 将新到达的数据报丢弃。

6.5.6　TCP 连接的建立和拆除

TCP 连接包括建立连接、数据传输和拆除连接三个过程。TCP 通过 TCP 端口提供

连接服务，最后通过连接服务来接收和发送数据。TCP 连接的申请、打开和关闭必须遵循 TCP 协议的规定。TCP 使用三次握手协议来建立连接。连接可以由任何一方发起，也可以由双方同时发起。一旦一台主机上的 TCP 软件已经主动发起连接请求，运行在另一台主机上的 TCP 软件就被动地等待握手。图 6-12 给出了三次握手建立 TCP 连接的简单示意图。

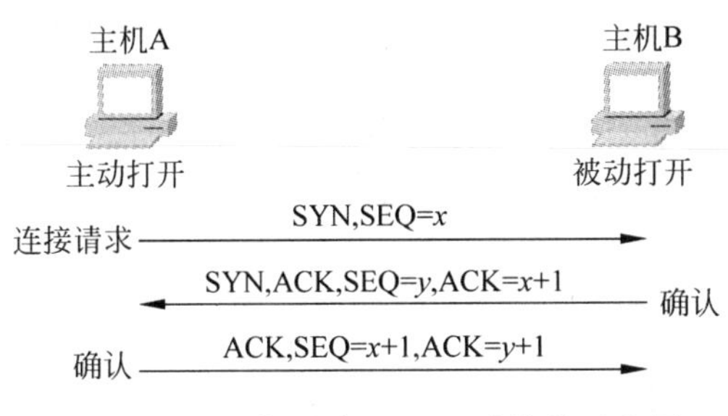

图 6-12　三次握手建立 TCP 连接的示意图

在源主机想和目的主机通信时，目的主机必须同意，否则 TCP 连接无法建立。为了确保 TCP 连接的成功建立，TCP 采用了一种称为三次握手的方式。三次握手方式使得“序号/确认号”系统能够正常工作，从而使它们的序号达成同步。如果三次握手成功，则连接建立成功，可以开始传送数据信息。

其三次握手分别为：

第一步，源主机 A 的 TCP 向主机 B 发出连接请求报文段，其首部中的 SYN(同步)标志位应置为 1，表示想与目标主机 B 进行通信，并发送一个同步序列号 X(如 SEQ＝100)进行同步，表明在后面传送数据时第一个数据字节的序号是 $X+1$(即 101)。

第二步，目标主机 B 的 TCP 收到连接请求报文段后，如同意，则发回确认。在确认报中应将 ACK 位和 SYN 位置 1。确认号应为 $X+1$(图 6-12 中为 101)，同时也为自己选择一个序号 Y。

第三步，源主机 A 的 TCP 收到目标主机 B 的确认后要向目标主机 B 给出确认，其 ACK 置 1，确认号为 $Y+1$，而自己的序号为 $X+1$。TCP 的标准规定，SYN 置 1 的报文段要消耗掉一个序号。

运行客户进程的源主机 A 的 TCP 通知上层应用进程，连接已经建立。当源主机 A 向目标主机 B 发送第一个数据报文段时，其序号仍为 $X+1$，因为前一个确认报文段并不消耗序号。

当运行服务进程的目标主机 B 的 TCP 收到源主机 A 的确认后，也通知其上层应用进程，连接已经建立。至此建立了一个全双工的连接。

TCP 使用三次握手过程建立连接。连接的一个端点(通常是服务器)执行 LISTEN 和 ACCEPT 原语，在指定的端口上监听。连接的另一个端点(客户)执行一个 CONNECT 原语，给出想要连接的IP地址和端口号、可以接收的最大TCP段长度，以及可选的用户数据(如口令)等。CONNECT原语发出一个SYN=1、ACK=0的TCP段，然后等待回答。目的TCP实体检查是否有进程在目的端口上监听，如果没有，就发出一个RST=1的TCP段，拒绝建立连接；如果有，就将数据交给监听的进程，进程决定是接受还是拒绝连接。如果接受连接，则目的TCP实体返回一个SYN=1、ACK=1的段进行响应。连接建立过程如图6-12所示。如果两个主机同时向对方发出连接请求，则最终只有一条连接建立起来。

连接的初始序号采用基于时钟的方法确定，ΔT 取为4ms。为增加安全性，主机崩溃后至少等待一个最大分组寿命的时间再启动。

6.5.7 传送数据

位于TCP/IP分层模型的较上层的应用程序传输数据流给TCP。TCP接收到字节流并且把它们分解成段。假如数据流不能被分成一段，那么每一个其他段都被分给一个序列号。在目的主机端，这个序列号用来把接收到的段重新排序成原来的数据流。如图6-13所示给出了两台主机在成功建立连接后传输数据的示例。

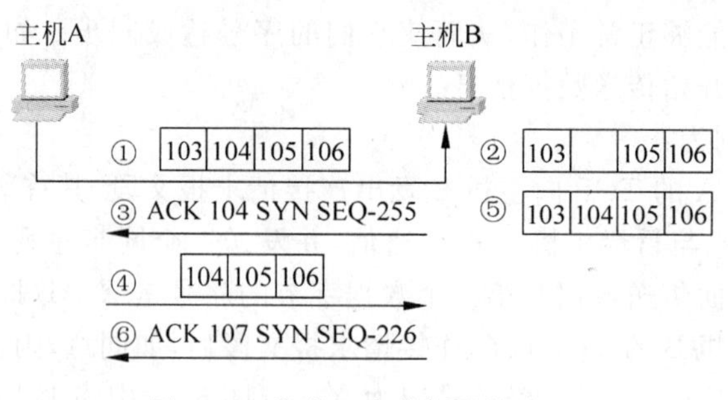

图6-13　发送四个数据段的过程

(1) 主机A使用滑动窗口发送全部的四个段到主机B。这是第一步。遗憾的是，只有段103、段105和段106成功地到达了主机B(参看②)。

(2) 因为段103和段104是连续的，所以主机B返回一个确认给主机A，通知主机A它只成功地接收到了第103段，在它的确认中，主机B使用它期待得到的下一个序列号作为确认(参看③通过给出序列号104)。

(3) 主机A接到主机B的报文后，重新发送段104、段105和段106(参看④)。虽然主机B已经成功地收到了段105和段106，但是根据协议规定，也必须重新发送。

(4) 当主机B成功地收到这些段以后.主机B返回一个确认给主机A(参看⑥)，并根据序列号把它们重组成原来的数流，把它传输到高层应用程序。

6.5.8 释放 TCP 连接

一个 TCP 连接建立之后，即可发送数据。一旦数据发送结束，就需要关闭连接。由于 TCP 连接是一个全双工的数据通道，一个连接的关闭必须由通信双方共同完成。当通信的一方没有数据需要发送给对方时，可以使用 FIN 段向对方发送关闭连接请求。这时，它虽然不再发送数据，但并不排斥在这个连接上继续接收数据。只有当通信的对方也递交了关闭连接的请求后，这个 TCP 连接才会完全关闭。

在关闭连接时，既可以由一方发起而另一方响应，也可以双方同时发起。无论怎样，收到关闭连接请求的一方必须使用 ACK 段给予确认。实际上，TCP 连接的关闭过程也是一个三次握手的过程。

在关闭连接之前，为了确保数据正确传递完毕，仍然需要采用“三次握手”的方式来关闭连接，如图 6-14 所示。

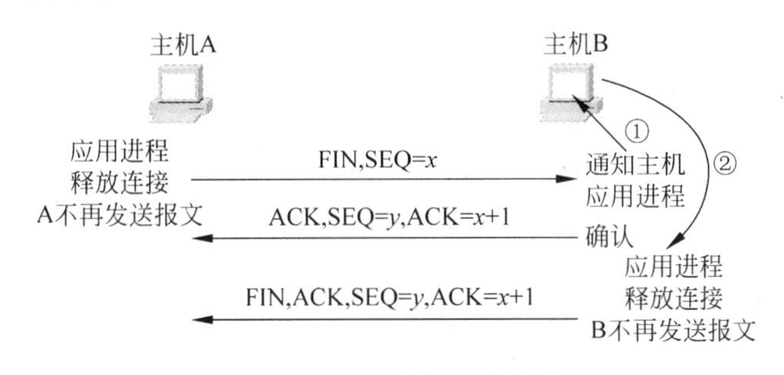

图 6-14 TCP 连接释放的过程

其三次握手分别为：

第一步，源主机 A 的应用进程先向其 TCP 发出连接释放请求，并且不再发送数据。TCP 通知对方要释放从 A 到 B 这个方向的连接，将发往主机 B 的 TCP 报文段首部的终止比特 FIN 置 1，其序号 X 等于前面已传送过的数据的最后一个字节的序号加 1。

第二步，目标主机 B 的 TCP 收到释放连接通知后即发出确认，其序号为 Y，确认号为 $X+1$，同时通知高层应用进程，如图 6-14 中的箭头①。这样，从 A 到 B 的连接就释放了，连接处于半关闭状态，相当于主机 A 向主机 B 说：“我已经没有数据要发送了。但如果还发送数据，我仍接收。”此后，主机 B 不再接收主机 A 发来的数据。但若主机 B 还有一些数据要发送主机 A，则可以继续发送。主机 A 只要正确收到数据，仍应向主机 B 发送确认。

第三步，若主机 B 不再向主机 A 发送数据，其应用进程就通知 TCP 释放连接，如图 6-14 中的箭头②。主机 B 发出的连接释放报文段必须将终止比特 FIN 和确认比特 ACK 置 1，并使其序号仍为 Y，但还必须重复上次已发送过的 ACK$=X+1$。主机 A 必须对此发出确认，将 ACK 置 1，ACK$=Y+1$，而自己的序号是 $X+1$。这样才把从 B 到 A 的

反方向的连接释放掉。主机 A 的 TCP 再向其应用进程报告，整个连接已经全部释放。

本章小结

传输层是整个协议层次的核心，其功能是从源主机到目的主机提供可靠的、价格低廉的数据传输，而与当前使用的网络无关。主要介绍传输层的基本概念，包括传输层提供给高层的服务、传输层的两种连接方式，其中特别应明确传输层的寻址与网络层的寻址的区别。

传输层协议的复杂程度取决于网络传输质量和网络层服务的水平。传输层功能的实质是最终完成端到端的可靠连接，在此，要特别明确“端”是指用户应用程序的“端口”，即传输层的“地址”要落实到端口号。本小节重点介绍了互联网中的两种传输层协议 TCP 和 UDP，详细分析了 TCP 中连接建立和释放的过程及原理，比较了 TCP 和 UDP 各自的特点和区别。

习题

1. 名词解释：UDP，报文，传输延迟，TCP，段 segment，连接建立延迟
2. 简述传输层在 OSI 模型中所处的地位。
3. 简述传输层的基本功能。
4. OSI 模型规定了哪几种传输协议类？它们各提供怎样的功能？
5. 简述传输服务的特性。
6. 传输层的连接和数据链路层的连接有什么区别？
7. 比较 TCP 和 UDP 各自的特点，简述其区别。

第 7 章 网际互联

本章关键词

路由器(router)
互联网协议(Internet protocol)
子网掩码(subnet mask)
子网划分(subnetting)
路由协议(routing protocol)

本章要点

网络之间的连接不仅需要路由器这样的硬件设备,还需要在这些设备和主机中运行高效的协议。通过本章的学习,掌握中继器、网桥和路由器等互联设备的特性,理解互联网协议,即 IP 协议,掌握 IP 地址、IP 报文、子网划分和路由协议等实现数据传输的相关概念和机制。

7.1 网际互联概述

计算机网络互联是利用网络互联设备及相应的技术措施和协议把两个以上的计算机网络连接起来,实现计算机网络之间的通信。计算机网络互联的目的是使一个网络上的用户能够访问其他计算机网络上的资源,使不同网络上的用户能够相互通信和交流信息,以实现更大范围的资源共享和信息交流。

将计算机网络互联形成一个大网,即互联网,从而实现了更大范围的数据通信、负载平衡和资源共享。在互联网上的所有用户只要遵循相同协议,就能相互通信,共享互联网上的全部资源。所以,互联网是多个独立网络的集合。例如,Internet 就是由几千万个计算机网络互联起来的、全世界最大、覆盖面积最广的计算机互联网络。

7.1.1 网际互联类型

从网络体系结构的层次来考察,网络互联/扩展可在物理层、数据链路层、网络层和网络层四个层次上实现。

在实际应用中,比较常用的网络互联类型有四种,即局域网与局域网互联(LAN-

LAN)、局域网与广域网互联(LAN-WAN)、局域网与局域网通过广域网互联(LAN-WAN-LAN)、广域网与广域网互联(WAN-WAN)。

1. LAN-LAN

LAN-LAN 是使用最广泛的一种互联形式。在一个单位内的每个部门就可能有一个独立的局域网,为了实现整个单位内的信息交换和资源共享,需要把各个部门的局域网连接起来,形成整个单位范围内的计算机网络。例如,组成一个企业的内联网 Intranet 或一个学校的校园网等。LAN-LAN 又分为同种 LAN 互联和异种 LAN 互联两类。同种 LAN 互联是指具有相同协议的局域网互联(具有相同听数据链路层协议);异种 LAN 互联是指具有不同协议的局域网(具有不同数据链路层协议)互联,如以太网与 FDDI 互联。常用的互联设备中有中继器、集线器、网桥和交换机等。

2. LAN-WAN

LAN-WAN 是指将局域网通过网间设备连到广域网上,其目的是向外部用户提供局域网资源,使局域网用户方便地从广域网上获得资源。比如,校园网与中国教育和科研计算机网(CERNET)相连就属这种类型。常用的互联设备有路由器和网关。

3. LAN-WAN-LAN

LAN-WAN-LAN 是将两个分布在不同地理位置的局域网通过广域网实现互联,常用互联设备有路由器和网关,而主要的互联设备是路由器。通常使用电话拨号、X. 25、DDN、帧中继等广域网通信手段来实现远程数据通信。例如,许多高校的校园网都通过 CERNET 进行互联,从而实现高校之间的资源共享与信息通信等。

4. WAN-WAN

WAN-WAN 是通过路由器和网关将广域网进行互联,使分别连入各个广域网的主机资源能够实现通信和共享资源。例如,中国科技网与中国教育和科研计算机网之间的互联就属于 WAN-WAN。

7.1.2 网络互联的方式

参照 OSI 参考模型,网络体系结构共分为七个层次,虽然两个独立网络之间进行互联可能在不同的层次之间进行(例如,可以在物理层实现互联,也可以在网络层进行互联),但参与互联的两个网络进行互联的层次是相同的(对应的)。

当两个独立的网络互联时,互联层次以下网络的细节将被屏蔽(对互联层次以上的层是透明的),即只要在互联层次以上的层次采用相同的协议(而不管互联层次及以下网络的结构和协议如何),两个独立的网络就可以进行互联。从不同的网络体系结构上选定一个相应的协议层次,使得从该层开始,互联的网络设备中的高层协议都是相同的,其底层和硬件的差异可通过该层次加以屏蔽,从而使多个网络得以互通。要使通过互联设备连

接起来的两个网络之间能够通信，两个网络上的计算机使用的协议必须在互联层次以上层是一致的。根据需要，在进行通信的两个网络之间选择一个相同的协议层作为互联的基础。如果两个网络的第 N 层以上的协议都相同，则网络互联设备可在该层上互联，即称该设备为第 N 层互联设备。

为了将各种类型的网络互联成一个网络，目前主要采用两种方式：一是利用网间连接器实现网络互联；二是通过互联网实现网络互联。

第一种方式主要用于局域网与局域网互联，而第二种方式主要用于局域网与广域网互联以及广域网与广域网的互联。无论是采用第一种方式还是采用第二种方式进行网络互联，在实现时一般都必须通过网络中间连接设备相连，如图 7-1 所示。

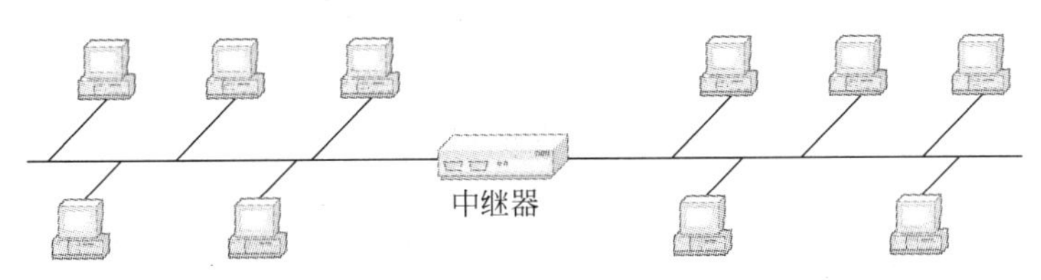

图 7-1　中继器连接网段

7.1.3　网络互联设备

根据互联层次的不同，常用的网络互联设备有中继器、集线器、网桥、局域网交换机、路由器和网关等。

中继器和集线器工作在物理层，其主要功能就是对信号进行放大和转发，而不是改变。它们是网络连接设备，可将多个 LAN 网段连接起来，构成更大范围的 LAN，如图 7-1 所示。

网桥工作在数据链路层，是一种网络间的存储转发设备，具有帧的存储、处理和转发，以及帧寻址、通信隔离和差错控制功能。网桥可用来互联两个或两个以上同类型的 LAN 和不同类型的 LAN，构成互联网，如图 7-2 所示。

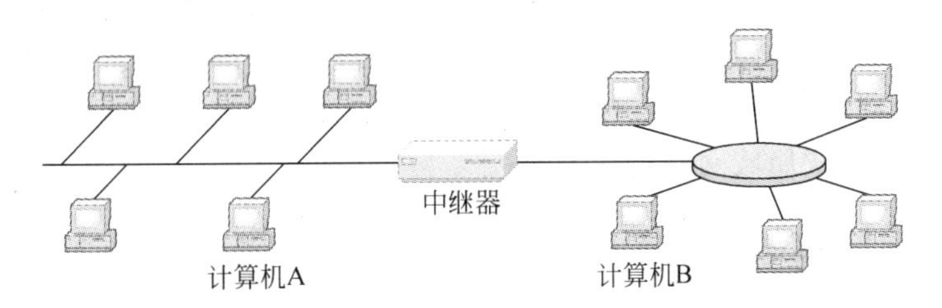

图 7-2　网桥连接不同类型的局域网

路由器工作在网络层，它也是一种网络间的存储转发设备，具有存储转发、路由选择、流量控制、通信隔离和协议转换等功能。路由器是典型的互联设备，可用来互联两个或两个以上的LAN和WAN。路由器比网桥复杂,成本高,但其路由选择、流量控制和网络管理功能更优秀。网桥只能互联LAN,而路由器既可互联LAN,也可互联WAN,如图7-3所示。

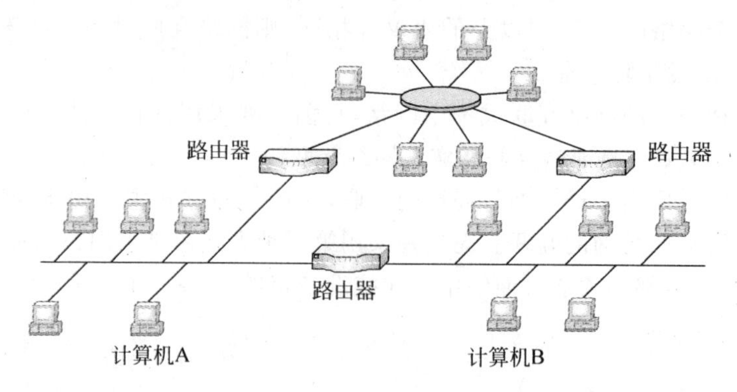

图7-3　用路由器连接各类网络

交换机是主要用来增加网络带宽(提高网络速度)的网络连接和转发设备。交换机可连接多个网络站点和其他网段,组成以其为中心的交换式网络。第二层交换机:工作于数据链路层,具有信息流通和差错控制能力,类似于网桥(传统交换机是基于网桥技术);第三层交换机:工作网络层,具有路径选择能力,类似于路由器(基于路由器技术)。新型的交换机与路由器设备的功能都相互渗透,技术也都有所兼容。

网关工作于传输层及以上各层,具有协议转换、网络操作系统转换、数据格式转换等功能,可实现多个协议差别较大网络的互联。网关的功能复杂,通常无通用网关,一般都是为执行特殊功能而设计的。

7.2　LAN-LAN互联

在许多情况下,常常需要将局域网互联起来,以实现更大范围的计算机联网。局域网互联采用什么方式,使用何种网络互联设备,主要取决于实际需要和互联网络之间的兼容程度。局域网互联的主要设备为中继器、集线器与网桥。另外,局域网交换机也是局域网互联设备,它是交换式局域网的核心设备。

7.2.1　中继器/集线器

中继器(repeater)是OSI模型中物理层的设备,由于介质的有效传输距离是有限的,中继器/HUB的作用是通过对传输信号进行整形放大处理,以达到延长信号传输距离、提高通信速率的目的。它屏蔽物理层以下的网络层次,可在两个局域网电缆段之间复制并传送二进制位信号,即复制每一个比特流,可以将局域网的一个网段和另一网段连接起

来，主要用于局域网与局域网互联，起到信号放大和延长信号传输距离的作用。

虽然物理层是网络体系结构的最低层，但还是可以将传输介质看成是它的下一层，因此中继器并不关心与之相连的两个局域网络的传输介质类型，只要局域网络数据链路层的协议相同就可以用中继器进行互联。参考局域网络体系结构，中继器只能互联同种类型的局域网络。例如，以太网与以太网互联，令牌环网与令牌环网互联。中继器的应用如图 7-4 所示。

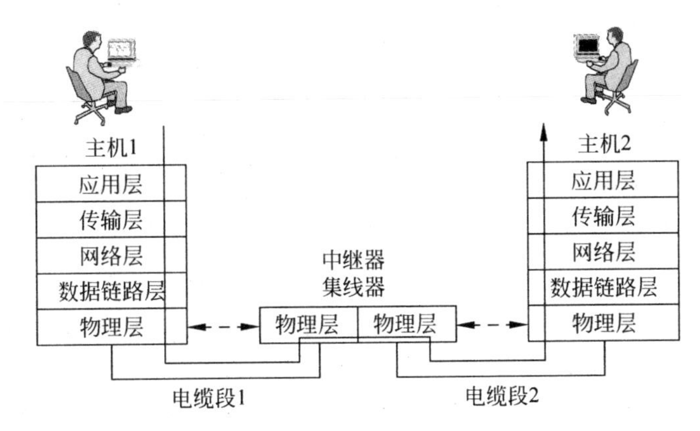

图 7-4　中继器在网络层实现网络互联

中继器最典型的应用是连接两个以上的以太网电缆段，其目的是为了延长网络的长度。但延长是有限的，中继器只能在规定的信号延迟范围内进行有效的工作。如在以太网中要遵守 5-4-3 规则，即在以太网中最使用 4 个中继器、连接 5 个网段，且其中只能有 3 个电缆线上连接计算机。中继器仅作用于物理层，只具有简单的放大，再生物理信号的功能，如图 7-5 所示。

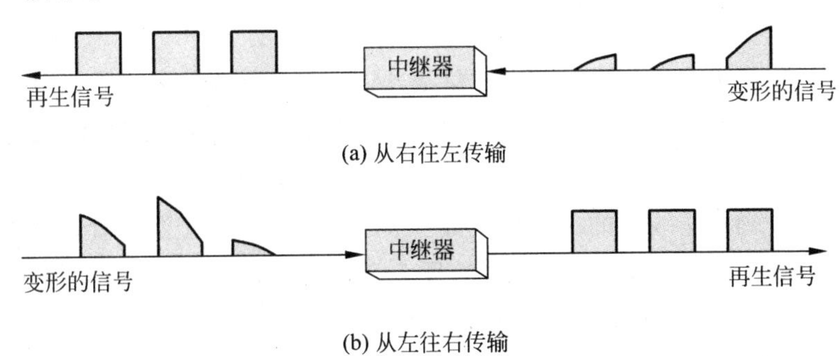

图 7-5　中继器的主要功能：复制、转发

中继器具有如下一些特性：

(1) 中继器仅作用于物理层，只具有简单地放大、再生物理信号的功能，在物理层实

现对信号传输的延伸，所以中继器只能连接完全相同的局域网。也就是说，用中继器互联的局域网应具有相同的协议和速率，如 802.3 以太网到以太网之间的连接和 802.5 令牌环网到令牌环网之间的连接。用中继器连接的局域网在物理上是一网络，也就是说，中继器把多个独立的物理网络互联成为一个大的物理网络。

(2) 中继器可以连接相同传输介质的同类局域网(例如，粗同轴电缆以太网之间的连接)，也可以连接不同传输介质的同类局域网(例如，粗同轴电缆以太网与细同轴电缆以太网或粗同轴电缆以太网与双绞线以太网的连接)。

(3) 由于中继器在物理层实现连接，所以它对物理层以上各层协议(数据链路层到应用层)完全透明。也就是说，中继器支持数据链路层以及其以上各层的任何协议，所以被中继器互联的两个(两段)网络在物理层以上的网络各层必须使用相同的协议才能进行通信。

(4) 不进行存储，信号延迟小；不检查错误，会扩散错误；不对信息进行任何过滤；可进行介质转换，如粗缆转换为细缆；中继器连接的网段属于同一个网络；简单、成本低，主要用于同轴电缆组网中。

最初，集线器(hub)只是一个多端口的中继器。它有一个端口与主干网相连，并有多个端口连接一组工作站。在以太网中，集线器通常是支持星型或混合型拓扑结构的。在星型结构的网络中，集线器被称为多址访问单元(MAU)。利用环输入端口和环输出端口在内部形成了环型拓扑结构。除连接个人计算机工作站外，集线器还能与网络中的打印服务器、交换器、文件服务器或其他设备连接。

集线器能够支持各种不同的传输介质和数据传输速率。有些集线器还支持多种传输介质的连接器和多种数据传输速率。你不能想象市场上各种各样的集线器的数目是多么的巨大。

许多集线器，如大家所知道的被动式集线器——只是转发信号。然而，像网络接口卡一样，有些集线器具有内部处理能力。例如，它们可以接受远程管理、过滤数据或提供对网络的诊断信息。能执行上述任何一种功能的集线器都被称为智能型集线器。

随着技术的发展，集线器的功能正变得越来越强，而且，对于网络管理也越来越重要。多端口的中继器，工作在物理层；功能：信号整形和放大，在网段之间复制比特流；可认为它是将总线折叠到铁盒子中的集中连接设备。

集线器的特点有：

(1) 具有与中继器同样的特点；

(2) 可改变网络物理拓扑形式，即由总线连接变为星型连接；

(3) 逻辑上仍是一个总线型共享介质网络。

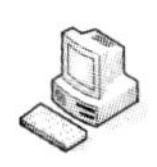

7.2.2 网桥

网桥(bridge)又称桥接器,它是一种存储转发设备,主要用于局域网与局域网互联。它是工作在 OSI 模型中数据链路层的 MAC 子层,所以它可互联相同类型的 LAN(如 10Base-2 和 10Base-T 网),也可互联不同类型(LLC 协议相同而 MAC 协议不同)的 LAN(如以太网和令牌环网),如图 7-6 所示。

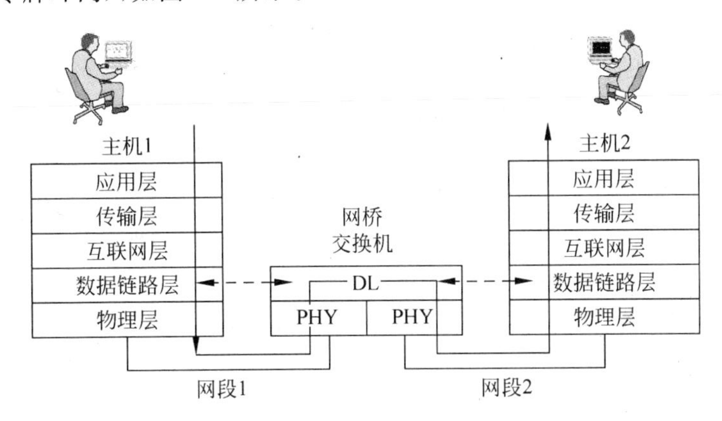

图 7-6　网桥实现数据链路层连接示意图

网桥的每个端口连接一个局域网段,常用于将共享带宽的计算机节点数较多的局域网分为两个局域网网段,以便减少计算机在网络中传输数据时可能发生的冲突。网桥的主要功能就是隔离不同网段之间的数据通信量。图 7-7 所示为网桥连接图。

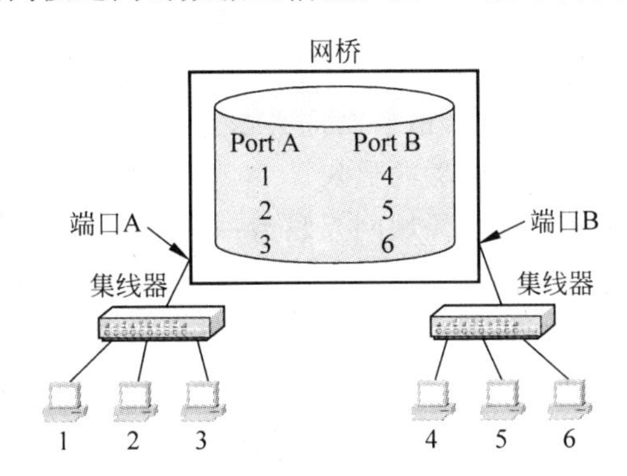

图 7-7　网桥的主要功能:过滤、转发

1. 网桥的基本工作原理

网桥最常见的用法是用于互联两个局域网。

从用户的角度看,用户并不知道网桥的存在,局域网 1 与局域网 2 就像是同一网络。

在一个大型局域网中，网桥常用来将局域网分成既独立又能相互通信的多个子网，从而可以改善各处子网的性能与安全性。

以图 7-7 的情况为例，假设你位于此局域网段 A 内的工作站 1 一侧，你的同事位于段 A 的工作站 2 一侧。当你试图向这位同事的计算机发送数据时，你传输的数据就要先经过段 A 的集线器，然后到达网桥。网桥要先读取他的计算机的 MAC 地址，然后再搜索过滤数据库，来查看此 MAC 地址是否与你的 MAC 地址位于同一个段。但网桥所能知道的仅仅是你的同事的计算机 MAC 地址是与端口 A 关联的。如果该 MAC 地址与你的 MAC 地址属于不同的段，网桥将会把数据转发到它的目标段。段的通信端口标识也储存在过滤数据库中。在这个例子中，你的工作站与同事的工作站位于网络中的同一段，所以，数据就被过滤掉（也就是被忽略），并且，你发送的信息将通过段 A 的集线器发送给同事的工作站。反之，如果你想向管理计算机，即图 7-7 中的工作站 5 发送数据，数据将首先经过段 A 的集线器到达网桥。网桥先读取管理计算机（目标地址包含在你发送的数据流中）的 MAC 地址，并寻找与该台工作站关联的端口。在这个例子中，网桥会认为与工作站 5 关联的端口是端口 B。然后，网桥就把数据转发给端口 B。接着，端口 B 就会确保把数据发送给管理工作站。

网桥并未与网络直接连接，但它可能已经知道了不同的端口都连接了哪些工作站。这是因为，网桥在安装后，就促使网络对它所处理的每一个数据包进行解析，以发现其目标地址。一旦获得这些信息，它就会把目标节点的 MAC 地址和与其相关联的端口录入过滤数据库中。时间一长，它就会发现网络中的所有节点，并为每个节点在数据库中建立记录。

因为网桥不能解析高层数据，如网络层数据，所以它们不能分辨不同的协议。它们以同样的速率和精确度转发帧。这样做也有很大的好处。由于并不关心数据所采用的协议，网桥的传输速率比传统的路由器的传输速度更快，如路由器关心所采用协议的信息（这将在后面的部分讲述）。但同时，由于网桥实际上还是解析了每个数据包，所以它所花费的数据传输时间比中继器和集线器的更长。

网桥的主要作用是将两个以上局域网互联为一个逻辑网，以减少局域网上的通信量，提高整个网络系统的性能。网桥的另一个作用是扩大网络的物理范围。另外，由于网桥能隔离一个物理网段的故障，所以网桥能够提高网络的可靠性。网桥与中继器相比有更多的优势，它能在更大的地理范围内实现局域网互联。网桥不像中继器，只是简单地放大再生物理信号，没有任何过滤作用。网桥在转发数据帧的同时，能够根据 MAC 地址对数据帧进行过滤，而且网桥可以连接不同的网络。

广播域：网络上所有能够接收到同样广播包的设备的集合。

冲突域：网络中任意两个设备同时发送数据都将会产生冲突的设备的集合。

中继器对冲突域和广播域都没有影响；网桥缩小了冲突域，对广播域没有影响，如图 7-8 所示。

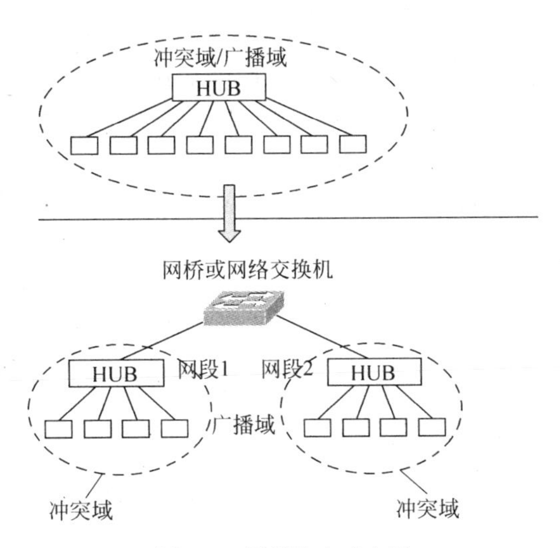

图 7-8　网桥缩小冲突域

近几年，由于交换技术的迅速发展，交换机的应用越来越普遍。交换机和网桥有很多共同的属性，它们都工作在数据链路层，但也有一些不同之处。交换机比网桥转发速度快，因为它用硬件实现交换，而网桥是用软件实现交换的。有些交换机支持直通(cut-through)交换，直通式交换机减少了网络的抖动与延迟，而网桥仅支持存储转发。交换机为每个网段提供专用带宽，能够减少碰撞，而且交换机还能提供更高的端口密度。由于交换机比网桥具有更好的性能，因此，网桥将逐渐被交换机所替代。

7.2.3　网桥的类型

目前的网桥标准有两个，分别由 IEEE 的 802.1 与 802.5 两个委员会制定，它们的区别在于路由选择策略不同。基于这两种标准有以下两种网桥：

(1) 透明网桥——透明网桥由各网桥自己来决定路由选择，局域网上的各节点不负责路由选择。透明网桥的最大优点是容易安装。

(2) 源路由网桥——源路由网桥由发送帧的源节点负责路由选择。网桥假定每个节点在发送帧时，都已经清楚地知道发往各个目的节点的路由，源节点在发送帧时需要将详细的路由信息放在帧首部。

网桥具有如下一些特性：

(1) 网桥工作在数据链路层，它对高层协议是透明的。这就意味着，网桥能转发任何网络协议的数据流，如 TCP/IP、DECNET、Appletalk、IPX 等。网桥是一种存储转发设备，它先把接收的整个帧缓存起来，然后再进行转发。用网桥互联起来的网络是一个单一的逻辑网。

(2) 由于网桥工作在第二层，它不检查网络层的数据分组和网络地址，它与网络层无关。而广播信息是根据网络地址(如 IP 地址)进行传播的，因此，网桥转发所有广播帧，没有隔离广播信息的能力。

(3) 网桥能够互联不同的局域网络,在不同的局域网之间提供转换功能。连接不同类型局域网需要对不同的帧格式、帧大小进行转换,还需要对不同的局域网传输速率进行速度匹配等,其工作原理如图 7-6 所示。主机 1 有一个数据分组要发送给主机 2,分组从高层一直下传到 LLC 子层,加上一个 LLC 分组头后,送给 MAC 子层,再加上 802.3 的分组头,通过传输介质,传送到网桥的 MAC 子层,去掉 802.3 的分组头,再送到网桥的 LLC 子层,经 LLC 子层的处理,送给网桥的另一边(802.5 一边),再加上 802.5 的分组头,经传输介质传送到主机 2。

7.3 LAN-WAN 互联

由于局域网的应用迅速增加,人们往往希望自己的局域网能够与广域网(如 Internet)互联或通过广域网和远程距离的局域网互联,即通过互联网进行互联。尽管网桥可以在网络互联充当着重要角色,但随着网络的扩大,特别是多种工作平台连接成大规模的广域网络环境时,网桥在路由选择、流量控制、差错控制以及网管管理等方面已远远不能满足要求,这时就需要使用路由器或网关。路由器与网关是 LAN-WAN 互联和 LAN-WAN-LAN 互联的主要设备。

7.3.1 路由器

路由器(router)是网络层互联(OSI 的第三层)设备,如图 7-9 所示,它屏蔽数据链路协议,主要用于局域网与广域网互联、局域网与局域网通过广域网互联。路由器上有多个端口,每个路由器的端口可以分别连接到不同网络上,或者连接到另一台路由器。路由器中保存了一个含路由信息的路由表,路由器通过读取所传输数据包中的逻辑地址(IP 地址)与路由器中路由表的地址信息决定传输数据包的转发路径。

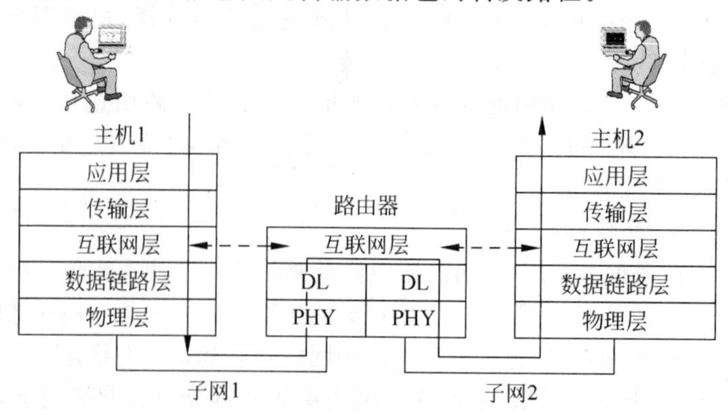

图 7-9 路由器实现网络层互联

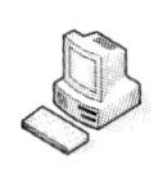

路由器将广播消息限制在各处子网的内部，而不转发广播消息，这样就可保持各个网络的相对独立性，并且可以将各个网络互联。通过路由器连接的不同网络，当一个网络向其他网络发送数据包时，该数据包首先被发送到路由器，然后路由器再将数据包转发到相应的网络上。

从概念上讲，路由器与网桥相类似，但它的作用层次高于网桥，所以其转发的信息以及转发的方法与网桥均不相同，而且使用路由器互联起来的网络与网桥也有本质的区别。用网桥互联起来的网络是一个单个的逻辑网，由于 IP 协议在网络互联层中，因此由路由器互联的可以是多个不同的逻辑网(即子网，子网一般具有不同的 IP 地址)。每个逻辑子网具有不同的网络地址(逻辑地址，如 IP 地址)。一个逻辑子网可以对应一个独立的物理网段，也可以不对应(如虚拟网)。

1. 路由器的基本工作原理

路由器在网络层实现网络互联，它主要完成网络层的功能。路由器负责将数据分组(packet)从源端主机经过最佳路径传送到目的端主机。为此，路由器必须具备两个最基本的功能，那就是确定通过互联网到达目的网络的最佳路径和完成信息分组的传送，即路由选择和数据转发。

1) 路由选择

路由选择也称路径选择，路由器的基本功能之一就是路由选择功能。当两台连接在不同子网上的计算机需要通信时，必须经过路由器转发，由路由器把信息分组通过互联网沿着一条路径从源端传送到目的端。在这条路径上可能需要通过一个或多个中间设备(路由器)，所经过的每台路由器都必须知道怎样把信息分组从源端传送到目的端、需要经过哪些中间设备。为此，路由器需要确定到达目的端下一跳路由器的地址，也就是要确定一条通过互联网到达目的端的最佳路径。

路由选择实现的方法是：路由器通过路由选择算法，建立并维护一个路由表。在路由表中包含着目的地址和下一跳路由器地址等多种路由信息。路由表中的路由信息告诉每一台路由器应该把数据包转发给谁，以及它的下一跳路由器地址是什么。路由器根据路由表提供的下一跳路由器地址，将数据包转发给下一跳路由器。通过一级一级地把包转发到下一跳路由器的方式，最终把数据包传送到目的地。当路由器接收一个进来的数据包时，它首先检查目的地址，并根据路由表提供的下一跳路由器地址或子网地址，将该数据包转发到下一跳路由器或子网。

2) 数据转发

路由器的另一个基本功能是完成数据分组的传送，即数据转发，通常也称数据交换(switching)。在大多数情况下，互联网上的一台主机(源端)要向互联网上的另一台主机(目的端)发送一个数据包，通过指定默认路由(与主机在同一个子网的路由器端口 IP 地址为默认路由地址)等办法,源端计算机通常已经知道一个路由器的物理地址(即 MAC 地址)。源端主机将带着目的主机的网络层协议地址(如 IP 地址、IPX 地址等)的数据包发送给已知路由器。路由器在接收了数据包之后,检查包的目的地址,再根据路由表确定它是否知道怎样转发这个包。如果它不知道下一跳路由器的地址,则将包丢弃。如果它知道怎么转发这个包,路由器将改变目的物理地址为下一跳路由器的地址,并且把包传送给下一跳路由器。下一跳路由器执行同样的交换过程,最终将包传送到目的端主机。当数据包通过互联网传送时,它的物理地址是变化的,但它的网络地址是不变的,网络地址一直保留原来的内容直到目的端。值得注意的是,为了完成端到端的通信,在基于路由器的互联网中的每台计算机都必须分配一个网络层地址(IP 地址),路由器在转发数据包时,使用的是网络层地址。但是,在计算机与路由器之间或路由器与路由器之间的信息传送,仍然依赖于数据链路层的完成,因此路由器在具体传送过程中需要进行地址转换并改变目的物理地址。

2. 路由器的主要特点

由于路由器作用在网络层,因此它比网桥具有更强的异种网互联能力、更好的隔离能力、更强的流量控制能力、更好的安全性和可管理维护性。其主要特点如下:

(1) 路由器可以互联不同的 MAC 协议、不同的传输介质、不同的拓扑结构和不同的传输速率的异种网,它有很强的异种网互联能力。路由器也是用于广域网互联的存储转发设备,它有很强的广域网互联能力,被广泛地用于 LAN-WAN-LAN 的网络互联环境。

(2) 路由器工作在网络层,它与网络层协议有关。多协议路由器可以支持多种网络层协议(如 TCP/IP、IPX、DECNET 等),转发多种网络层协议的数据包。路由器检查网络层地址,转发网络层数据分组。因此,路由器能够通过 IP 地址进行包过滤,具有包过滤(packet filter)的初期防火墙功能。路由器分析进入的每一个包,并与网络管理员制定的一些过滤政策进行比较,凡符合允许转发条件的包被正常转发,否则被丢弃。为了网络的安全,防止黑客攻击,网络管理员经常利用这个功能,拒绝一些网络站点对某些子网或站点的访问。路由器还可以过滤应用层的信息,限制某些子网或站点访问某些信息服务,如不允许子网访问远程登录(telnet)。

(3) 对大型网络进行微段化,将分段后的网段用路由器连接起来,这样就可以达到提高网络性能和网络带宽的目的,而且便于网络的管理和维护。这也是共享式网络在解决带宽的问题时经常采用的方法。

3. 多协议路由器

如果互联的局域网高层采用了不同的协议,这时就需要用多协议路由器(multiprotocol router)。例如,在互联局域网中,既有支持 TCP/IP 协议的主机,又有 NetWare 主机,它们采用不同的通信协议。这时,分布在网络中的 TCP/IP 主机只能通过路由器与其他 TCP/IP 主机通信,但不能与同一局域网或其他局域网中的 NetWare 主机

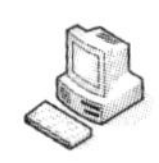

通信。NetWare 主机也只能通过专用的路由器与其他 NetWare 主机通信。这种结构的缺点是互联网络主机之间的通信受到路由器协议的限制。

为了解决互联局域网中不同类型主机的通信问题,可以采用多协议路由器互联结构。多协议路由器具有处理多种不同协议分组的能力,它可以处理不同分组的路由选择与分组转发问题。多协议路由器为不同类型的协议建立和维护不同的路由表。图 7-10 给出了使用多协议路由器实现多个局域网互联的结构。

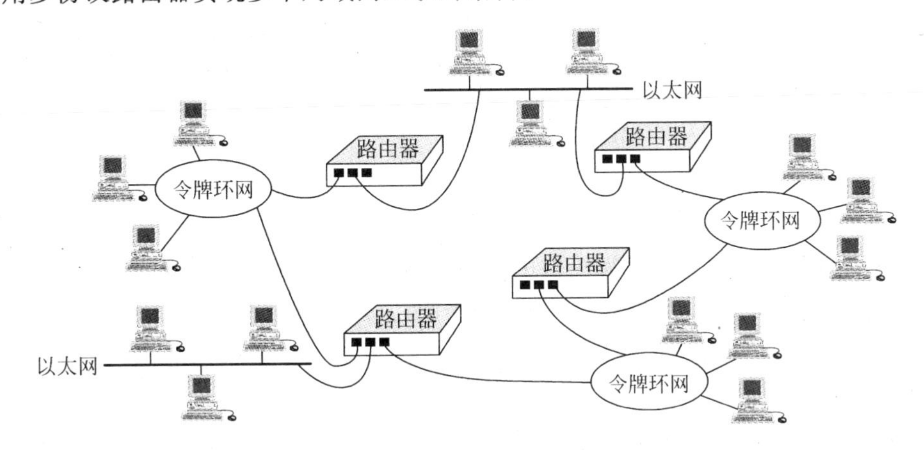

图 7-10　路由器连接多个局域网

7.3.2　网关

网关(gateway)又称为协议转换器。它作用在 OSI 参考模型的 4～7 层,即传输层到应用层,是实现应用系统级网络互联的设备,可以用于广域网与广域网互联、局域网与广域网互联。

1. 网关的基本工作原理

网关是在高层上实现多个网络互联的设备。图 7-11 给出了网关的工作原理示意图。

如果一个 NetWare 节点要与 SNA 网中的一台主机通信,在这种情况下,由于 NetWare 与 SNA 的高层网络协议是不同的,局域网中的 NetWare 节点不能直接访问 SNA 网中的主机,它们之间的通信必须通过网关来完成,网关可以完成不同网络协议之间的转换。网关的作用是为 NetWare 节点产生的报文加上必要的控制信息,将其转换成 SNA 主机支持的报文格式。当 SNA 主机要向 NetWare 节点发送信息时,网关同样要完成 SNA 报文格式到 NetWare 报文格式的转换。

2. 网关的基本类型

在早期的 Internet 中,网关就是路由器,是通向 Internet 的大门。在网络技术发展的

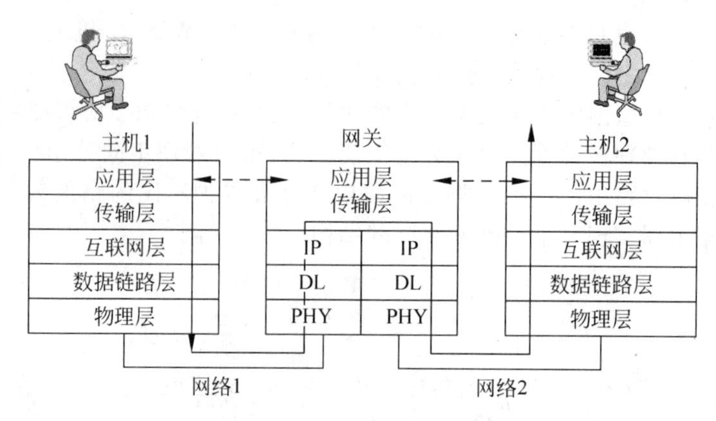

图 7-11 网关实现网络层以上的互联

今天，路由器的工作重点侧重于流经路由器的数据包的路径选择和转发，而网关的功能也逐渐从路由器中分离出来。按照网关的功能不同，大体可以将网关分为三大类，即协议网关、应用网关和安全网关。

1）协议网关

协议网关通常在使用不同协议的网络区域间进行协议转换工作，这也是一般公认的网关的功能。

例如，IPv4 数据由路由器封装在 IPv6 分组中，通过 IPv6 网络传递，到达目的路由器后解开封装，把还原的 IPv4 数据交给主机。这个功能是第三层协议转换。又如，以太网与令牌环网的帖格式不同，要在两种不同网络之间传输数据，就需要对帖格式进行转换，这个功能就是第二层协议转换。

协议转换器必须在数据链路层以上的所有协议层都运行，而且要对节点上使用这些协议层的进程透明。协议转换是一个软件密集型过程，必须考虑两个协议栈之间特定的相同之处和不同之处。因此，协议网关的功能相当复杂。

2）应用网关

应用网关是在不同数据格式间翻译数据的系统。

例如，EMAIL 可以实现多种格式，提供 EMAIL 的服务器可能需要与多种格式的邮件服务器交互，因此要求支持多个网关接口。

3）安全网关

安全网关即防火墙，这部分内容将在后面的章节中介绍。

一般认为，在网络层以上的网络互联使用的设备是网关，主要是因为网关具有协议转换的功能。但事实上，协议转换功能在 OSI/RM 的每一层都有涉及。所以，网关的实际工作层次其实并非十分明确，正如很难给网关精确定义一样。

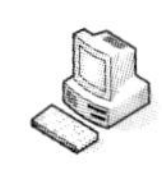

7.4　WAN-WAN 互联

广域网与广域网互联时，由于各个网络可能具有不同体系的结构，所以广域网的互联常常是在网络层及其以上层进行的，使用的互联设备也主要是路由器和网关。广域网互联的方法主要有两种：一是各个网络之间通过相对应的网关进行互联，但这样的互联方法成本高、效率低。例如，有 n 个网络要互联，则执行不同协议转换的网关就需要 $n(n+1)$个。显然，这种方法已不适应网络发展的要求，人们需要寻求一种标准化的方法，这就是第二种方法，即通过“互联网”进行互联。这一方法的核心是通过一互联网，该互联网执行标准的互联网协议，所有要进行互联的网络首先与互联网相连，将要发送的资料首先转换成互联网的资料格式，当资料由互联网传送给目的主机时，再转换成目的主机的资料格式。至于这些资料在互联网中是怎样传送的，发送资料的源主机不必知道。这样做的好处是可以在整个网络范围内使用一个统一的互联网协议，互联网协议主要完成资料(在网络层为分组)的转发和路由的选择。全球最大的互联网就是 Internet。目前在 Internet 上已连接的大大小小的广域网和局域网已很难统计得清。

7.5　IP 协议

为了把各种广域网和局域网互联起来，构成更大规模的网络，需要新的协议。现实网络中，这一协议是 IP 协议。

互联网协议(Internet protocol，IP)是用来建造大规模异构网络的关键协议。各种底层物理网络技术(如各种局域网和广域网)通过运行 IP 协议能够互联起来。互联网上的所有节点(主机和路由器)都必须运行 IP 协议，IP 协议是 TCP/IP 协议族中的核心协议，如图 7-12 所示。

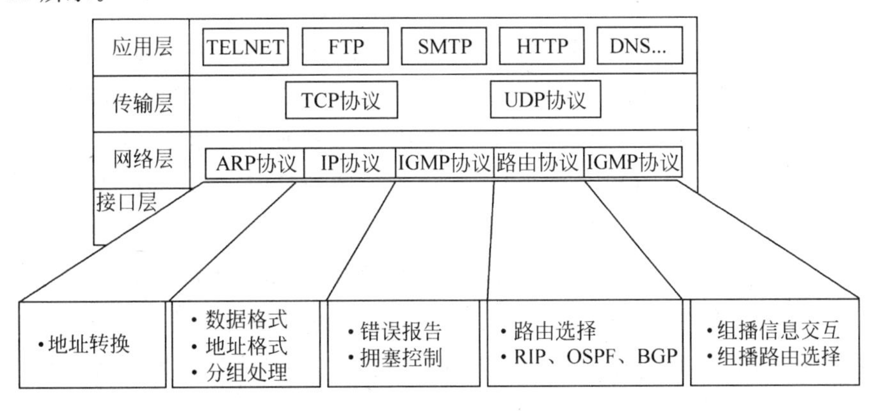

图 7-12　TCP/IP 中网络层以上的协议

7.5.1 IP 地址

在互联网中,每台主机至少有一个 IP 地址。有些主机有多个网络接口,因此可以拥有多个 IP 地址,我们称这样的主机为多宿主(multi-homed)主机。例如,对于一些重要的服务器,为了负载平衡或增加可靠性,经常采用多个网络接口与互联网连接。而路由器一般有多个网络接口,因而有多个 IP 地址。实际上,IP 地址是主机或路由器上网络接口的标识符。

要配置主机的 IP 地址,可采用人工配置和自动配置两种方式。人工配置是由网管员配置主机的 IP 地址,一般情况下还要配置主机的子网掩码以及默认网关和 DNS 服务器的 IP 地址。

在自动配置方式下,通常采用动态主机配置协议(dynamic host configuration protocol,DHCP)进行 IP 地址以及其他参数的自动配置。

1. 地址分类

IPv4 的地址长度是 32 比特,这表明 IP 地址空间是 4294967296(超过 40 亿个地址)。从理论上讲,可以有超过 40 亿个设备连接到互联网,但实际连接到互联网的设备数量远小于这个数值。

在几十年前刚开始使用 IP 地址时,IP 地址是按类编址的,这种编址体系结构叫做有类地址。到 20 世纪 90 年代中期,出现了一种叫做无类地址(classless addressing)的新体系结构。

在有类地址中,IP 地址空间共分为五类:A 类、B 类、C 类、D 类和 E 类。每类地址空间占据整个 IP 地址空间的某一部分。

IP 地址的分类由最高位的几个比特标识。如果第 1 比特是 0,表明是 A 类地址,A 类地址占据整个地址空间的一半。如果前 2 比特为 10,表明是 B 类地址,B 类地址占据整个地址空间的 1/4。如果前 3 比特是 110,表明是 C 类地址,C 类地址占据整个地址空间的 1/8。如果前 4 比特是 1110,表明是 D 类地址,D 类地址占据整个地址空间的 1/16。如果前 4 比特是 1111,表明是 E 类地址,它作为保留地址,E 类地址占据整个地址空间的 1/16。

为了使 32 比特的 IP 地址更加简洁和更容易阅读,通常用小数点将 32 比特分成 4 个字节,每个字节用十进制表示。这种 IP 地址表示方式称为点分十进制法。

在有类地址的 A 类地址、B 类地址和 C 类地址中,IP 地址分为网络号和主机号两部分。

IP地址的网络号和主机号的长度是可变的，具体长度取决于地址的分类。需要注意的是，D类和E类的IP地址是不划分网络号和主机号的，如图7-13所示。

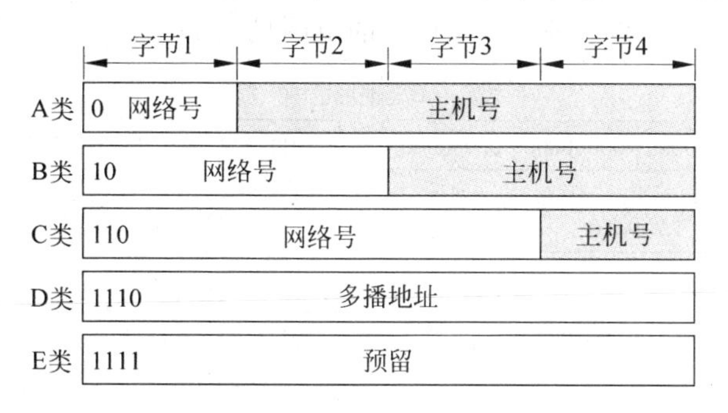

图7-13　分类的IP地址

A类地址的网络号为7比特，这意味着A类地址共有128块。A类地址的第一块和最后一块(即0.X.Y.Z及127.X.Y.Z两块地址)保留用于特殊用途。此外，在A类地址中，还有一块地址保留给私有地址(private address)，剩下的125块地址可以分配出去，这表明可以申请到A类地址的机构最多只有125个，而每块A类网络可以容纳16 777 214(全0和1地址是保留地址)台($2^{24}-2$)主机。由于所有机构需要的地址数远远小于每块A类地址所能提供的地址数，因此有许多A类地址被浪费了。A类地址一般分配给大型公司和教育机构，如IBM、惠普、Xerox、麻省理工学院(MIT)以及苹果公司。

A类地址的net-id字段占一个字节，只有7个比特可供使用。因此，它可提供的网络号是126个(2^7-2)[(IP地址中的全0和1地址是保留地址。全0(即127.0.0.0)表示本网络，全1(即127.255.255.255)表示用本地软件环回测试本机之用)]。A类地址的范围见图7-14。

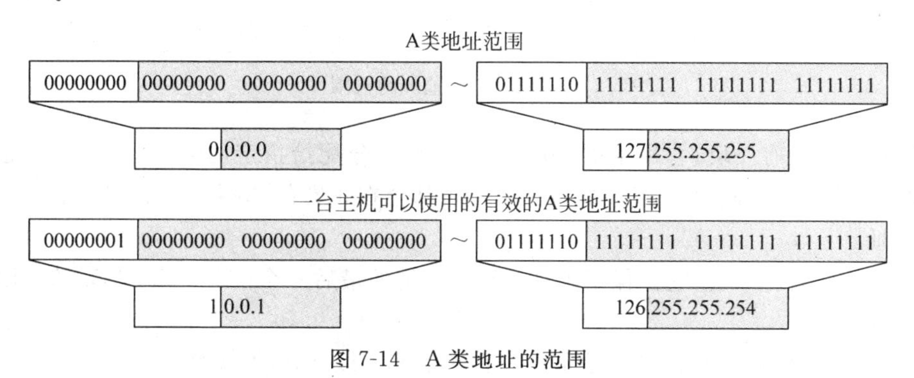

图7-14　A类地址的范围

B类地址的网络号为14比特，主机号为16比特，这意味着B类地址共有16 384块，其中16块地址保留给私有地址。每块B类网络可以容纳65 534台($2^{16}-2$)主机。思科公司、微软公司申请了B类地址。B类地址的范围见图7-15。

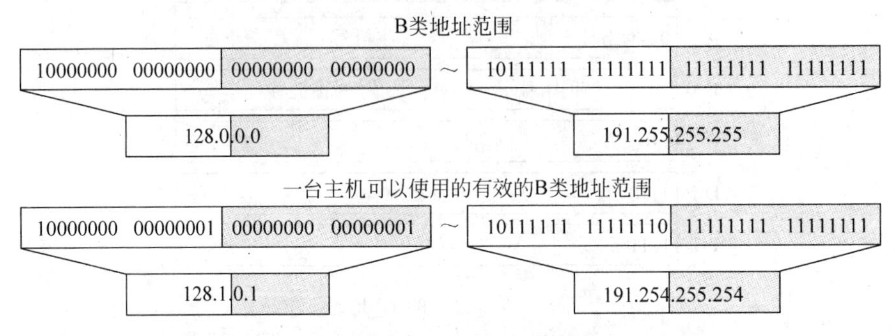

图7-15　B类地址的范围

C类地址的主机号为8比特，而网络号为21比特，所以每块C类地址只包含256个地址，这意味着C类网络只能连接254台($2^{8}-2$)主机(其中，主机号为全0表示网络地址，主机号为1表示直接广播地址)。然而，C类网络的块数可达$2^{21}-2$(大约200多万)。大部分机构申请的是C类地址。C类地址的范围见图7-16。

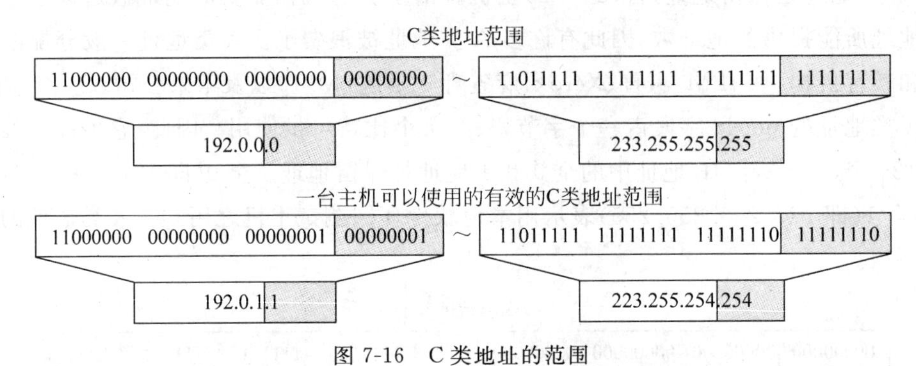

图7-16　C类地址的范围

D类地址只有一块，它用于IP组播。D类地址分配给指定的通信组，当一个通信组被分配一个D类地址后，该组中的每一个主机都会在正常的单播地址的基础上增加一个组播地址。

E类地址只有一块，它是保留地址。E类地址的最后一个(255.255.255.255)用作一个特殊地址。

A类地址、B类地址和C类地址中的特殊地址有以下几种，见图7-17。

1) 网络地址

网络地址就是主机号全为0的IP地址。网络地址既不能用于源地址，也不能用于目

的地址，而是供路由器查找路由表用。

00…00	0000　…　0000	本机
00…00	主机号	本网中的主机
11…11	1111　…　1111	局域网中的广播
网络号	1111　…　1111	
网络号	0000　…　0000	网络地址
127	任意值	回路(Loopback)

图 7-17　特殊地址

2）32 位全 0 的地址

32 位全 0 的 IP 地址被还没有分配到 IP 地址的主机在发送 IP 报文时用作源 IP 地址。比如，对于通过 DHCP 配置 IP 地址的主机，为了获得 IP 地址，就要给 DHCP 服务器发送 IP 报文，这时该主机的源地址就是全 0 地址，目的地址就是 32 位全 1 的受限广播地址。

3）网络号全 0 的地址

网络号全 0 的 IP 地址表示这个网络上的特定主机。当某个主机向同一个网络上的其他主机发送 IP 报文时就会用到它。因为使用这种地址作为目的地址的 IP 报文会被本地路由器过滤掉，所以这样的 IP 报文被限制在本地网络内。正因为有 32 位全 0 和网络号全 0 的 IP 地址，所以造成了网络号为 0 的这块 A 类地址的浪费。

4）直接广播地址

在 A 类地址、B 类地址和 C 类地址中，若主机号为全 1，则这种地址称为直接广播地址（direct broadcast address）。路由器使用这种地址将 IP 报文发送到特定网络上的所有主机。要注意的是，这种地址只能作为目的地址。另外，这种特殊地址也减少了 A 类地址、B 类地址和 C 类地址中的可用地址数。

5）受限广播地址

32 位全 1 的 IP 地址称为受限广播地址（limited broadcast address）。若某台主机想给本网络上的所有主机发送报文，就可以以受限广播地址作为目的地址。但路由器会把这种报文过滤掉，这种广播只局限在本地网络。需要注意的是，这种地址属于 E 类地址。

6）环回地址

第一个字节等于 127 的 IP 地址称为环回地址（loopback address），它用作主机或路由器的环回接口（loop back interface）。大多数主机系统都把 IP 地址 127.0.0.1 分配给环回接口，并命名为 local host。当使用环回地址作为 IP 报文的目的地址时，这个报文不会离开主机。环回地址主要用于测试 IP 软件。例如，像“ping”这样的应用程序可以将环回地址作为IP报文的目的地址，以便测试IP软件能否正确地接收和处理IP报文。需要注意的是，环回地址只能作为目的地址。另外，环回地址也是一个A类地址，它的使用使得A类地址中的网络地址数减少了1个。

2. 私有地址和NAT

私有地址是指为了解决IP地址资源不足而特意保留的一部分地址，各个单位不需要申请就可以使用这部分地址。私有地址一般用在专用网上，但是不能出现在互联网上。为了让使用私有地址的主机能够访问互联网，必须对私有地址进行转换，这就是网络地址转换(network address translator，NAT)。

1) 私有地址

为了解决IP地址短缺的问题，IETF将A类地址、B类地址和C类地址中的一部分指派为私有地址(private address)，如图7-17所示。

每个单位或组织不需申请就可以使用上述私有地址，但是如果使用私有IP地址的节点要访问互联网，则必须通过网络地址将其转换成全球唯一地址。

2) NAT

网络地址转换(NAT)的基本思想是互联网上彼此通信的主机不需要全球唯一的IP地址。一个主机可以配置一个私有地址，它只要在一定的范围内唯一即可，例如，在公司内部唯一。如果使用私有地址的主机仅仅在公司内部通信，那么使用局部唯一的地址就足够了。但如果它希望与公司网络以外的主机(如互联网上的主机)进行通信，就必须经过NAT设备(一般是带NAT功能的路由器)进行地址转换，将其使用的私有地址转换成全球唯一的地址。

最简单的NAT就是将一个私有地址转换为一个公网地址，这就是所谓的静态NAT。只使用一个全球地址的NAT，只允许一台主机接入互联网。要突破这个限制，必须引入地址池(即多个公网地址)，采用动态NAT。

7.5.2 IP报文

IP协议的重要体现就是IP报文。IP协议将所有的高层数据都封装成IP报文，然后通过各种物理网络和路由器进行转发，以完成不同物理网络的互联。本节将讨论IP报文格式。

1. 报文格式

IP报文格式包括IP报头和数据区两部分。如图7-18所示，其中，IP报头由固定报头和选项组成。报头中的字段通常是5个32比特数据，进行传输时都是高位在前。

版本号(version)字段占4比特。IP的当前版本是IPv4。IP协议的下一个重要版本

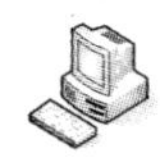

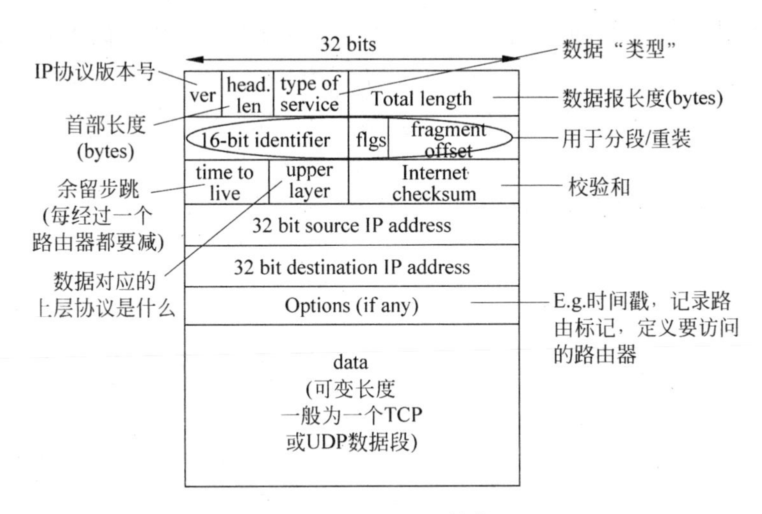

图 7-18　IP 报文结构

是 IPv6。所有的 IP 软件在处理 IP 报文之前都必须首先检查版本号，以确保版本正确。IP 软件拒绝处理协议版本不对的 IP 报文，以免错误解释其中的内容。

头部长度字段占 4 比特，它记录了 IP 报头的长度(以 32 比特即 4 字节为计算单位)。IP 报头由 20 字节的固定字段和长度不定的选项字段组成。因此，当 IP 报头没有选项字段时，头部长度字段为最小值 5，意味着 IP 报头字段的长度是 20 字节。对于 4 比特的头部长度字段，其最大值是 15，这也就限制了 IP 报头的最大长度是 60 字节，由此可知选项字段最长不得超过 40 字节。

服务类型(type of service，ToS)字段用来定义 IP 报文的优先级(precedence)和所期望的路由类型。

总长字段指明整个 IP 报文的长度，包括报头和数据。因为该字段长度为 16 比特，所以 IP 报文的总长度不超过 64kB，这个长度足够应付目前大多数的网络应用。但对于未来的高速网络，也许这个长度还不够。因为在高速网络中，一个物理帧的长度有可能超过 64kB。

标识符字段、MF 和 DF 标志位以及分段偏移字段用于 IP 报文分段和重组过程。

生存期(time to live，TTL)字段用来限制 IP 报文在网络中所经过的跳数。通过生存期字段，路由器就可以自动丢弃那些已在网络中存在了很长时间的报文，以避免 IP 报文在网络上不停地循环，浪费网络带宽。TTL 一般设置为 64，最大值为 255，每经过一个路由器或一段延迟后 TTL 值便减 1。一旦 TTL 减至 0，路由器便将该报文丢弃，同时向产生该 IP 报文的源端报告超时信息(通过 ICMP 协议)。正常情况下，IP 报文只会由于网络存在路径环而被丢弃。网络诊断命令 tracert 使用了 TTL 字段。

IP软件还必须知道IP报文数据区中的数据是由哪个高层协议创建的，以便IP协议软件能正确地将接收到IP报文交给适当的协议模块进行处理(如TCP、UDP或ICMP等)。该项功能由协议字段完成，其值就是数据部分所属的协议的类型代码。协议类型代码由IANA负责分配，在整个互联网范围内保持一致。例如，TCP的协议ID为6，UDP的协议ID为17，ICMP的协议ID为1，而OSPF的协议ID是89。协议字段提供了对IP协议多路复用的支持。

每个IP报头有16个比特头部校验和字段。IP报头校验和的计算方法采用互联网校验和算法。

为了验证IP报文在传输过程中是否出错，路由器或主机每接收一个IP报文，就必须对IP报头计算校验和(含IP报头中的校验和)。如果IP报头在传输过程中没有发生任何差错，那么接收方的计算结果应该为全1。如果IP报头的任何一位在传输过程中发生差错，则计算出的校验和不为全1，路由器或主机将丢弃该报文。

路由器在转发IP报文到下一个节点时，必须重新计算校验和，因为IP报头中至少生存期字段发生了变化。

IP报头校验和只保护IP报头，而IP数据区的差错检测由传输层协议完成。这样做虽然看似很危险，但却使得IP报文的处理非常有效，因为路由器无须关心整个IP报文的完整性。实践证明，整个IP报文的完整性由传输层保证是一种很好的选择，这使得网络设备可以更高效地转发报文。

源IP地址字段和目的IP地址字段指明了发送方和接收方。每个IP地址长度为32比特，包括网络号和主机号。

最后，IP报头中有一些选项长度是可变的，主要用于控制和测试。作为IP协议的组成部分，在所有IP协议的实现中，选项处理都是不可或缺的。

2. 服务类型

IP协议允许应用程序指定不同服务类型，即应用程序可以告诉网络该IP报文是高可靠性数据还是低延迟数据等。例如，对于数字话音通信，需要低延迟；而对于文件传输，则要求可靠性。而这些服务类型正是通过服务类型字段指示的。

服务类型字段用3比特指明优先顺序(precendence)，用3比特指明标志位D、T和R，还有2比特未用。优先顺序指出IP报文的优先级，取值为0～7，0为最低优先级，7为最高优先级。D、T、R三位表示IP报文希望达到的传输效果，其中D(delay)表示低延迟，T(throughput)表示高吞吐率，R(reliability)表示高可靠性。需要注意的是，服务类型字段的值只是用户的要求，对网络并不具有强制性，路由器在进行路由选择时只把它们作为参考。如果路由器知道有若干条路径可以到达目的节点，则可以选择一条最能满足用户的路径。假设路由器知道有两条路径可以到达目的地，一条是低速但价格低廉的租用线路；另一条是高速但价格昂贵的卫星线路，则对于D标志位置1的远程登录用户来说其

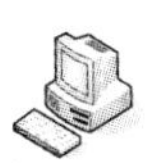

可选用租用线路，而对于T标志位置1的文件传输用户来说其可选用卫星线路。目前，ToS字段主要用于互联网区分服务。

3. 分段

IP报文的实际传输最终要通过底层的物理网络来实现，而不同的物理网络对帧的大小有规定，每种网络所允许的最大帧的大小叫做最大的传输单元(maximum transfer unit,MTU)。物理网络的MTU由其硬件决定，通常情况下其是保持不变的。与MTU不同，IP报文大小由软件决定，IPv4规定IP报文的最大长度为64kB。为了能在各种物理网络上传输IP报文，IP协议提供了将IP报文分解成若干个分段进行传输的功能。在IP报头中有三个字段与IP报文分段有关，分别是标识符字段、标志位字段和分段偏移字段。

标识符字段用来让目的机器判断收到的分段报文属于哪个IP报文，属于同一IP报文的分段报文包含同样的标识符值。

DF标志位表示该报文不能分段，因为目的节点不能重组分段。而MF标志位则表示数据的分段没有结束，除最后一个分段报文外，所有的分段都设置了该标志位。目的节点可以通过MF标志位来判断IP报文的所有分段是否已全部到达。

分段偏移字段用于说明分段在IP报文中的位置，如图7-19所示。因为IP报头中分段偏移量是以8个字节为计算单位，所以如果按字节数来计算，分段在IP报文中的实际位置应该是分段偏移再乘以8。通过标识符、标志位及分段偏移字段可以唯一识别出每个分段，使得目的节点能够正确重组原来的IP报文。

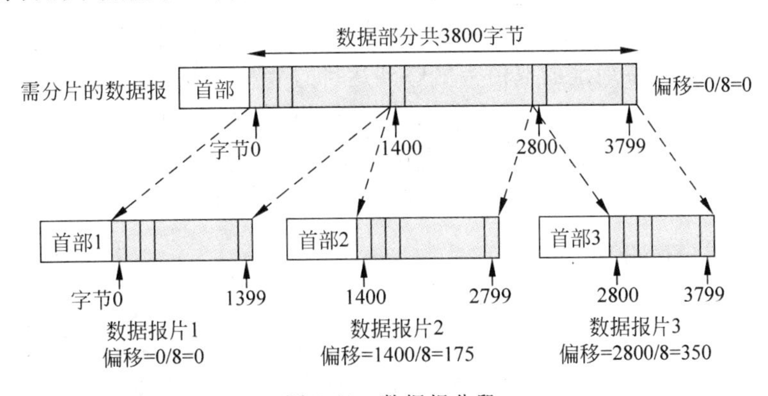

图7-19　数据报分段

4. 选项

IP报头中的每个选项字段由代码、长度和数据三部分组成。IPv4定义了五个选项，分别为安全(security)、严格路由(strict route)、松散路由(loose route)、记录路由(record route)及时间戳(timestamp)。

安全选项用于说明 IP 报文的安全程度。严格路由选项要求 IP 报文必须严格按给定的路径传送。松散路由选项要求 IP 报文在传送过程中必须按次序经过给定的路由器，但报文还可以穿过其他路由器。也就是说，该选项可以指定一些特殊的路由器作为 IP 报文的必经之地。记录路由选项用于记录 IP 报文从源到目的所经过的所有路由器的 IP 地址，这样使得管理员可以跟踪路由。时间戳选项用于记录 IP 报文经过每一个路由器时的时间。

7.5.3 路由表

路由器通过路由表进行 IP 报文转发。那么，IP 路由表是如何组成的？路由器又是如何得到 IP 路由表的？

1. 路由表的组成

IP 路由表中的每一项就是一条路由。一个路由表项至少包括四部分：目的地址、前缀长度、下一跳(next hop)和接口(interface)。

当路由器需要转发一个 IP 报文时，它就在路由表中查找目的地址和前缀长度这两列与 IP 报头中的目的 IP 地址字段相匹配的那一项。具体的匹配方法是，将该表项中的目的地址与 IP 报文中的目的 IP 地址从左向右逐个比特进行比较，若相同比特的数目大于或等于前缀长度所指示的值，则表示该表项中的目的地址与 IP 报头中的目的 IP 地址匹配。

路由器路由表中的下一跳地址可能有两种取值：如果目的节点与路由器不在同一个物理网络上，那么下一跳地址的取值为能够到达目的节点的下一个路由器的 IP 地址；否则，下一跳地址就取一个特殊的值，以表示目的节点与该节点在同一个物理网络中。在我们的例子中，将后一种下一跳地址记为“直接传送”，也称为“直接路由”。当目的节点与源节点不在同一个物理网络时，都是要通过路由器进行转发，这就是“间接路由”。

2. 路由表表项的分类

路由器的路由表一般有以下三种表项：

(1) 特定主机路由。这是指前缀长度为 32 比特的路由表项，表明按照 32 比特主机地址进行路由。特定主机路由只能匹配一个特定的 IP 地址，也就是只能匹配某台特定主机。

(2) 网络前缀路由。是按照网络地址进行路由的路由表项。目前我们只考虑分类地址路由问题，也就是说，网络地址的长度(即网络前缀)分为 8、16 和 24。事实上，网络前缀的长度可以为 1～31 比特的任意值。

(3) 默认路由。是前缀长度为 0 比特的路由表项。默认路由可以匹配任意的 IP 地址。根据“最长匹配前缀”原则，只有在特定主机路由和网络前缀路由与 IP 报文的目的地

址都不匹配时才能采用默认路由，如图 7-20 所示。

图 7-20　一个示例网络说明路由表表项

在图 7-20 的网络中，路由器 R1 的路由表的内容如图 7-21 所示。

目的网络	下一跳路由器地址
172.16.0.0	直接(从 s0)
202.168.0.0	直接(从 s1)
10.0.0.0	202.168.0.2
default	202.168.0.2

图 7-21　路由表示例

3. 路由匹配原则

IP 报文转发过程的路由匹配规则可以归纳如下：

(1) 如果存在一条特定主机路由与 IP 报文的目的地址相匹配，那么首先选用这条路由。

(2) 如果存在一条网络前缀路由与 IP 报文中的目的地址相匹配，那么选用这条路由。

(3) 在没有相匹配的特定主机路由或网络前缀路由时，如果存在默认路由(default)，那么可以采用默认路由来转发 IP 报文。

(4) 如果前面几条都不成立(即路由表中根本没有任何匹配路由)，就宣告路由出错，并向 IP 报文的源端发送一条目的不可达 ICMP 差错报文。

路由器上的路由表可以通过人工配置或路由协议(routing protocol)来构造和维护。路由器之间通过路由协议互相交换路由信息并对路由表进行更新维护，以使路由表正确反映网络的拓扑变化，并由路由器根据某种度量标准来决定最佳路径。互联网上常用的路由协议有路由信息协议(RIP)、开放式最短路径优先协议(OSPF)和边界网关协议(BGP)等。

事实上，不只是路由器有路由表，主机上也有路由表，但一般情况下，主机上的路由表比较简单，而且都是人工配置的。

主机上的路由表中一般只有两条路由。如果要将 IP 报文发送到与主机位于同一个网络上的其他节点，主机通过“直接传送”即可。而如果要将 IP 报文发送到与主机不在同一个网络上的节点，则主机通过主机路由表中的“默认路由”将 IP 报文发给“默认网关”(默认网关是主机上的一个配置参数)。

7.6 子网划分

在今天看来,早期的 IP 地址设计是不够合理的。主要原因有:

第一,IP 地址空间的利用率有时很低。每一个 A 类网络可以容纳 1000 万台主机,每一个 B 类网络也可以容纳 6 万台主机,但实际上根本不可能有这么多的主机网络,因为主机太多会影响网络的性能,如吞吐量等。

第二,给每一个物理网络分配一个网络号会使路由表变得太大而使网络性能变坏。由于路由器是根据网络号来确定下一跳路由器,如果互联网上的网络太多,就会使路由表的项目太大。这样,即使有足够的 IP 地址来分配网络,也会造成路由器中的路由表太大而花费大量的查找时间。

第三,二级的 IP 地址不够灵活。如果需要在一个新地点马上开通一个新的网络,在申请到新的 IP 地址之前是不能上互联网的。为了解决这些问题,1985 年新增加了一个"子网号字段",使二级 IP 地址变成了三级 IP 地址。这就是划分子网。

子网的基本思想如下:

(1) 一个拥有许多物理网络的单位,可将所属的物理网络划分为若干子网,从单位外部看到其还是这个单位的一个网络。

(2) 划分子网的方法是从网络的主机号借用若干个比特作为子网号,而主机号相应地减少了若干个比特。于是二级 IP 地址在本单位内变成三级 IP 地址:

IP 地址::={ <网络号>,<子网号>,<主机号>}

(3) 从外部网络发送给某个主机的 IP 数据报,在找到本单位网络所对应的路由器之后,路由器根据网络号和子网号找到目的子网,将 IP 数据报交付给主机。

图 7-22 显示了一个单位拥有的私有 IP 地址,网络地址是 10.5.0.0 (net-id 是 145.13)。现将图 7-22 中的网络划分为两个子网。两个子网分别是 10.5.64.0 和 10.5.128.0。

从二进制位来看,网络号、子网号和主机号如下:

原网络:00001010 00000101 xxxxxxxx xxxxxxxx

网络号　　　　主机号

子网 1:00001010 00000101 01 xxxxxx xxxxxxxx

网络号　　　　子网号　　主机号

子网 2:00001010 00000101 10 xxxxxx xxxxxxxx

网络号　　　　子网号　　主机号

子网掩码

从一个 IP 数据报的首部无法判断源主机或目的主机所连接的网络是否进行了子网划分,因为 32 位的 IP 地址本身以及数据报的首部都没有包含任何子网划分的信息。因

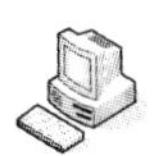

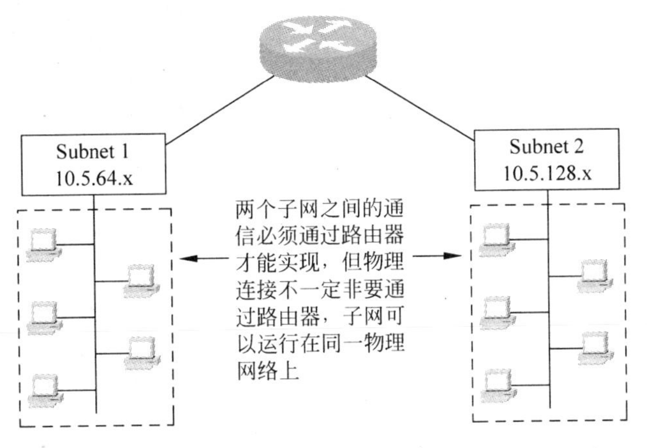

图 7-22　子网划分示意图

此，必须用另外的办法，这就是使用子网掩码。

子网掩码的作用是使网络内的计算机了解子网划分的结构以及使边缘路由器了解子网划分的结构。子网掩码也是 32bit 长的二进制数，由一串连续的 1 后跟一串连续的 0 组成；前面的 1 与网络号和子网号对应，后面的 0 与主机号对应。如前面的例子：

子网结构为 00001010 00000101 ss xxxxxx xxxxxxxx

子网掩码为 11111111 11111111 11 xxxxxx xxxxxxxx

子网掩码写成十进制就是 255.255.192.0

不划分子网时，各类 IP 地址默认的子网掩码分别如下：

A 类：255.0.0.0

B 类：255.255.0.0

C 类：255.255.255.0

子网掩码和 IP 地址一样长，都是 32 bit，并且由一串 1 和跟随的一串 0 组成。子网掩码中的 1 表示在 IP 地址中网络号和子网号对应的比特，而子网掩码中的 0 表示在 IP 地址中对应的主机号。网络地址(即子网地址)就是将主机号置为全 0 的 IP 地址。这也是将子网掩码和 IP 地址逐比特相“与”(AND)的结果。对于连接在一个子网上的所有主机和路由器，其子网掩码都是同样的。子网掩码是整个子网的一个重要属性。

使用子网划分以后，路由表的每行所包括的主要内容为目的网络地址、子网掩码和下一跳地址。

假定图 7-23 中的主机 H_1 要向某一个主机发送一个分组。首先，主机 H_1 应判断是采用直接交付还是间接交付。主机 H_1 采用的方法是：将分组的目的地址和主机 H_1 自己的子网掩码进行比特相“与”的运算。

若运算的结果等于主机 H_1 的网络地址，则说明目的主机与主机 H_1 是连接在同一

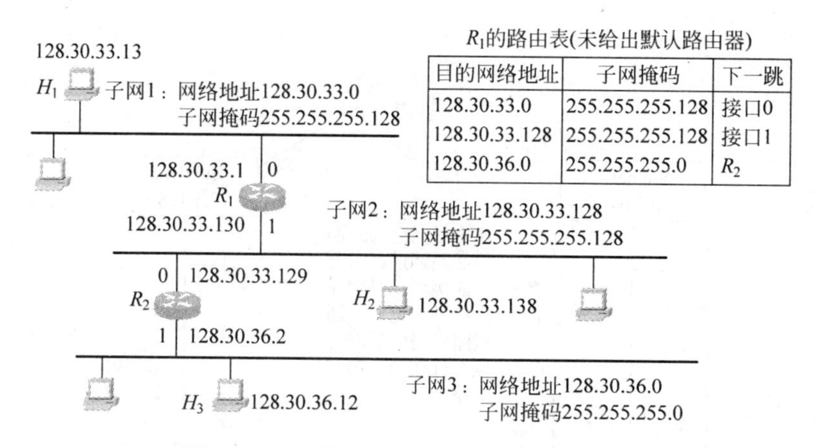

图 7-23　子网划分后路由表条目与报文转发

个子网上，因此可以直接交付而不需要找下一跳的路由器来转发。

若"与"运算的结果不等于 H_1 的网络地址，则表明应采用间接交付，必须将该分组交给子网上的一个路由器进行转发。

又例如，现在假定主机 H_1 要发送的分组是给 H_2，即所送的分组的目的地址是 H_2 的 IP 地址 128.30.33.138。主机 H_1 要进行的操作是将本子网的"子网掩码 255.255.255.128"与 H_2 的"IP 地址 128.30.33.138"逐比特相"与"，得出 128.30.33.138，它不等于 H_1 的网络地址(128.30.33.138)，这说明 H_2 与 H_1 不在同一个子网上。因此，H_1 知道不能将分组直接交付给 H_2，而必须将分组交给子网上的默认路由器 R_1，由 R_1 来转发。

下面讨论路由器 R_1 在收到一个分组后应如何查找其路由表。为简单起见，在 R_1 的路由表中没有画出默认路由器。

路由器 R_1 先找路由表中的第一行，看看这一行的网络地址和收到的分组的网络地址是否匹配。因为并不知道收到的分组的网络地址，只能试试看。这就是用一行(子网1)的"子网掩码 255.255.255.128"和收到的分组的"目的地址 128.30.33.138"逐比特相"与"，得出 128.30.33.128。如果这个数值与这一行给出的目的网络地址一致，就说明收到的分组是发送给本子网上的某个主机，但现在比较的结果是不一致。

因为与路由表第一行的比较结果是"不匹配"，所以用同样方法继续往下找第二行。用第二行的"子网掩码 255.255.255.128"和该分组的"目的地址 128.30.33.138"逐比特相"与"，结果也是 128.30.33.128。但这个结果和第二行的目的网络地址相匹配，说明这个网络(子网 2)就是收到的分组所要寻找的目的网络。于是不需要再找下一个路由器进行间接交付，R_1 将分组从接口 1 直接交付给主机 H_2(它们都在一个子网)。

路由器转发分组的算法如下：

(1) 从接收到的 IP 分组中取出目的 IP 地址 D。

(2) 判断是否为直接交付(用与路由器相连的各个网络的子网掩码和D逐位相“与”,看结果是否与相连的网匹配)。如果相匹配,则将分组直接交付(需将D转换成物理地址)。否则执行3。

(3) 若路由表中有目的地址为D的指明主机路由,则将数据报传送给路由表中所指明的下一跳路由器,否则执行4。

(4) 对路由表中的每一行(目的网络地址,子网掩码、下跳地址),将其中的子网掩码和D逐位相与,其结果为N。若N与该行的目的网络地址匹配,则将数据报传送给该行所指明的下一跳路由器,否则执行5。

(5) 若路由表中有默认路(default),则将数据报传送相应的下一跳路由器,否则执行6。

(6) 报告转发分组出错。

7.7　路由协议

路由器中的路由表如何建立?如何根据网络的变化进行更新?

1. 静态路由

静态路由由网络管理员设置并随时需要人工更新,网络管理员的工作负担重,容易出错,适应性差;简单,开销小,只适用于小型网络。

2. 动态路由

路由器运行过程中根据网络情况动态地维护和减轻了网络管理员的工作负担重;实时性好,适应性好;能够满足大型网络的需要;因要搜集网络运行状态,网络开销有所增加,实现也比较复杂。互联网中的路由器采用的都是动态路由。

动态路由(建立、维护、更新)需要借助路由协议来实现,路由协议有以下两大类:

(1) 全局路由协议依据完整的网络全局拓扑信息计算到达各个网络的最佳路径。因为该协议需要了解每条网络链路的状态,故也称其为链路状态路由协议(link state routing protocol,L-S)。路由计算在所有路由器中完成,运行L-S协议的每个路由器都要向所有路由器发送与自己相邻的路由器的链路状态信息,内容包括:路由器所连接的网络链路;该链路的状态:连通性、开销、速度、距离、时延等信息。通过互相通告链路状态,每个路由器最终都可以建立一个关于整个网络拓扑结构的数据库,再使用最短路算法计算出到达各网络的最佳路径。典型的链路状态路由协议是OSPF(open shortest path first)。

(2) 局部路由协议通过一系列重复的、分布的方式来计算最佳路径。每个路由器开始只知道与其直接相连的链路的信息。通过与相邻路由器的通信和一系列反复的计算,路由器可以逐渐获得到达某些网络的最佳路径信息。因为需要了解每条链路的距离,故也称其为距离矢量路由协议(distance vector routing protocol,D-V)。距离矢量路由协议

计算网络中链路的距离矢量，然后根据计算结果构造路由表。每一个路由器工作时会定期向相邻路由器发送消息，消息的内容就是自己的整个路由表，其中包括：目的网络的地址；到达目的网络的下一跳路由器地址；到达目的网络所经过的距离。运行距离矢量路由协议的路由器会根据相邻路由器发送过来的信息，更新自己的路由表。典型的距离矢量路由协议是 RIP(routing information protocol)。

一个理想的路由算法应具有如下一些特点：

(1) 算法必须是正确的和完整的。分组沿着各路由表所指引的路由一定能够到达目的网络和目的主机。

(2) 算法在计算上应简单。路由选择和计算不应使网络通信量增加太多的额外开销。

(3) 算法应能适应通信量和网络拓扑的变化，这就是说，要有自适应性，算法要能够根据网络通信量的变化自适应地改变路由，以均衡各链路的负载。

(4) 算法应具有稳定性。

(5) 算法应是公平的。算法应对所有用户(除对少数优先级高的用户外)都是平等的。例如，若使某一对用户的端到端时延为最小，但不考虑其他的广大用户，这就明显地不符合公平性的要求。

(6) 算法应是最佳的。所谓"最佳"只能是相对于某一种特定要求得出的较为合理的选择而已。

互联网被划分为许多自治系统(autonomous system，AS)，每个 AS 都是一个互联网络。

一个 AS 内的所有网络都属于一个组织或机构管辖并在本 AS 内是连通的，它有权自主地决定在本系统内采用何种路由选择协议。

根据路由协议是为 AS 内部的路由优化还是为 AS 之间的路由优化，互联网把路由协议分为两大类：内部网关协议(IGP)，如 RIP、OSPF 等；外部网关协议(EGP)，如 BGP(边界网关协议)，如图 7-24 所示。

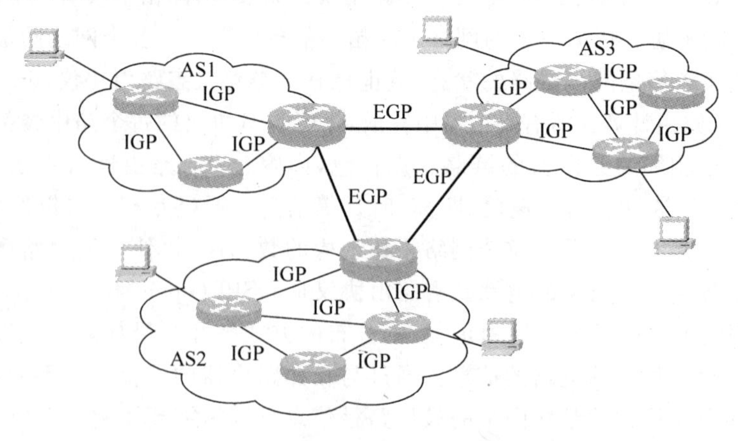

图 7-24 内部网关协议与外部网关协议

RIP(routing information protocol)协议是由施乐公司和加州大学共同开发的一种基于V-D算法思想路由协议程序，最初用于ARPANET，目前主要用在Internet、DECnet以及Novell网络中。RIP协议的报文有两类：更新报文和请求报文。更新报文用于相邻站点路由表的交换；请求报文用于路由器发现网上其他运行RIP协议的路由器。运行RIP协议的路由器通过更新定时器每隔30s就向它的邻居路由器用更新报文广播其路由表。RIP协议的路由代价度量值是到达目的地的跳步数。最大可用跳步数为15，跳步数为16意味着无效(或无穷大度量值)路由。

外部网关协议EGP和内部网关协议IGP是完全不同的，原因是它们的目的不同：IGP的主要目的是要维持AS内部所有路由器之间的最优路经，因此路由表主要包含本AS内的所有路由器。如果AS内部主机要与AS外部进行通信，则通过AS中的边界路由器与外界联系。而EGP的主要目的是维持AS之间的“可达性信息”，也就是说，外部网关协议EGP是用于两个自治系统AS之间的“可达性”路由信息的交换，它不关心也不会与AS内部的路由器交换路由信息。AS内部的路由表主要是由IGP自动生成与维护，而EGP的路由策略主要是通过人工配置，要考虑到政治、经济、军事、信息安全等方面的因素。EGP目前已进一步发展成为BGP(border gateway protocol)，以支持越来越复杂的网络结构，如非树形结构，并采用TCP传输路由信息。

本章小结

网络互联是实现计算机网络，充分利用信息资源的关键，实现网络互联需要根据所要连接的网络类型选择合适的硬件设备。这些设备包括中继器、集线器、网桥、交换机、路由器和网关。

路由器是使用最广泛的连接设备，它的主要功能包括路由选择和数据转发。不论是路由选择还是数据转发，路由器都需要了解与它相关联的网络结构信息，并将其储存在内部，这些信息保存在路由表中，并且需要不断更新，以反映网络的变化。

路由表的建立、维护和更新是依靠路由协议来实现的，路由协议包括内部网关协议和外部网关协议，其中内部网关协议用于自治网络系统AS内部，而外部网关协议用于AS与外部网络之间。

IP协议是网络互联的关键协议，每个主机都需要至少一个IP地址才能上网。IP地址是主机的标识。数据以IP数据报文的形式在网络中传输。

习题

1. 中继器、集线器、网桥、路由器和网关分别在哪个层次上实现网络互联？
2. 简述路由表条目的内容，以及路由器根据路由表转发数据的过程。
3. 简述 IP 地址是如何分类的。那些地址有什么特殊用途？
4. 简述 IP 报文的头部结构。
5. 举例说明子网的划分方法。

第8章 网络应用

本章关键词

域名系统 DNS(domain name system)
文件传输协议 FTP(file transfer protocol)
电子邮件(E-mail)
万维网 WWW(world wide web)
IP 电话(voice over IP)

本章要点

应用层处在网络体系结构的最高层,一个应用层协议用于解决某一类应用问题。通过本章的学习,了解应用层协议基于客户服务器模式,掌握广泛使用的域名系统、电子邮件和万维网等协议的工作机制和相关的协议。

随着计算机、通信和信息技术的发展与应用,人类正步入信息化社会。Internet 的作用越来越突出。目前,Internet 的应用领域不断扩大,它的各项功能越来越完善,人们应用它来更快、更好、更方便地共享信息,为各行各业服务。人们利用 Internet 通信、购物、娱乐,它的信息资源越来越广泛地渗入人们的日常生活中。Internet 必将对 21 世纪的人类生活产生深远的影响。

8.1 应用层概述

前面各章已讨论了计算机网络是如何提供完善的通信服务的,但没有讨论这些通信服务是如何提供给应用进程来使用的。本章将讨论各种应用进程通过什么应用层的协议来使用网络提供的通信服务。

应用层协议不是解决用户各种具体应用的协议,而是为最终用户提供服务。应用层处在体系结构的最高层,在应用层之上不存在其他的层。所以,应用层的任务不是为上层提供服务,而是直接面对用户。每个应用层协议都是为了解决某一类应用问题,而问题的解决又是通过位于不同主机中的多个进程之间的通信和协同工作来完成的。这些为了解决具体的应用问题而彼此通信的进程称为应用进程。应用层的具体内容就是规定应用进

程在通信时所遵循的协议。

应用层的许多协议都是基于客户/服务器方式的。这里所说的客户和服务器是指通信过程中所涉及的两个应用进程。客户服务器方式所描述的是两个进程之间服务和被服务的关系。主要特征是：客户是服务的请求方，服务器则是服务提供方。实际应用中，客户软件和服务器软件具有下列一些特点。

客户端软件的一般特性如下：

(1) 是一个任意的应用程序，在需要进行远程访问时临时成为客户，同时也做其他的本地计算。

(2) 直接被用户调用，在用户的 PC 机上运行，在需要通信时主动向服务器发起通信请求。

(3) 能支持所需的多重服务，但同时只与一个远程服务器进行主动通信。

(4) 不需要特殊的硬件和高级的操作系统的支持。

服务器软件的一般特性如下：

(1) 有专门用途，享有特权，专门用来提供某种服务，可同时处理多个远程客户的请求。

(2) 在系统初启时自动调用，不断运行许多遍。

(3) 在一台共享计算机上运行(即不是在用户的个人计算机上)；被动地等待来自任意客户的通信；接收来自任意客户的通信，但只提供一种服务。

(4) 需要强大的硬件和高级的操作系统的支持。

客户和服务器的通信关系一旦建立，通信就可以是双向的，客户和服务器都可以发送或者接收信息。大多数的应用进程都使用 TCP/IP 进行通信。

客户与服务器建立连接有两个主要步骤，即客户首先发起建立连接的请求，而服务器接收连接建立请求，以后就逐级使用下一层提供的服务，例如，应用层进程调用下层的 TCP 连接，而 TCP 又调用 IP 数据报，因此整个协议栈都要用到。

8.2 域名系统(DNS)

任何 TCP/IP 应用在网络层都是基于 IP 协议实现的，因此必然要涉及 IP 地址。但是，三十二位二进制长度的 IP 地址难以记忆，即使采用打点十进制表示也不具备太大的可记忆性。所以，应用程序很少直接使用 IP 地址来访问主机。

早在 ARPANET 时代，整个网络中只有几百台计算机，就使用了一个叫做 hosts. txt 的文件，列出了当时所有主机的名字和相应的 IP 地址。用户只要输入一个主机的名字，很快就能将它解析为机器能够识别的二进制 IP 地址。

采用更容易记忆的 ASCII 串符号来指代 IP 地址更为方便，这种特殊用途的 ASCII

串被称为域名。例如，人们很容易记住代表新浪网的域名“www.sina.com”，但是恐怕极少有人知道或者记得新浪网站的 IP 地址。

使用域名访问主机虽然方便，但却带来了一个新问题，即所有的应用程序在使用这种方式访问网络时，首先需要将这种以 ASCII 串表示的域名转换为 IP 地址，因为网络本身只认识 IP 地址。那么，如何解决域名和 IP 地址之间的映射问题呢？

域名与 IP 地址的映射在 20 世纪 70 年代由网络信息中心（NIC）负责完成，NIC 记录所有的域名地址和 IP 地址的映射关系，并负责将记录的地址映射信息分发给接入互联网的所有最低级域名服务器（仅管辖域内的主机和用户）。每台服务器上维护一个称之为 hosts.txt 的文件，记录其他各域的域名服务器及其对应的 IP 地址。NIC 负责所有域名服务器上 hosts.txt 文件的一致性。主机之间的通信直接查阅域名服务器上的 hosts.txt 文件。

但是，随着网络规模的扩大，接入网络的主机也不断增加，要求每台域名服务器都可以容纳所有的域名地址信息就变得极不现实，同时对不断增大的 hosts.txt 文件一致性的维护也浪费了大量的网络系统资源。

为了解决这些问题，提出了域名系统 DNS（domain name system），它通过分级的域名服务和管理功能提供了高效的域名解释服务。DNS 包括域及域名、主机、域名服务器三大要素。

8.2.1 域名

域（domain）是指由地理位置或业务类型而联系在一起的一组计算机构成的一种集合，一个域内可以容纳多台主机。在域中，所有主机由域名（domain name）来标识，而域名由字符和（或）数字组成，用于替代主机的数字化 IP 地址。当互联网的规模不断扩大时，域和域中所拥有的主机数目也随之增多，管理一个大而经常变化的域名集合就变得非常复杂，为此提出了一种分级的基于域的命名机制，从而得到了分级结构的域名空间。

域名空间的分级结构有点类似于邮政系统中的分级地址结构。在邮政系统中，名字管理通过要求信上写明收信人的国家、省、市或县街道地址，使用这种分级制的地址就不会把相同街道而不同城市的地址弄混。互联网采用了层次树状结构的命名方法，就像全球邮政系统和电话系统一样。采用这种命名方法，任何一个连接在互联网上的主机或路由器，都有一个唯一的层次结构的名字，即域名。这里，“域”是名字空间中一个范围划分。从概念上，互联网被分为几百个顶级域，而且还在增多。每个域被分成子域，所有的这些域是树形。树枝下面可以有树枝、树叶，树叶代表没有子域的域，并把它们命令为顶级域名、二级域名、三级域名……中间用点隔开。表示如下：

……．二级域．三级域．顶级域

例如,www.shu.edu.cn。

从1998年以后,非营利组织ICANN(国际互联网名称和地址分配组织)成为互联网的域名管理机构。

在涉及域名注册及管理等问题时,经常会遇到ICANN、InterNIC、CNNIC这些机构的名称缩写。

如图8-1所示,在域名空间的根域之下,被分为几百个顶级(top-level)域,其中每个域可以包括许多主机。还可以被划分为子域,而子域下还可以有更小的子域划分。域名空间的整个形状如一棵倒立的树,根不代表任何具体的域,树叶则代表没有子域的域,但这种叶子域可以包含一台主机或者成千上万台的主机。

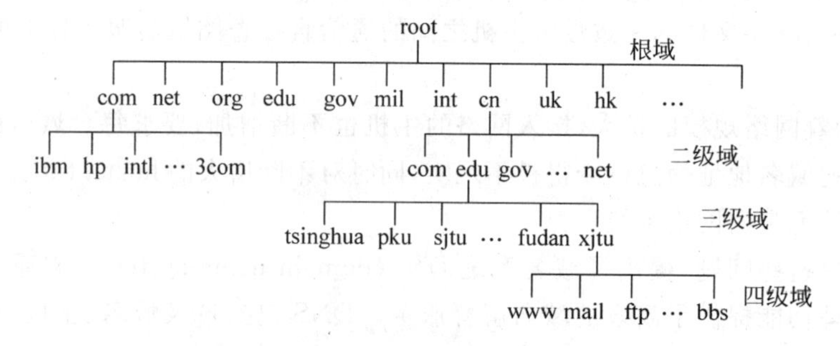

图8-1 域名分层结构

顶级域名由一般域名和国家级域名两大类组成。其中,一般域名最初只有六个域,即COM(商业机构)、EDU(教育单位)、GOV(政府部门)、MIL(军事单位)、NET(提供网络服务的系统)和ORG(非COM类的组织),后来又增加了一个为国际组织所使用的顶级域名INT;国家级域名是指代表不同国家的顶级域名,如CN表示中国、UK表示英国、FR表示法国、JP表示日本等。几乎所有的美国组织都处于一般域中,而几乎所有非美国的组织都列在其所在国的域下。

目前,顶级域名中又增加了aero(航空航天公司)、biz(商业公司)、coop(协作商业组织)、info(信息服务提供商)、museum(博物馆)、name(个人名字)和pro(专业组织)等。

采用分级结构的域名空间后,每个域就采用从节点往上到根的路径命名,一个完整的名字就是将节点所在的层到最高层的域名串起来,成员间由点分隔。例如,在图8-1中关于清华大学的域名就应表达为tsinghua.edu.cn。

域名对大小写不敏感,所以edu和EDU是一样的。成员名最多长达63个字符,路径全名不能超过255个字符。每个域都对分配在其下面的域存在控制权。要创建一个新的域,必须征得其所属域的同意。如果清华大学希望自己的域名为tsinghua.edu.cn,则需要向edu.cn的域管理者提出申请并获得批准。采取这种方式,就可以避免同一域中的名字冲突,并且每个域都记录自己的所有子域。一旦一个新的子域被创建和登记,则这个

子域还可以创建自己的子域而无须再征得它的上一级的同意，即采用分级管理的方式。例如，若清华大学想再为它的一个学院创建一个子域，这时就不需要再征得 edu.cn 的同意。

需要注意的是，域名只是一个逻辑概念，并不代表计算机所在的物理地点。

域的命名遵循的是组织界限，而不是物理网络。位于同一物理网络内的主机可以有不同的域，而位于同一域内的主机也可以属于不同的物理网络。

8.2.2　域名解析

在互联网中向主机提供域名解析服务的机器称为域名服务器或名字服务器。从理论上讲，一台名字服务器就可以包括整个 DNS 数据库，并响应所有的查询。但实际上这样 DNS 服务器就会由于负载过重而不能运行。于是，与分级结构的域名空间相对应，用于域名解析的域名系统 DNS 在实现上也采用了层次化模式，这类似于分布式数据库查询系统。

在互联网中，域名系统是整个互联网稳定运行的基础，域名根服务器则是整个域名体系最基础的支撑点，所有互联网中的网络定位请求都必须得到域名根服务器的权威认证。

每一个域名服务器不但能够进行一些域名到 IP 地址的解析，而且必须具有连接其他域名服务器的信息。这样，当自己不能进行域名到 IP 地址的解析时，就能够知道到什么地方去找别的域名服务器。

互联网上的域名服务器系统也是按照域名的层次来安排的。每一个域名服务器都只对域体系中的一部分进行管辖。现在有三种不同类型的域名服务器。

(1) 本地域名服务器。每一个互联网服务提供者 ISP 或一个部门都可以拥有一个本地域名服务器，当一个主机发出 DNS 查询报文时，这个查询报文就首先被送往该主机的本地域名服务器。

(2) 授权域名服务器。每一个主机都必须在授权域名服务器处注册登记。通常，一个主机的授权域名服务器就是它的本地 ISP 的一个域名服务器。实际上，为了更加可靠地工作，一个主机最好有至少两个授权域名服务器。许多域名服务器同时充当本地域名服务器和授权域名服务器。授权域名服务器总是能够将其管辖的主机名转换为该主机的 IP 地址。

(3) 根域服务器。目前全球共有 13 个域名根服务器。1 个为主根服务器，放置在美国，其余 12 个均为辅根服务器，其中 9 个放置在美国，欧洲 2 个，位于英国和瑞典，亚洲 1 个，位于日本。所有的根服务器均由美国政府授权的互联网名字与编号分配机构 ICANN 统一管理，负责全球互联网域名根服务器、域名体系和 IP 地址等的管理，根据与美国商务部达成的谅解备忘录进行运作。

另外，.COM 与.NET 服务器全球也有 13 个，其中，美国有 8 个，英国、瑞典、荷兰、日本和中国香港各有 1 个。

2006 年 12 月 19 日，中国网通集团宣布已与美国威瑞信(VeriSign)公司达成协议，将开通根域名中国镜像的服务器，今后中国网民访问.com 以及.net 网站时，域名解析将不

再由设置在境外的域名服务器提供服务，从而使长期以来在中国访问.com以及.net网站的安全性问题得到了保障，上网速度也得到了提升。

DNS服务器的功能如下：

(1) 能够直接处理域内的域名解析请求。

(2) 能够向其他DNS服务器发出查询请求，以处理对其他域的域名解析请求。

(3) 能够缓存对其他域的域名解析请求的结果。

域名解析使用UDP协议，其UDP端口号为53，域名服务器又叫名字服务器。提出DNS解析请求的主机与域名服务器之间采用客户机-服务器(C-S)模式工作。当某个应用程序需要将一个名字映射为一个IP地址时，应用程序调用一种名为解析器(resolver，参数为要解析的域名地址)的库过程，由解析器将UDP分组传送给本地DNS服务器上，由本地DNS服务器负责查找名字并将IP地址返回给解析器。解析器再把它返回给调用程序。本地DNS服务器以数据库查询的方式完成域名解析过程，并且采用了递归查询。递归查询的具体过程如下：

当解析器查询域名时，它把查询传递给本地的一台域名服务器。

首先，域名服务器在本地的内存缓冲区中搜索最近时间里解析的名称地址。如果本地缓冲区中找到了要解析的名称，则这台名字服务器可以提供客户机要求的IP地址。否则，名字服务器在本地静态表中搜寻，看是否在管理员录入的项中有主机名称对应的IP地址。如果要解析的名称存在于静态表中，名字服务器也向客户机发送相应的IP地址。如果以上两项都未解析出其对应的IP地址，则要求解析的域名为一远程域名。这台名字服务器会向根名称服务器查询。

根名称服务器向主机名称中指定的顶层域名称服务器搜寻，顶层域名服务器再向主机名称中指定的二层域名服务器搜寻，依次下去，直到要解析的名称全部解析完毕。能完全解析主机名称的第一台服务器将解析出的IP地址报告给客户机。

下面我们以一个具体的实例域名解析为IP地址的过程说明域名解析过程，如图8-2所示。

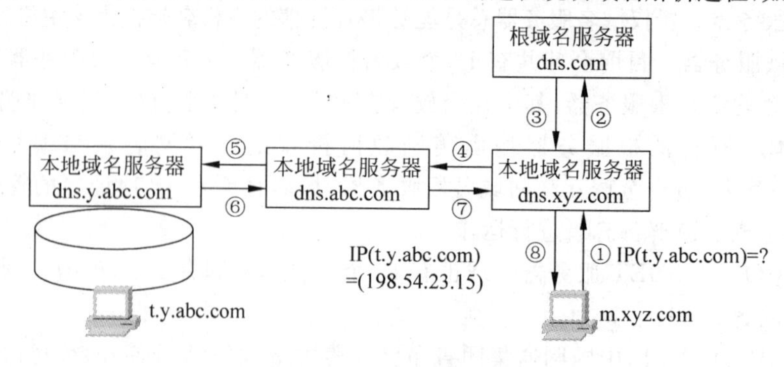

图8-2　域名解析过程

假定域名为 m. xyz. com 的主机想知道另一个域名为 t. y. abc. com 的主机的 IP 地址。于是向其本地域名服务器 dns. xyz. com 查询。由于查询不到，就向根域名服务器 dns. com 查询。根据被查询的域名中的“abc. com”再向授权域名服务器 dns. abc. com 发送查询报文，最后再向授权域名服务器 dns. y. abc. com 查询。以上的查询过程见图 8-2 中的①→②→③→④的顺序。得到结果后，按照图中的⑤→⑥→⑦→⑧的顺序将回答报文传送给本地域名服务器 dns. xyz. com。总共要使用 8 个 UDP 报文。这种查询方法叫做递归查询。

为了优化 DNS 的性能，每个 DNS 查询结果都有一个生存时间（time-to-live，TTL），表示查询结果在本地高速缓存中保留的时间，这样重复的域名就能在高速缓存中找到。这就是为什么我们有时候用浏览器中的刷新按钮能很快看到网页的原因，因为这时候用的是缓存的 IP 地址。

除了将域名解析为 IP 地址外，有时系统还可能需要将 IP 地址解析为域名，这时就需要名为 inaddr. arpa 的逆向域（reverse domains）。该域内的条目是按 IP 地址组织的，用于 IP 到域名的反向解析。

从上面的讨论中可以看出，DNS 服务实际上是一个递归的数据库查询过程，所以每一台 DNS 服务器都要维持一个关于域名和 IP 地址映射关系的数据库，这个数据库又称为 DNS 的资源记录（resource record）。

资源记录的数据格式形如“Domain_name Time_to_live Type Class Value”。即每一条资源记录共有 5 个字段，其中：

Domain_name（域名），指出这条记录所指向的域。通常，每个域有许多记录。

Time_to_live（生存时间），指出记录的稳定性。高度稳定的信息被赋予一个很大的值，变化很大的信息被赋予一个较小的值。

Type（类型），指出记录的类型。

Class（类别），对于 Internet 信息，它总是 IN。对于非 Internet 信息，则使用其他代码。

Value（值），这个字段可以是数字、域名或 ASCII 串。其语义基于记录类型。

DNS 具有下列特点：

(1) 有效性。多数名字可以进行本地解析，只有少数名字的解析需经过 Internet 传输。

(2) 可靠性。单台名字服务器的故障不会妨碍整个 DNS 系统正常工作。

(3) 通用性。DNS 不仅能解析主机域名，还能解析邮箱名、网络服务名。

(4) 分布式由分布在不同地点的一组名字服务器合作来完成名字解析。

8.3 电子邮件

电子邮件(electronic mail,E-mail)是互联网上最受欢迎也最为广泛的应用之一。电子邮件服务 E-mail 是一种通过计算机网络与其他用户进行联系的快速、简便、高效、廉价的现代化通信手段。电子邮件之所以受到广大用户的喜爱,是因为与传统通信方式相比,其具有以下明显的优点:

(1) 成本低。与传统的邮件系统相比,电子邮件费用很低。传统的国内特快专递需 20 元人民币,国际快递则更贵,而通过电子邮件将信件发送到国外,可能只需付几分钱的上网费。

(2) 速度快。电子邮件一般只需几秒钟就可以到达目的地,远比人工邮件传递速度要迅速,而且比较可靠。

(3) 安全与可靠性高。传统的邮件在投递过程中,有可能信件被损坏,而使用电子邮件则不必担心这一点。

(4) 可达到范围广。电子邮件可以到达互联网可达的任何地方,并且可以实现一对多的邮件传送,即可以一次同时向多人发出多个内容相同的邮件。

(5) 内容表达形式多样。电子邮件可以将文字、图像、语音等多种类型的信息集成在一个邮件中传送,因此它成为多媒体信息传送的重要手段。

8.3.1 电子邮件的格式

电子邮件是如何通过网络被发送和接收出去的呢?首先电子邮件要有自己规范的格式,就好像我们使用普通的邮政系统要遵循标准的邮件格式一样。

电子邮件的格式包括信封和内容两大部分,即邮件头(header)和邮件主体(body)两部分。邮件头包括收信人 E-mail 地址、发信人 E-mail 地址、发送日期、标题和发送优先级等,其中,前两项是必选的。邮件主体才是发件人和收件人要处理的内容。早期的电子邮件系统只能传递文本信息,而通过使用多用途互联网邮件扩展协议 MIME (multipurpose internet mail extensions),现在还可以发送语音、图像和视频等信息。对于 E-mail 主体不存在格式上的统一要求,但对信封即邮件头有严格的格式要求,尤其是 E-mail 地址。

E-mail 地址的标准格式为:＜收信人信箱名＞@主机域名。其中,收信人信箱名是指用户在某个邮件服务器上注册的用户标识,相当于是他的一个私人邮箱,其通常用收信人姓名的缩写来表示;@为分隔符,我们一般把它读为英文的 at;主机域名是指信箱所在的邮件服务器的域名。例如,xyz@mail. shu. edu. cn,表示在上海大学的邮件服务器上

的名为 xyz 的用户信箱。

图 8-3 是电子邮件格式与传统信件格式的对比。

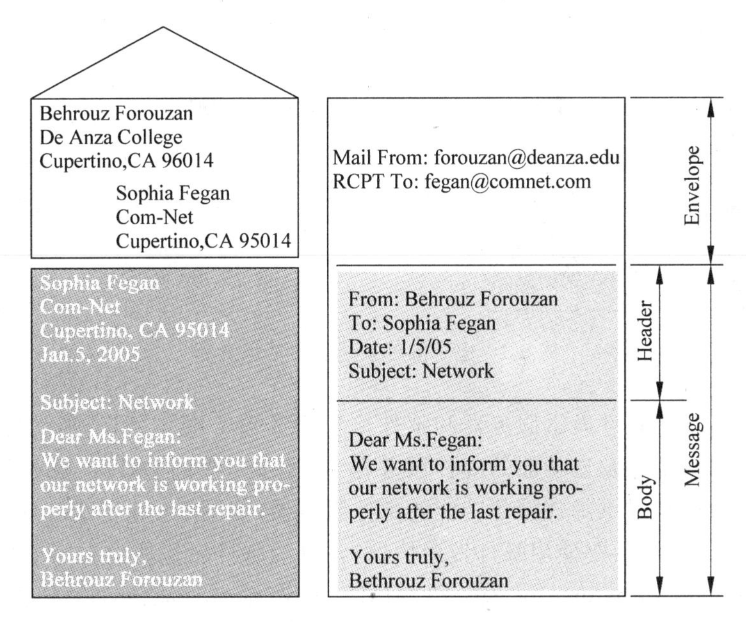

图 8-3 传统信件和电子邮件的格式对比

邮件头信息都由一些关键词引导。邮件正文则没有任何关键词引导,正文是用户编辑邮件时输入的。

邮件头中一些主要关键词的含义如下:

Received:接收邮件的路径、日期、时间以及邮件代理程序的版本号。

From:表示邮件发送者,包括邮件地址和发送方的姓名。

Date:发信时间。

Message-ID:由传输代理分配给该邮件的唯一标识。

To:收件人的电子邮件地址。

Subject:邮件主题,是发件人写的,告诉收件人该邮件的目的。

Content-type:邮件正文的类型,是文本格式还是 MIME 格式。

Cc:表示抄送,它是“Carbon copy”的缩写,意为“复写副本”,它用来指定那些将收到该邮件副本的人的邮件地址。

8.3.2 电子邮件系统

除标准的电子邮件格式外,电子邮件的发送与接收还要依托由用户代理、邮件服务器和邮件协议组成的电子邮件系统。图 8-4 给出了电子邮件系统的简单示意图。其中,用户代理运行在用户主机上的一个本地程序，它提供命令行方式、菜单方式或图形方式的界面来与电子邮件系统交互，允许人们读取和发送电子邮件，如 Outlook express 或 FoxMail 等。

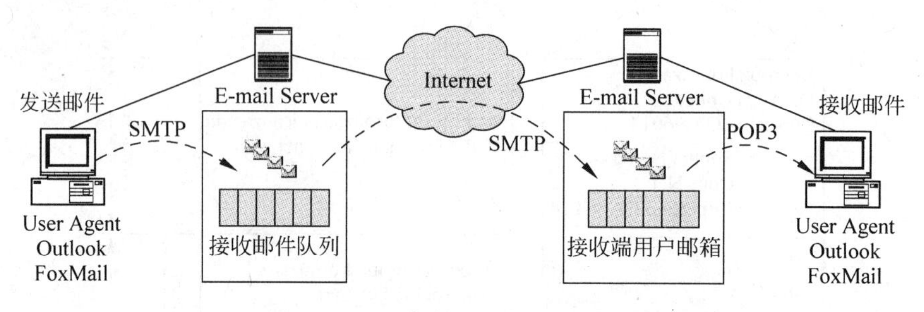

图 8-4　电子邮件系统的简单示意图

邮件服务器包括邮件发送服务器和邮件接收服务器。顾名思义，所谓邮件发送服务器是指为用户提供邮件发送功能的邮件服务器，如图 8-4 中的 SMTP 服务器；而邮件接收服务器是指为用户提供邮件接收功能的邮件服务器，如图 8-4 中的 POP3 服务器。

用户在发送邮件时，要使用邮件发送协议，常见的邮件发送协议有简单邮件传输协议 SMTP(simple mail transfer protocol)和 MIME 协议，前者只能传输文本信息，后者则可以传输包括文本、声音、图像等在内的多媒体信息。当用户代理向电子邮件发送服务器发送电子邮件时或邮件发送服务器向邮件接收服务器发送电子邮件时都要使用邮件发送协议。

用户从邮件接收服务器接收邮件时，要使用邮件接收协议，通常使用邮局协议 POP3 (post office protocol)，该协议由 RFC 1225 中定义，具有用户登录、退出、读取消息、删除消息的命令。POP3 的关键之处在于其能从远程邮箱中读取电子邮件，并将它存在用户本地的机器上以便以后读取。通常，SMTP 使用 TCP 的 25 号端口，而 POP3 则使用 TCP 的 110 号端口。

8.3.3　电子邮件的发送接收过程

我们看一个电子邮件发送和接收的具体实例。假定用户 XXX 使用“XXX@sina.com”作为发信人地址向用户 YYY 发送一个文本格式的电子邮件，该发信人地址所指向的邮件发送服务器为 smtp.sina.com.cn，收信人的 E-mail 地址为“YYY@163.net”。

首先，用户 XXX 在自己的机器上使用独立式的文本编辑器，文字处理程序或是用户代理内部的文本编辑器来撰写邮件正文，然后，使用电子邮件用户代理程序(如 Outlook express)完成标准邮件格式的创建，即选择创建新邮件图标，填写收件人地址、主题、邮件的正文、邮件的附件等。

一旦用户邮件发送图标之后,“用户代理程序”将用户的邮件传给负责邮件传输的程序,由其在 XXX 所用的主机和名为 smtp. sina. com. cn 的发送服务器之间建立一个关于 SMTP 的连接,并通过该连接将邮件发送至服务器 smtp. sina. com. cn。

发送方服务器 smtp. sina. com. cn 在获得用户 XXX 所发送的邮件后,根据邮件接收者的地址,在发送服务器与 YYY 的接收邮件服务器之间建立一个 SMTP 的连接,并通过该连接将邮件送至 YYY 的接收服务器。

接收方邮件服务器 smtp. 163. net 接收到邮件后,根据邮件接收者的用户名将邮件放到用户的邮箱中。在电子邮件系统中,为每个用户分配一个邮箱(用户邮箱)。例如,在基于 UNIX 的邮件服务系统中,用户邮箱位于/usr/spool/mail/目录下,邮箱标识一般与用户标识相同。

当邮件到达邮件接收服务器后,用户随时都可以接收邮件。当用户 YYY 需要查看自己的邮箱并接收邮件时,其首先要在自己的机器与邮件接收服务器 POP3. 163. net 之间建立一条关于 POP3 的连接,该连接也是通过系统提供的“用户代理程序”进行的。连接建立之后,用户就可以从自己的邮箱中“取出”邮件进行阅读、处理、转发或回复邮件等操作。

从上面的例子可以看出,电子邮件的“发送—传递—接收”是异步的,邮件在发送时并不要求接收者“在场”,邮件可存放在接收用户的邮箱中,接收者随时可以接收。

8.3.4　电子邮件的发送接收协议

SMTP(simple mail transfer protocol)即简单邮件传输协议,它是一组用于由源地址到目的地址传送邮件的规则,由它来控制信件的中转方式。SMTP 协议属于 TCP/IP 协议族,它帮助每台计算机在发送或中转信件时找到下一个目的地。通过 SMTP 协议所指定的服务器,我们就可以把 E-mail 寄到收信人的服务器上,整个过程只要几分钟。SMTP 服务器则是遵循 SMTP 协议的发送邮件服务器,用来发送或中转所发出的电子邮件。

POP3(post office protocol 3)即邮局协议的第 3 个版本,它规定怎样将个人计算机连接到 Internet 的邮件服务器和下载电子邮件的电子协议。它是互联网电子邮件的第一个离线协议标准,POP3 允许用户从服务器上把邮件存储到本地主机(即自己的计算机)上,同时删除保存在邮件服务器上的邮件,而 POP3 服务器则是遵循 POP3 协议的接收邮件服务器,用来接收电子邮件的。

8.4　万维网

万维网(world wide web,WWW)是一种特殊的结构框架,其目的是方便地服务互联网上数以百万计的计算机的信息浏览。它使用超文本标记语言(HTML)以及超文本传输协议(HTTP)。

8.4.1 万维网概述

万维网起源于1989年欧洲粒子物理研究室(CERN),其目的是收集时刻变化的报告、蓝图、绘制图、照片和其他文献。链接文档的万维网Web的最初计划是由CERN的物理学家Tim Berners-Lee于1989年3月提出的。1993年2月,第一个图形界面的浏览器开发成功,1995年著名的Netscape Navigator浏览器上市。目前使用最广泛的浏览器是Navigator和Internet Explorer。

WWW由遍布在互联网中的被称为WWW服务器(又称为Web服务器)的计算机组成。Web是一个容纳各种类型信息的集合,从用户的角度看,万维网由庞大的、世界范围的文档集合而成,简称为页面(page)。页面具有严格的格式,页面是用超文本标识语言HTML(hyper text markup language)写成的,存放在Web服务器上。每一页面可以包含世界上任何地方的其他相关页面的超链接(hyperlink),这种能够指向其他页面的页面称为超文本(hypertext)。用户可以跟随一个超链接到其所指向的其他页面,并且这一过程可以被无限制地重复。通过这种方法可浏览无数的互相链接的信息。

浏览器是一个交互式应用程序。用户使用浏览器总是从访问某个主页(homepage)开始的,浏览器读取服务器上的某个页面,如图8-5所示,并以适当的格式在屏幕上显示页面内容。页面一般由标题和正文等信息组成。页中包含了超链接,超链接一般会以突出的方式显示,当用户的鼠标指针移动到超链接上时,点击鼠标可以指向另外的页,浏览器就会显示新的页面,这样就可以查看大量的信息。

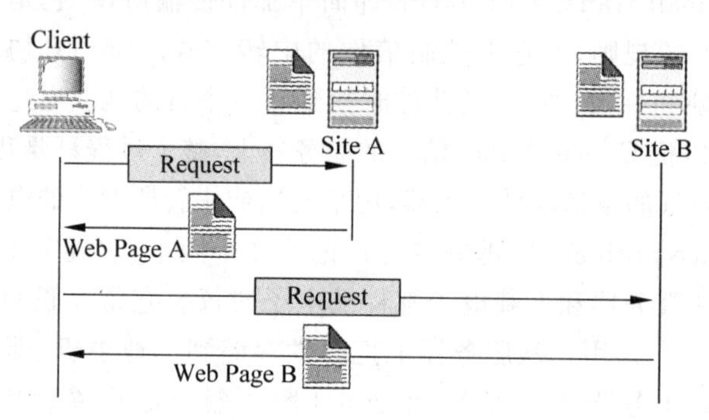

图8-5 浏览器实现互联网资源的访问

8.4.2 HTML语言

WWW服务器上的页面是用超文本标记语言编写的。HTML是ISO标准8879——标准通用标识语言SGML(standard generalized markup language)在万维网上的应用。所谓标识语言就是格式化的语言,存在于WWW服务上的页,就是由HTML描述的。它使用一些约定的标记对WWW上的各种信息(包括文字、声音、图形、图像、视频等)、格式

以及超级链接进行描述。当用户浏览 WWW 上的信息时，浏览器会自动解释这些标记的含义，并将其显示为用户在屏幕上所看到的网页。

HTML 实际上是加入了许多被称为链接标签(tag)的特殊字符串的普通文本文件。从结构上讲，HTML 文件由许多种元素(element)组成，这些元素用于组织文件的内容和指导文件的输出格式。绝大多数元素是"容器"，即它有起始标记和结尾标记。元素的起始标记叫做起始链接标签(start tag)，元素的结束标记叫做结尾链接标签(end tag)，在起始链接标签和结尾链接标签中间的部分是元素体。

一个 HTML 文本包括文件头(Head)、文件(Body)主体两部分。其结构如下所示：

```
<HTML>
        <HEAD>
        </HEAD>
        <BODY>
        </BODY>
</HTML>
```

其中，<HTML>表示页的开始，</HTML>表示页结束，它们是成对使用的。<HEAD>表示头开始，</HEAD>表示头结束；<BODY>表示主体开始，</BODY>表示主体结束，它们之间的内容才会在浏览器的正文中显示出来。

8.4.3　统一资源定位符 URL

我们已经知道 WWW 是以页面的形式来组织信息的，那么怎样来识别不同的页面？怎样才能知道页面在哪个位置？如何访问页面呢？为了解决这些问题，WWW 采用了统一资源定位符 URL(uniform resource locator)的方法。

URL 是在互联网上唯一确定资源位置的方法，其基本格式如下：

协议：//主机域名：端口/资源文件名

其中，协议(protocol)用来指明资源类型，除 WWW 用的 HTTP 协议之外，还可以是 FTP、TELNET 等；主机域名表示资源所在机器的 DNS 名字；端口缺省值是 80，所以常省略；资源文件名用以提出资源在所在机器上的位置，包含路径和文件名，通常为"目录名/目录名/文件名"，也可以不含有路径。

例如，清华大学的 WWW 主页的 URL 就表示为

http：//www.tsinghua.edu.cn

http：//www.tsinghua.edu.cn/docsn/lxy 则是清华大学理学院的主页的 URL

在输入 URL 时，资源类型和服务器地址不分字母的大小写，但目录和文件名则可能区分字母的大小写。这是因为大多数服务器安装了 UNIX 操作系统，而 UNIX 的文件系统是区分文件名的大小写的。

8.4.4 HTTP 协议

超文本传输协议 HTTP 是用来在浏览器和 WWW 服务器之间传送超文本的协议。HTTP 协议由两个相当明显的项组成：从浏览器到服务器的请求集和从服务器到浏览器的应答集。

HTTP 协议是一种面向对象的协议，为了保证 WWW 客户机与 WWW 服务器之间的通信不会产生二义性，HTTP 精确定义了请求报文和响应报文的格式。HTTP 会话过程包括以下四个步骤：连接、请求、应答、关闭。

WWW 以客户机/服务器(client/server)的模式进行工作。运行 WWW 服务器程序并提供 WWW 服务的机器称为 WWW 服务器。在客户端，用户通过一个被称为浏览器的交互式程序来获得 WWW 信息服务。

对于每个 WWW 服务器站点都有一个服务器监听 TCP 的 80 端口(80 为 HTTP 缺省的 TCP 端口)，看是否有从客户端(通常是浏览器)过来的连接。当客户端的浏览器在其地址栏里输入一个 URL 或者单击 WEB 页上的一个超链接时，WEB 浏览器就要检查相应的协议，以决定是否需要重新打开一个应用程序，同时对域名进行解析，以获得相应的 IP 地址。然后，以该 IP 地址并根据相应的应用层协议即 HTTP 所对应的 TCP 端口与服务器建立一个 TCP 连接。连接建立之后，客户端的浏览器使用 HTTP 协议中的"GET"功能向 WWW 服务器发出指定的 WWW 页面请求，服务器收到该请求后将根据客户端所要求的路径和文件名使用 HTTP 协议中的"PUT"功能将相应的 HTML 文档回送到客户端。如果客户端没有指明相应的文件名，则由服务器返回一个缺省的 HTML 页面。页面传送完毕则中止相应的会话连接。

下面我们以一个具体的例子来说明 Web 服务的实现过程。假设有用户要访问清华大学主页 Http:// www. tsinghua. edu. cn/qhdwzy/yxsz. jsp，则浏览器与服务器的信息交互过程如下：

(1) 浏览器确定 URL。

(2) 浏览器向域名服务器 DNS 获取 Web 服务器 www. tsinghua. edu. cn 的 IP 地址。

(3) DNS 解析出清华大学的 IP 地址为 166. 111. 4. 100。

(4) 浏览器和 IP 地址为 166. 111. 4. 100 服务器的 80 端口建立一条 TCP 连接。

(5) 浏览器执行 HTTP 协议，发送 GET /qhdwzy/yxsz. jsp 命令，请求读取该文件。

(6) www. tsinghua. edu. cn 服务器返回 qhdwzy/yxsz. jsp 文件到客户端。

(7) 释放 TCP 连接。

(8) 浏览器显示 qhdwzy/yxsz. jsp 中的所有正文和图像。

自 WWW 服务问世以来，其已取代电子邮件服务成为互联网上最为广泛的服务。除了普通的页面浏览外，WWW 服务中的浏览器/服务器(brower/server，简称 B/S)模式还

取代了传统的 C/S 模式网络数据库工作模式，被广泛用于网络数据库应用开发中。

8.5 FTP 协议

在网络上常常需要将一台计算机上的文件复制到另一台计算机上，这就是文件传输服务。文件传输协议 FTP 是用于在 TCP/IP 网络上两台计算机间进行文件传输的协议，其位于 TCP/IP 协议栈的应用层，也是最早用于互联网上的协议之一。FTP 允许在两个异构体系之间进行 ASCII 码或 EBCDIC 码（扩充的二进制码十进制转换）字符集的传输，这里的异构体系是指采用不同操作系统的两台计算机。

与大多数的互联网服务一样，FTP 使用客户机-服务器模式，即由一台计算机作为 FTP 服务器提供文件传输服务，而由另一台计算机作为 FTP 客户端提出文件服务请求并得到授权的服务。FTP 服务器与客户机之间使用 TCP 作为实现数据通信与交换的协议。然而与其他客户/服务器模型不同的是，FTP 客户与服务器之间建立的是双重连接，一个是“控制连接”(control connection)，另一个是“数据传送连接”(data transfer connection)。控制连接传送命令，告诉服务器将传送哪个文件，如图 8-6 所示。数据传送连接也使用 TCP 作为传输协议，传送所有数据。

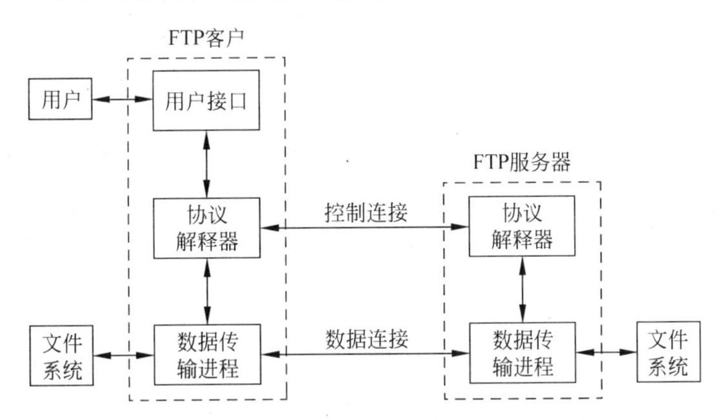

图 8-6 FTP 客户与服务器之间的两个 TCP 连接

在 FTP 的服务器上，只要启动了 FTP 服务，则总是有一个 FTP 的守护进程在后台运行，以随时准备对客户端的请求作出响应。当客户端需要文件传输服务时，其将首先设法打开一个与 FTP 服务器之间的控制连接，在连接建立过程中服务器会要求客户端提供合法的登录名和密码。在许多情况下，可以使用匿名登录，即采用“anonymous”为用户名。

一旦该连接被允许建立，其相当于在客户机与 FTP 服务器之间打开了一个命令传输

的通信连接，所有与文件管理有关的命令将通过该连接被发送至服务器端执行。该连接在服务器端使用 TCP 端口号的缺省值为 21，并且该连接在整个 FTP 会话期间一直存在。每当请求文件传输即要求从服务器复制文件到客户机时，服务器将再形成另一个独立的通信连接，该连接与控制连接使用不同的协议端口号，缺省情况下在服务器端使用 20 号 TCP 端口，所有文件可以 ASCII 模式或二进制模式通过该数据通道传输。

一旦客户请求的一次文件传输完毕则该连接就要被拆除，新一次的文件传输需要重新建立一条数据连接。但前面所建立的控制连接则被保留，直至全部的文件传输完毕客户端请求退出时才会被关闭。

用户可以使用 FTP 命令来进行文件传输，这称为交互模式。当用户交互使用 FTP 时，FTP 发出一个提示，用户输入一条命令，FTP 执行该命令并发出下一提示。FTP 允许文件沿任意方向传输，即文件可以上传与下载。在交互方式下，也提供了相应的文件上传与下载的命令。

FTP 有文本方式和二进制方式两种文件传输类型，所以用户在进行文件传输之前，还要选择相应的传输类型：根据远程计算机文本文件所使用的字符集是 ASCII 或 EBCDIC，用户可以用 ASCII 或 EBCDIC 命令来指定文本方式传输；所有非文本文件，例如，声音剪辑或者图像等都必须用二进制方式传输，用户输入 binary 命令可将 FTP 置成二进制模式。如我们在 Windows 2000 操作系统下可使用如下形式的 FTP 命令：

```
FTP [-d-g-i-n-t-v][host]
```

其中，host 代表主机名或者主机对应的 IP 地址；参数 d 表示允许调试；g 表示不允许在文件名中出现“*”和“?”等通配符；i 表示多文件传输时，不显示交互信息；n 表示不利用 $HOME/netrc 文件进行自动登录；t 表示允许分组跟踪；v 表示所有从远程服务器上返回的信息；“[]”表示其中的内容为命令的可选参数。

用户输入 FTP 命令如“ftp 10.50.8.3”后，屏幕就会显示“FTP >”提示符，表示用户进入 FTP 的工作模式，在该模式下用户可输入 FTP 操作的子命令。常见的 FTP 子命令及其功能如下：

ASCII：进入 ASCII 方式，传送文本文件。

BINARY：传送二进制文件，进入二进制方式。

BYE 或 QUIT：结束本次文件传输，退出 FTP 程序。

CD dir：改变远地当前目录。

LCD dir：改变本地当前目录。

DIR 或 LS [remote-dir] [local-file]：列表远地目录。

GET remote-file [local-file]：获取远地文件。

MGET remote-files：获取多个远地文件，可以使用通配符。

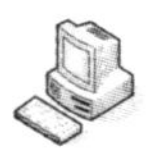

PUT local-file [remote-file]：将一个本地文件传递到远地主机上。

MPUT local-files：将多个本地文件传到远地主机上，可用通配符。

DELETE remote-file：删除远地文件。

MDELETE remote-files：删除远地多个文件。

MKDIR dir-name：在远地主机上创建目录。

RMDIR dir-name：删除远地目录。

OPEN host：与指定主机的FTP服务器建立连接。

CLOSE：关闭与远地FTP程序的连接。

PWD：显示远地当前目录。

STATUS：显示FTP程序的状态。

USER user-name [password] [account]：向FTP服务器表示用户身份。

另外，有许多工具软件被开发出来用于实现FTP的客户端功能，如NetAnts、Cute FTP等。此外，Internet Explorer和Netscape Navigator也提供FTP客户软件的功能。这些软件的共同特点是采用直观的图形界面，通常还实现了文件传输过程中的断点再续和多路传输功能。

FTP有以下几个特点：

(1) 客户与服务器的控制进程使用一个TCP连接，数据传输进程使用单独的TCP连接。

(2) 控制连接在整个会话期间保持不变，只要FTP会话保持运行，控制进程和控制连接就一直存在，一旦控制连接消失，会话即终止，两端软件将终止所有的数据传输进程。

(3) 数据传输进程和数据传输连接可在需要时动态创建，每次为文件传输建立一个新的数据传输连接。实际上每当一个文件在客户和服务器之间传输时，就创建一对新的数据传输进程以及一个新的TCP数据传输连接。

(4) 对于操作系统不支持多进程的机器，只使用一个应用进程完成数据传输和控制功能，但是仍需要使用多个TCP连接，一个用于控制，其他的用于数据传输，牺牲了通用性。

客户最初连接到服务器时，使用一个任意分配的本地协议端口号，与服务器的一个熟知端口(21)联系。只使用一个协议端口的服务器可接受多个客户的连接，因为TCP用连接两端来识别一个连接。

8.6 远程登录

远程登录(remote login)是Internet上最广泛的应用之一。我们可以先登录到一台主机，然后再通过网络远程登录到任何其他一台网络主机上去，而不需要为每一台主机连接一个硬件终端(当然必须有登录账号)。

在 TCP/IP 网络上,有两种应用提供远程登录功能:

(1) Telnet 是标准的提供远程登录功能的应用,几乎每个 TCP/IP 的实现都提供这个功能。它能够运行在不同操作系统的主机之间。Telnet 通过客户进程和服务器进程之间的选项协商机制,确定通信双方可以提供的功能特性。

(2) Rlogin 起源于伯克利 UNIX,开始它只能工作在 UNIX 系统之间,现在已经可以在其他操作系统上运行。

Telnet 是一种最老的 Intenet 应用,起源于 1969 年的 ARPANET,它的名字是“电信”。

Telnet 客户进程同时与终端用户和 TCP/IP 协议模块进行交互。通常我们所键入的任何信息的传输是通过 TCP 连接,连接的任何返回信息都输出到终端上。

Telnet 服务器进程经常要和一种叫做“伪终端设备”(pseudo-terminal device)打交道,至少在 UNIX 系统下是这样的。这就使得对于登录外壳(shell)进程来讲,它是被 Telnet 服务器进程直接调用的,而且任何运行在登录外壳进程处的程序都感觉是直接和一个终端进行交互。对于像满屏编辑器这样的应用来讲,就像直接在和终端打交道一样。

Telnet 协议是一个简单的远程终端协议,可以工作在任何主机(例如,任何操作系统)或任何终端之间。RFC 854 定义了该协议的规范,其中还定义了一种通用字符终端叫做网络虚拟终端 NVT(network virtual terminal)。Telnet 能将用户的击键传到远程主机,也能把远程主机的输出通过 TCP 连接返回到用户屏幕。这种服务是透明的,用户感觉到好像键盘和显示器是直接连在远程主机上。

NVT 是虚拟设备,连接的双方,即客户机和服务器,都必须把它们的物理终端和 NVT 进行相互转换。也就是说,不管客户进程终端是什么类型,操作系统必须把它转换成 NVT 格式。同时,不管服务器进程的终端是什么类型,操作系统必须能够把 NVT 格式转换成终端所能够支持的格式。

NVT 是带有键盘和打印机的字符设备。用户击键产生的数据被发送到服务器进程,服务器进程回送的响应则输出到打印机上。默认情况下,用户击键产生的数据是发送到打印机上的,但是我们可以看到这个选项是可以改变的。

术语 NVT ASCII 代表 7 比特的 ASCII 字符集,网间网协议族都使用 NVT ASCII。每个 7 比特的字符都以 8 比特格式发送,最高位比特为 0。行结束符以 2 个字符 C R(回车)和紧接着的 L F(换行)这样的序列表示,以\r\n 来表示。单独的一个 C R 也是以两个字符序列来表示的,它们是 CR 和紧接着的 NUL(字节 0),以\r\0 表示。FTP、SMTP 等协议都以 NVT ASCII 来描述客户命令和服务器的响应。

虽然我们可以认为 Telnet 连接的双方都是 NVT,但实际上 Telnet 连接双方首先进行交互的信息是选项协商数据。选项协商是对称的,也就是说,任何一方都可以主动发送选项协商请求给对方。

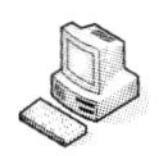

对于任何给定的选项，连接的任何一方都可以发送下面四种请求的任意一个请求。

(1) DO(选项代码)：表示要求对方执行该选项。

WILL(选项代码)：同意执行该选项。

(2) DO(选项代码)：表示要求对方执行该选项。

WON'T(选项代码)：不同意执行该选项，状态不变。

(3) WILL(选项代码)：表示我想执行该选项。

DO(选项代码)：同意执行该选项。

(4) WILL(选项代码)：表示我想执行该选项。

DON'T(选项代码)：不同意执行该选项，状态不变。

WON'T(选项代码)：证实状态不变。

以上的 WELL、WON'T、DO、DON'T 都是 Telnet 的协商命令，它们的十进位值是128～254。Telnet 将 255 的代码规定为 IAC，意思是解释命令。凡是出现在 IAC 之后的一个字节就是 Telnet 的命令。

由于 Telnet 规则规定，对于激活选项请求(如 1 和 2)，有权同意或者不同意。而对于使选项失效请求(如 3 和 4)，必须同意。

Telnet 的选项协商机制和 Telnet 协议的大部分内容一样，是对称的。连接的双方都可以发起选项协商请求。但我们知道，远程登录不是对称的应用。客户进程完成某些任务，而服务器进程则完成其他一些任务。下面我们将看到，某些 Telnet 选项仅仅适合于客户进程(如要求激活行模式方式)，某些选项则仅仅适合于服务器进程。

有些选项不是仅仅用"激活"或"禁止"就能够表达的。指定终端类型就是一个例子，客户进程必须发送用一个 ASCII 字符串来表示终端类型。为了处理这种选项，我们必须定义子选项协商机制。

在 RFC 1091 中定义了如何表示终端类型这样的子选项协商机制。首先连接的某一方(通常是客户进程)发送 3 个字节的字符序列来请求激活该选项。

```
<IAC, WILL, 24>
```

这里的 24(十进制)是终端类型选项的 ID 号。如果收端(通常是服务器进程)同意，那么响应数据是

```
<IAC, DO, 24>
```

然后服务器进程再发送如下的字符串：

```
<IAC, SB, 24, 1, IAC, SE>
```

该字符串询问客户进程的终端类型。其中，SB 是子选项协商的起始命令标志。下一个字节的"24"代表这是终端类型选项的子选项(通常 SB 后面的选项值就是子选项所

要提交的内容)。下一个字节的“1”表示“发送你的终端类型”。子选项协商的结束命令标志也是IAC,就像SB是起始命令标志一样。如果终端类型是ibm pc,客户进程的响应命令将是

```
<IAC, SB, 24, 0'I', 'B', 'M', 'P', 'C', IAC, SE>
```

第4个字节“0”代表“我的终端类型是”(在Assigned Numbers RFC文档中有正式的关于终端类型的数值定义,但是最起码在UNIX系统之间,终端类型可以用任何对方可理解的数据进行表示,只要这些数据在termcap或者terminfo数据库中有意义)。在Telnet子选项协商过程中,终端类型用大写表示,当服务器收到该字符串后会自动转换为小写字符。

对于大多数Telnet的服务器进程和客户进程,共有四种操作方式。

1. 半双工

这是Telnet的默认方式,但现在却很少使用。NVT默认是一个半双工设备,在接收用户输入之前,它必须从服务器进程获得GO AHEAD(GA)命令。用户的输入在本地回显,方向是从NVT键盘到NVT打印机,所以客户进程到服务器进程只能发送整行的数据。

虽然该方式适用于所有类型的终端设备,但是它不能充分发挥目前大量使用的支持全双工通信的终端功能。RFC 857定义了ECHO选项,RFC 858定义了SUPPRESS GO AHEAD(抑制继续进行)选项。如果联合使用这两个选项,就可以支持下面将讨论的方式:带远程回显的一次一个字符的方式。

2. 一次一个字符方式

这与前面的Rlogin工作方式类似。我们所键入的每个字符都单独发送到服务器进程。服务器进程回显大多数的字符,除非服务器进程端的应用程序去掉了回显功能。该方式的缺点也是显而易见的。当网络速度很慢,而且网络流量比较大的时候,回显的速度也会很慢。虽然如此,但目前大多数Telnet实现都把这种方式作为默认方式。

我们将看到,如果要进入这种方式,只要激活服务器进程的SUPPRESS GO AHEAD选项即可。这可以通过由客户进程发送DO SUPPRESS GO AHEAD(请求激活服务器进程的选项)请求完成,也可以通过服务器进程给客户进程发送WILL SUPPRESS GO AHEAD(服务器进程激活选项)请求来完成。服务器进程通常还会跟着发送WILL ECHO,以使回显功能有效。

3. 一次一行方式

该方式通常叫做准行方式(kludge line mode),该方式的实现是遵照RFC 858的。该RFC规定:如果要实现带远程回显的一次一个字符方式,ECHO选项和SUPPRESS

GO AHEAD 选项必须同时有效。准行方式采用这种方式来表示当两个选项的其中之一无效时，Telnet 就是工作在一次一行方式。

4. 行方式

我们用这个术语代表实行方式选项，这是在 RFC 1184 中定义的。这个选项也是通过客户进程和服务器进程进行协商而确定的，它纠正了准行方式的所有缺陷。目前比较新的 Telnet 实现支持这种方式。

8.7　多媒体传输

随着互联网技术的发展，用户对传送的信息有了不同的要求。一些用户开始利用互联网传送多媒体信息。使用电路交换的公用电话网来传送多媒体信息早已是相当成熟的技术，如电话会议、视频会议。使用电路交换的好处是连接一经建立，经过压缩处理的多媒体信息在电话线路上的传输质量就有保证。然而，美中不足的是，向电信公司租用电话线路的价格太高了。

用互联网传输多媒体信息可以解决价格问题，但如何在非电路交换的互联网上解决多媒体信息传输呢？流媒体技术的出现，在一定程度上使互联网传输音视频难的局面得到改善。

8.7.1　多媒体信息的特点

多媒体信息与不包括图像和声音的信息相比有下面的特点：

第一，多媒体信息的信息量通常很大。打电话的声音信息，如果采用标准的 PCM 编码，用 8kHz 的速率采样，每一个采样脉冲用 8bit 编码，则得到的声音信号的数据率是 64kb/s，已经大于常用的调制调解器的支持速率 56kb/s，而对于高质量的立体声音乐 CD 信息，数据率要超过 1.4Mb/s。

再看一下数码相机照出来的相片，如果分辨率设置为 1280 * 960，这样的相片只是中等质量，则相片的像素是 1 228 800 个，每个像素用 24bit 编码，则这张相片需要 29 491 200bit，约合 3.52MB。

活动的图像的信息量更大。例如，要不加压缩地传送彩色电视信号，则数据率要超过 250 MB/s。

第二，在传输多媒体信息时，对时延和时延抖动均有较高的要求。在传输多媒体数据时，多媒体数据往往是实时数据，即在发送数据的同时在接收端边接收边播放，这对时延和时延抖动均有较高的要求。分组太晚的到达是难以忍受的。

服务质量(quality of service，QoS)是服务性能的总效果，此效果决定了一个用户对服务的满意程度。因此，在最简单的意义上，有服务质量的服务就是能够满足用户的应用

需求的服务。我们为什么需要服务质量?

互联网为满足人们不断增长的各种需要而发生着变化,声音和视频信息像其他数据信息一样,也成为比特流的传输,这就对带宽提出了新的要求。应用的形式有实时应用和非实时应用之分。比如,电话就是实时应用,我们希望立刻就能听到对方的声音,传输的时间越少越好,而网际协议 IP 提供的服务是“尽最大努力交付”。现在的网络应用如流媒体、IP 电话、电子商务要求网络提供除了“尽最大努力交付”之外的更高的服务保证。比如,延迟、延迟抖动、带宽、包缺失、可用性。这些参数就是 QoS 的基本内容。一个能够提供不同级别服务的网络常叫做支持质量服务。

互联网上传送的信号都是数据信号,模拟的多媒体信号只有经过模数转换之后才将一定的比特组装成分组。这些分组进入互联网的速率也是恒定的。但传统的互联网本身是非等时的,这是因为在使用 IP 协议的互联网中,每一个分组是独立地选择路由,因而这些分组在接收端的到达速率一般都会变成非恒定的。如果在接收端将对这些非恒定速率到达的分组边接收边还原,那么一定会产生很大的失真。

为解决这个问题,可以采用在接收端设置适当大小的缓存,当缓存中的分组达到一定的数量后再以恒定速率按顺序将这些分组读出进行还原播放,从而消除了由非恒定速率产生的抖动,又可以避免长时间的下载过程,而满足一定的实时性。

过去的网络传输音视频等多媒体信息的方式是完全下载后再播放(大的缓存),下载常常要花数分钟甚至数小时。而采用流媒体技术,就可实现流式传输,将声音、影像或动画由服务器向用户计算机进行连续不间断的传送,用户不必等到整个文件全部下载完毕,而只需经过几秒或十几秒的启动延时即可进行观看。当声音视频等在用户的机器上播放时,文件的剩余部分还会从服务器上通过采用小的可重复使用的缓存继续下载。

如果将文件传输看做是一次接水的过程,过去的传输方式就像是对用户作了一个规定,必须等到一桶水接满才能使用它,这个等待的时间自然要受到水流量大小和桶的大小的影响。而流式传输则是,打开水龙头,等待一小会儿,水就会源源不断地流出来,而且可以随接随用。因此,不管水流量的大小,也不管桶的大小,用户都可以随时用上水。从这个意义上看,“流媒体”这个词是非常形象的。缓存实际上就是一个先进先出的队列,缓存中数据排队的时间构成了播放时延。播放时延在一定程度上消除了时延的抖动,但在传送敏感的实时数据时,传输时延不能太大。

流式传输技术又分两种:一种是顺序流式传输;另一种是实时流式传输。顺序流式传输是顺序下载,在下载文件的同时用户可以观看,但是,用户的观看与服务器上的传输并不是同步进行的,用户在一段延时后才能看到服务器上传出来的信息,或者说用户看到的总是服务器在若干时间以前传出来的信息。在这一过程中,用户只能观看已下载的那部分,而不能要求跳到还未下载的部分。顺序流式传输比较适合高质量的短片段,因为它可以较好地保证节目播放的最终质量。它适合于在网站上发布的供用户点播的音视频

节目。

在实时流式传输中,音视频信息可被实时观看。在观看过程中用户可快进或后退,以观看前面或后面的内容,但是在这种传输方式中,如果网络传输状况不理想,则收到的信号效果会比较差。

8.7.2 实时传输协议

在运用多媒体技术时,音视频文件要采用相应的格式,不同格式的文件需要用不同的播放器软件来播放,所谓"一把钥匙开一把锁"。目前,采用流媒体技术的音视频文件主要有以下三种软件。

一是微软的 ASF(advanced stream format)。这类文件的后缀是.asf 和.wmv,与它对应的播放器是微软公司的"Media Player"。用户可以将图形、声音和动画数据组合成一个 ASF 格式的文件,也可以将其他格式的视频和音频转换为 ASF 格式,而且用户还可以通过声卡和视频捕获卡将诸如麦克风、录像机等外设的数据保存为 ASF 格式。

二是 RealNetworks 公司的 RealMedia,它包括 RealAudio、RealVideo 和 RealFlash 三类文件。其中,RealAudio 用来传输接近 CD 音质的音频数据,RealVideo 用来传输不间断的视频数据,RealFlash 则是 RealNetworks 公司与 Macromedia 公司联合推出的一种高压缩比的动画格式。这类文件的后缀是.rm,文件对应的播放器是"realPlayer"。

三是苹果公司的 QuickTime。这类文件扩展名通常是.mov,它所对应的播放器是 QuickTime。此外,MPEG、AVI、DVI、SWF 等都是适用于流媒体技术的文件格式。

由于流媒体技术在一定程度上突破了网络带宽对多媒体信息传输的限制,因此被广泛运用于网上直播、网络广告、视频点播、远程教育、远程医疗、视频会议、企业培训、电子商务等多个领域。

对于新闻媒体来说,流媒体为其带来了机遇,也为其带来了挑战。

流媒体技术为传统媒体在互联网上开辟更广阔的空间提供了可能。广播电视媒体节目的上网更为方便,在网上点播节目更为简单,网上音视频直播也将得到广泛运用。

在互联网上传输实时数据的分组很可能会出现差错或者丢失。如果利用 TCP 协议对这出错或丢失的分组进行重传,那么时延就会大大增加。因此,实时数据的传输在运输层就采用 UDP 协议而不使用 TCP 协议。也就是说,对于传送实时数据,宁可丢失少量分组,也要保证快速到达。在连续的音频或视频数据流中,少量分组的丢失对播放效果的影响并不大。为了实现多媒体通信,需要一些新的应用层协议。这些协议可分成三类,即直接传送声音或视频数据的协议、与服务质量有关的协议和与信令有关的协议。

RTP(realtime transport protocol)是用于 Internet/Intranet 针对多媒体数据流的一种传输协议。实时传输控制协议 RTCP(realtime transport control protocol)是与 RTP 配合使用的协议。实际上,RTCP 协议也是 RTP 协议不可分割的一部分。

RTP 被定义为在一对一或一对多传输的情况下工作，其目的是提供时间信息和实现流同步。RTP 通常使用 UDP 来传送数据，RTP 也可以在 TCP 或 ATM 等其他协议上工作。当应用程序开始一个 RTP 会话时将使用两个端口：一个给 RTP，另一个给 RTCP。

资源预订协议(RSVP)：由于音频和视频数据流比传统数据对网络的延时更敏感，要在网络中传输高质量的音频、视频信息，除带宽要求之外，还需其他更多的条件。RSVP 是 Internet 上的资源预订协议，使用 RSVP 预留一部分网络资源(即带宽)，能在一定程度上为流媒体的传输提供 QoS。

实时流协议(RTSP)：实时流协议是由 RealNetworks 和 Netscape 共同提出的，该协议定义了一对多应用程序如何有效地通过 IP 网络传送多媒体数据。RTSP 在体系结构上位于 RTP 和 RTCP 之上，它使用 TCP 或 RTP 完成数据传输。HTTP 与 RTSP 相比，HTTP 传送 HTML，而 RTP 传送的是多媒体数据。HTTP 请求由客户机发出，服务器作出响应。使用 RTSP 时，客户机和服务器都可以发出请求，RTSP 可以是双向的。

RTP 不能为按顺序传送数据包提供可靠的传送机制，也不提供流量控制或拥塞控制，它依靠 RTCP 提供这些服务。RTP 和 RTCP 配合使用，能以有效的反馈和最小的开销使传输效率最佳化，因而特别适合传送网上的实时数据。

8.7.3 多媒体的播放方式

多媒体的播放方式主要有以下三种。

1. 单播

在客户端与媒体服务器之间需要建立一个单独的数据通道，从一台服务器送出的每个数据包只能传送给一个客户机，这种传送方式称为单播。每个用户必须分别对媒体服务器发送单独的查询，而媒体服务器必须向每个用户发送所申请的数据包拷贝。这种巨大冗余会给服务器造成沉重的负担，需要很长时间进行响应，甚至停止播放，通常不得不通过购买硬件和带宽以保证一定的服务质量。

2. 组播

IP 组播技术用来构建一种具有组播能力的网络，允许路由器一次将数据包复制到多个通道上。采用组播方式，单台服务器能够对大量的客户机同时发送连续数据流而无延时。媒体服务器只需要发送一个信息包，而不是多个，所有发出请求的客户端共享同一信息包。信息可以发送到任意地址的客户机，以减少网络上传输的信息包的总量，从而使网络利用效率大大提高，成本大大下降。

3. 点播和广播

点播连接是客户端与服务器之间的主动连接。在点播连接中，用户通过选择内容项目来初始化客户端连接。用户可以开始、停止、后退、快进或暂停流。点播连接提供

了对流的最大控制，但这种方式由于每个客户端各自连接服务器，会迅速用完网络带宽。

广播指的是用户被动接收流。在广播过程中，客户端接收流，但不能控制流。例如，用户不能暂停、快进或后退该流。广播方式中数据包的单独一个拷贝将发送给网络上的所有用户。

使用单播发送时，需要将数据包复制多个拷贝，以多个点对点的方式分别发送给需要它的那些用户，而使用广播方式发送，数据包的单独一个拷贝将发送给网络上的所有用户，而不管用户是否需要。上述两种传输方式都会非常浪费网络带宽。组播吸收了单播和广播发送方式的长处，克服了这两种发送方式的不足，将数据包的单独一个拷贝发送给需要的那些客户。组播不会复制数据包的多个拷贝传输到网络上，也不会将数据包发送给不需要它的那些客户，从而保证了网络上多媒体应用占用网络的最小带宽。

8.7.4　IP 电话

IP 电话是在互联网上传送多媒体的一个特例，其传送声音信息。通过对 IP 电话的讨论，可以更清楚地了解一般多媒体传输的问题。IP 电话有多个英文同义词，常见的名词是 VoIP(voice over IP)。

在传统电话系统中，一次通话从建立系统连接到拆除连接都需要一定的信令(signaling)来配合完成。同样，在 IP 电话中，如何寻找被叫方、如何建立应答、如何按照彼此的数据处理能力发送数据，也需要相应的信令系统，一般称为协议。目前在国际上，比较有影响的 IP 电话方面的协议包括 ITU-T 提出的 H. 323 协议和 IETE 提出的 SIP 协议，目前用得最广泛的协议是 H. 323。

ITU 的第 15 研究组 SG-15 于 1996 年通过 H. 323 协议的第一版，并在 1998 年提出了 H. 323 协议的第二版。H. 323 协议首次发布于 1996 年，1998 年第二个版本的名称是“基于分组的多媒体通信系统”。基于分组的网络包括互联网、局域网、企业网、城域网和广域网。2003 年完成最新版本(version 5)。H. 323 协议是基于分组的多媒体通信 VoIP 体系结构(packet-based multimedia communications VoIP architecture)，是无 QoS(服务质量)保证的分组网络(packet based networks，PBN)上的多媒体通信系统标准。采用 H. 323 协议，各个不同厂商的多媒体产品和应用可以进行互相操作，用户不必考虑兼容性问题。该协议为商业用户和个人用户基于 LAN、MAN 的多媒体产品协同开发奠定了基础。

H. 323 是一种框架性结构规范，因为它包括了多种其他 ITU 标准。

H. 323 架构定义了四个主要的组件：终端(terminal)、网关(gageway)、网闸(gagekeeper)和多点控制单元(MCU)。

终端：为每个连接的终端设备，如一台 PC 机，它提供与其他节点设备、网关、多点接

入控制单元的实时通信和双向通信。其通信包括语音、语音和数据、语音和视频，或者结合语音、数据和视频的通信。

网关：用于建立 H.323 网络终端与应用其他不同协议栈的网络终端（如传统的 PSTN 网络或 SIP）之间的连接。仅在一个 H.323 网络上通信的两个终端不需要使用网关。

网闸：相当于整个 H.323 网络的大脑，主要负责电话号码和 IP 地址之间的转换。它们还负责管理带宽并提供终端登记和认证机制。同时，网闸还提供了诸如呼叫传输、呼叫转发等服务。

多点控制单元(MCU)：负责建立多点会议。MCU 由一个必需的多点控制器和一个可选的多点处理器组成。多点控制器用于呼叫信令、会议控制，而多点处理器用于媒体流的交换/混合，有时也能对视频和音频流进行实时代码转换。

终端、网关、网闸和 MCU 在逻辑上是分开的构件，但它们可实现在一个物理设备中。在 H.323 协议中将 H.323 终端、网关和 MCU 都称为 H.323 端点。

H.323 是一个协议族。其中包括以下几个部分：

(1) 音频编解码器：G.711、G.729 与 G.723.1 是音频解码器标准。

(2) 视频编解码器：H.261 与 H.263 是视频解码器的标准。

(3) H.225.0 注册信令：注册/接纳/状态(registration/admission/status，RAS)。H.323 终端和网闸使用 RAS 来完成注册、接纳控制和带宽转换等功能。

(4) H.225.0 呼叫信令：用来在两个 H.323 端点之间建立连接。

(5) H.245 控制信令：用来交换端到端的控制报文，以便管理 H.323 端点的运行。

(6) 实时运输协议 RTP 和实时运输控制协议 RTCP：完成数据传输。

H.323 的出发点是以已有的电路交换电话网为基础，增加了 IP 电话的功能，即远距离采用 IP 网络。H.323 的信令也沿用电话网的信令模式，与原有电话网的连接比较容易。

虽然 H.323 系列现在已被广泛应用，但由于 H.323 过于复杂（整个文档多达 736 页），不便于发展基于 IP 的新业务，因此 IETF 的 MMUSIC 工作组在 1999 年制定了另一套较为简单且实用的标准，即会话发起协议 SIP(session initiation protocol)，其文档仅 123 页[RFC2543]，它用于发起会话，可用来创建、修改以及终结多个参与者参加的多媒体会话进程。参与会话的成员可以通过组播方式、单播联网或者两者结合的形式进行通信。

SIP 的出发点是以互联网为基础，而将 IP 电话视为互联网上的新应用。因此，SIP 协议只涉及 IP 电话所需的信令和有关服务质量的问题，而没有提供 H.323 那样多的功能。SIP 没有推荐具体使用的特定编解码器和进行实时数据传送所需的协议，但实际上还是选用 RTP 和 RTCP 作为配合使用的协议。

与应用层的其他应用协议类似，SIP 也采用 C/S 结构，有客户机和服务器之分。客户机是指为了向服务器发送请求而与服务器建立连接的应用程序。用户代理(user agent)和代理(proxy)中含有客户机。服务器是用于向客户机发出请求、提供服务并回送应答的应用程序，共有四类基本服务器。

(1) 用户代理服务器：当接到 SIP 请求时它联系用户，并代表用户返回响应。

(2) 代理服务器：代表其他客户机发起请求，既充当服务器，又充当客户机的媒介程序。在转发请求之前，它可以改写原请求消息中的内容。

(3) 重定向服务器：接收 SIP 请求，并把请求中的原地址映射成零个或多个新地址，返回给客户机。

(4) 注册服务器：接收客户机的注册请求，完成用户地址的注册。用户终端程序往往需要包括用户代理客户机和用户代理服务器。

在 SIP 中还经常提到定位服务器的概念，但是定位服务器不属于 SIP 服务。SIP 在设计上充分考虑了对其他协议的扩展适应性。它支持许多种地址描述和寻址，SIP 最强大之处就是用户定位功能。SIP 本身含有向注册服务器注册的功能，也可以利用其他定位服务器 DNS、LDAP 等提供的定位服务来增强其定位功能。

SIP 共规定了六种信令：INVITE、ACK、CANCEL、OPTIONS、BYE、REGISTER。其中，INVITE 和 ACK 用于建立呼叫，完成三次握手，或者用于建立以后，改变会话属性；BYE 用以结束会话；OPTIONS 用于查询服务器能力；CANCEL 用于取消已经发出但未最终结束的请求；REGISTER 用于客户向注册服务器注册用户位置等消息。

SIP 协议支持三种呼叫方式：由用户代理服务机(UAC)向用户代理服务器(UAS)直接呼叫；由 UAC 在重定向服务器的辅助下进行重定向呼叫；由代理服务器代表 UAC 向被叫发起呼叫。

H.323 和 SIP 分别是通信领域与互联网两大阵营推出的建议。H.323 企图把 IP 电话当做是众所周知的传统电话，只是传输方式发生了改变，由电路交换变成了分组交换。而 SIP 协议侧重于将 IP 电话作为互联网上的一个应用，比其他应用(如 FTP)增加了信令和 QoS 的要求。二者支持的业务基本相同，也都利用 RTP 作为媒体传输的协议，但 H.323 是一个相对复杂的协议。

H.323 采用基于 ASN.1 和压缩编码规则的二进制方法表示其消息。ASN.1 通常需要特殊的代码生成器来进行词法和语法分析。而 SIP 是基于文本的协议，类似于 HTTP。其遵循互联网基于一贯坚持的简练、开放、兼容和可扩展等原则，比较简单。

在支持会议电话方面，H.323 由于具有多点控制单元(MCU)集中执行会议控制功能，所有参加会议终端都向 MCU 发送控制消息，MCU 因此可能会成为瓶颈，特别是对于具有附加特性的大型会议来说。另外，H.323 不支持信令的组播功能，其单一功能限制了可扩展性，降低了可靠性。而 SIP 设计上就是分布式的呼叫模型，具有分布式的组播功能，其组播功能不仅便于会议控制，而且简化了用户定位、群组邀请等，并且能节约宽带。但是，H.323是集中控制，便于计费，对宽带的管理也比较简单、有效。

H.323中定义了专门的协议用于补充业务，如H.450.1、H.450.2和H.450.3等。SIP并未专门定义用于此目的的协议，但它很方便地支持补充业务或智能业务。只要充分利用SIP已定义的头域（如Contact头域），并对SIP进行简单的扩展（如增加几个域），就可以实现这些业务。

在H.323中，呼叫建立过程涉及三条信令信道：RAS信令信道、呼叫信令信道和H.245控制信道。通过这三条信道的协调，H.323的呼叫得以进行，呼叫建立时间很长。在SIP中，会话请求过程和媒体协商过程等一起进行。尽管H.323v2已对呼叫建立过程作了改进，但SIP只需要1.5个回路时延来建立呼叫，H.323仍是无法相比。H.323的呼叫信令通道和H.245控制信道需要可靠的传输协议。而SIP一般使用UDP等无连接的协议，用自己信用层的可靠性机制来保证消息的可靠传输。

总之，H.323沿用的是传统的实现电话信令模式，比较成熟，已经出现了不少H.323产品。H.323符合通信领域传统的设计思想，进行集中、层次控制，采用H.323协议便于与传统的电话网相连。SIP协议借鉴了其他互联网的标准和协议的设计思想，在风格上遵循互联网一贯坚持的简练、开放、兼容和可扩展等原则，比较简单。

本章小结

应用层是最高层，在这一层主要包括域名系统、远程登录、电子邮件、FTP和万维网协议等。

DNS用于域名解析，域名结构采用树形结构，分顶级域名、二级域名、三级域名……域名服务器提供了查询的服务，查询方法分为迭代查询、递归查询。

电子邮件采用的是TCP连接，SMTP用于发送协议，POP3用于接收协议。

Telnet是远程登录协议，经过简单的配置就可实现远程操作，非常灵活、方便。

文件传输协议用来方便地传输数据。

万维网是使用最广泛的应用层协议。它以客户服务器模式工作，浏览器是客户端使用的端程序。实现数据传输还需要使用HTTP协议、统一资源定位系统和超文本标识语言。

多媒体技术使网络多媒体技术得到了快速发展。多媒体协议在应用层协议中是一组协议，涉及服务质量和信令的相关协议。其中，RTP协议与RTCP协议是基础协议，H.323协议和SIP协议是IP电话协议，其中H.323协议复杂，但应用较广，SIP协议较简单。

习题

1. 在TCP/IP体系结构中,应用层的主要协议有哪些?
2. 试简要说明DNS的解析过程。
3. 试述HTTP与FTP的不同。
4. 在电子邮件发送与接收过程中,SMTP与POP3分别起了什么作用?试简单说明两者的工作过程。
5. 简要说明FTP的工作原理。
6. 与普通信息相比,多媒体有什么传输特点?

第9章 局域网组网实例

本章关键词

需求分析(needs analysis)　　拓扑结构(topology)
局域网(LAN)　　路由器(router)
交换机(switch)

本章要点

大多数计算机都连接在一个局域网并提供这个局域网连接到互联网上。本章介绍几种局域网的组网方案，通过本章的学习，了解针对不同局域网的规模和功能进行需求分析的方法要点、拓扑结构设计、组网的层次设计和网络设备的选择。

9.1 局域网组网设计

局域网组网技术包括在具体的网络建设中，如何进行网络的规划和设计？针对不同的网络规模，如何选择组网技术和组网设备？本章将以案例的形式来回答以上两个问题，以供参考。

9.1.1 网络需求分析

在网络组建之前要进行需求分析工作，根据用户提出的要求，进行网络的设计。网络建设的成败关键取决于网络实施前的规划设计工作。

1. 网络的功能要求

任何网络都不可能是一个能够满足各项功能需求的“万能网”。因此，必须针对每一个具体的网络所要完成的功能，依据使用需求，完成对运营成本、未来发展、总预算投资等因素的分析，对网络的组建方案进行认真的规划和设计。

2. 网络的性能要求

根据对网络系统的性能要求进行分析，分析各网络的访问权限、容错程度、网络速度、

网络安全性等要求，确定采取何种措施及方案。

3. 网络运行环境的要求

根据整个局域网运行时所需要的环境要求，确定使用哪种网络操作系统，提供什么样的服务及相应的软件和共享资源等。

4. 网络的可扩充性和可维护性要求

如何增加工作站、怎么与其他网络联网、对软件/硬件的升级换代有何要求与限制等都要在网络设计时加以考虑，以保证网络的可扩充性和可维护性。通常新建网络时都会给该局域网提出一些有关使用寿命、维护代价等问题的要求。企事业单位的局域网一般不会追赶潮流（特殊行业除外），系统的更新换代也有一定的时间规律性。

9.1.2 网络系统方案设计

完成了需求分析后，应形成需求分析报告。有了需求分析报告，就可以进入网络设计阶段。这个阶段包括网络总体目标、网络方案设计原则、网络总设计、网络拓扑结构、网络选型和网络安全设计等内容。

1. 网络总体目标

网络建设的总体目标首先应明确的是采用哪些网络技术和网络标准以及构筑一个满足哪些应用的多大规模的网络。如果网络工程分期实施，还应明确分期工程的目标、建设内容、所需工程费用、时间和进度计划等。网络设计人员不仅要考虑网络实施成本，还要考虑网络运行成本。

2. 通信子网规划设计

1）拓扑结构与网络规划设计

确立网络的拓扑结构是整个网络方案规划设计的基础，拓扑结构的选择往往与地理环境分布、传输介质、介质访问控制方法，甚至网络选型等因素紧密相关。选择拓扑结构时，应该考虑的主要因素有以下几点：

（1）费用。不同的拓扑结构所配置的网络设备不同，设计施工安装工程的费用也不同。要关注费用，就需要对拓扑结构、传输介质、传输距离等相关因素进行分析，选择合理的方案。例如，冗余环路可提高可靠性，但费用也高。

（2）灵活性。在设计网络时，考虑到设备和用户需求的变迁，拓扑结构必须具有一定的灵活性，能方便地进行重新配置。此外，还要考虑信息点的增删等问题。

（3）可靠性。网络设备损坏、光缆被挖断、连接器松动等故障时有发生，网络拓扑结构设计应避免因个别节点损坏而影响整个网络的正常运行。

在以太网占主导地位的今天,计算机局域网一般采用星状或树状拓扑结构及其变种。

网络拓扑结构的规划设计与网络规模息息相关。一个规模较小的星状局域网没有主干网和外围网之分。规模较大的网络通常采用分层结构的拓扑,分为核心层、汇聚层和接入层。

主干网络又称为核心层,用以连接服务器群、建筑群到网络中心,或在一个较大型建筑物内连接多个交换机管理间到网络中心设备间;用以连接信息点的"毛细血管"线路及网络设备称为接入层,根据需要在中间设置汇聚层。汇聚层和接入层又称为外围网络。

分层设计规划的好处是可以有效地将全局通信问题分解考虑,就像软件工程中的结构化程序设计一样。分层还有助于分配和规划带宽使用。

2) 核心层的设计

主干网技术的选择要根据需求分析中的地理距离、信息流量和数据负载的轻重而定。一般而言,主干网一般用来连接建筑群和服务器群,可能会容纳网络40%～60%的信息流,是网络的大动脉。连接建筑群的主干网一般以光缆作传输介质,目前局域网典型的主干网技术主要有千兆以太网、万兆以太网等。

主干网的焦点是核心交换机(或路由器)。如果考虑提供较高的可用性,而且经费允许,主干网可采用双星(或树)结构,即采用两台同样的交换机,与接入层汇聚层交换机分别连接。双星(或树)结构解决了单点故障失效问题,不仅抗毁性强,而且通过采用最新的链路聚合技术,如快速以太网的FEC(fast ethernet channel)、千兆以太网的GEC(giga ethernet channel)等技术,可以允许每条冗余连接链路实现负载分担。

3) 汇聚层和接入层的设计

汇聚层的存在与否取决于外围采用的扩充互连方法。当建筑物内信息点较多(如220个),超出了一台交换机所容纳的端口密度,而不得不增加交换机扩充端口密度时,如果采用级联方式,则将一组固定端口交换机上连到一台背板带宽和性能较好的二级交换机上,再由二级交换机上连到主干(这里的二级交换机就是汇聚层交换机);如果采用多个并行交换机堆叠方式扩充端口密度,其中一台交换机上连主干,则网络中就只有接入层,没有汇聚层。

是否需要汇聚层以及采用级联还是堆叠要视网络信息流的特点而定。堆叠体内能够有充足的带宽保证,适宜本地(楼宇内)信息流密集、全局信息负载相对较轻的情况;级联适宜于全网信息流较平均,且汇聚层交换机大都具有组播和初级QoS(服务质量)管理能力的场合,适合处理一些突发的重负载(如VOD视频点播),但在增加汇聚层的同时也会使成本提高。

目前,主流的局域网组网技术是万兆主干,千兆汇聚,百兆汇聚到桌面。

3. 资源子网规划设计

1）服务器

服务器系统是网络的核心设备，服务器在网络中的位置直接影响网络应用效果和网络运行效率。服务器一般分为两类：一类为全网提供公共信息服务、文件服务和通信服务，为企业网提供集中统一的数据库服务。它由网络中心管理维护，服务对象为网络全局，适宜放在网管中心。另一类是部门业务和网络服务相结合，主要由部门管理维护。例如，大学的图书馆服务器和企业的财务服务器适宜放在部门子网中。服务器是网络信息流较集中的设备，其磁盘系统数据吞吐量大、传输速率高，要求绝对的高宽带接入。

2）服务器子网连接方案

服务器子网连接有两种方案：一种是直接接入核心交换机。其优点是直接利用核心交换机的高带宽；缺点是需要占用太多的核心交换机端口，使成本上升。另一种是在两台核心交换机上外接一台专用服务器子网交换机。其优点是可以分担带宽，减少核心交换机端口占用，可为服务器提供充足的端口数量；缺点是容易形成带宽瓶颈，且存在单点故障。

4. 网络安全设计

网络安全就是网络上的信息安全，是指网络系统的硬件、软件及其系统中的数据受到保护，不因偶然的或者恶意的原因而遭到破坏、更改、泄露，使系统连续、可靠、正常地运行，网络服务不中断。广义来说，凡是涉及网络上信息的保密性、完整性、可用性、真实性和可控性的相关技术和理论都是网络安全所要研究的领域。网络安全设计的内容既有技术方面的问题，也有管理方面的问题，两方面互相补充、缺一不可。技术方面主要侧重于防范外部非法用户的攻击，管理方面则侧重于内部人为因素的管理。

9.1.3　家庭无线网络

现在很多家庭都安装了宽带，家庭中的计算机也已不止一台，但 IPS，如中国电信在提供宽带服务时并不为家庭组网，所以有家庭组网的需求。

目前，许多网络设备提供商都有自己的无线网络产品，知名的品牌如美国的 CISCO 和 NETGEAR，中国台湾的 D-Link，中国内地的华为和神州数码，等等。可根据自己家庭网络环境及经济承受能力，挑选适合自己的无线网络产品。

由于无线网络无须使用集线设备，因此，仅在每台台式计算机或笔记本电脑上插上无线网卡，即可实现计算机之间的连接，构建最简单的无线网络。

其中一台计算机可以兼作文件服务器、打印服务器和代理服务器，并通过 Modem 或 ADSL 接入 Internet。这样，只需使用诸如 Windows 9x/Me、Windows 2000/XP 等操作系统，就可以在服务器的覆盖范围内，不用使用任何电缆，在计算机之间共享资源和 Internet 连接。在该方案中，台式计算机和笔记本电脑均可使用无线网卡。当然，台式计算机仍然可以使用有线，因为家用无线路由器通常都有有线接口。

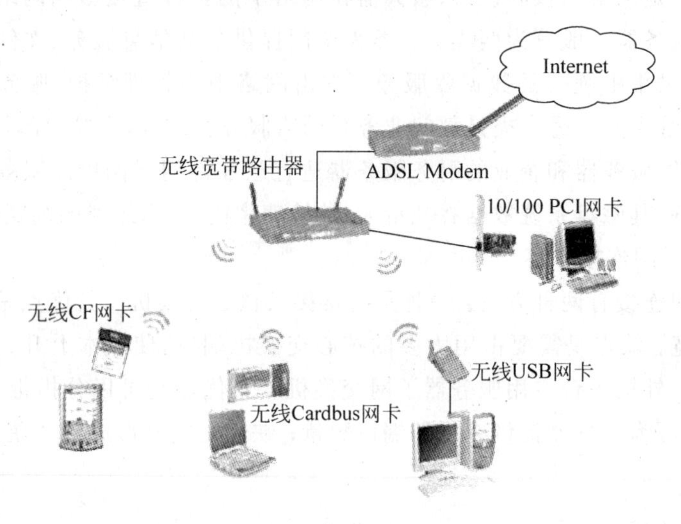

图 9-1　家庭无线网络

无线网络的设置包括以下几步：

第 1 步，在控制面板中打开“网络连接”窗口。

第 2 步，右键单击“无线网络连接”图标，在快捷菜单中单击“属性”，显示“无线网络连接属性”对话框。

第 3 步，选择“无线网络配置”选项卡，并选择“用 Windows 来配置我的无线网络配置”复选框，启用自动无线网络配置。

第 4 步，单击“高级”按钮，显示“高级”对话框。

第 5 步，选择“仅计算机到计算机(特定)”选项，实现计算机之间的连接。若既直接连接至计算机，又保留连接至接入点的功能，可选择“任何可用的网络(首选访问点)”选项。

需要注意的是，在首选访问点无线网络中，如果有可用网络，通常会首先尝试连接到访问点无线网络。如果访问点网络不可用，则尝试连接到计算机到计算机无线网络。例如，如果工作时在访问点无线网络中使用笔记本电脑，然后将笔记本电脑带回家使用计算机到计算机家庭网络，自动无线网络配置将会根据需要更改无线网络设置，这样无须用户作任何设置就可以直接连接到家庭网络。

第 6 步，依次单击“关闭”和“确定”按钮，建立计算机之间的无线连接，显示信息框，提示无线网络连接已经连接成功。

无线网卡无须设置 IP 地址，只需采用默认的自动获取 IP 地址，即可实现计算机之间

的连接。

这里用到的主要设备是家用无线路由器，其使用方法和性能在产品说明书中都有详细的介绍，如何选择则可在网上查看性能和价格方面的比较介绍。

9.1.4 网吧实例

某网吧有计算机180台，采用ER5100作为出口路由器，千兆三层交换机S5024P作为核心交换机，接入交换机采用S1224，如图9-2所示。核心交换机采用1000Mbps线路与网吧内部的视频服务器、内部游戏服务器和接入交换机相连接。网吧分为5个不同的网段，直接将默认路由指向路由器的LAN口，在路由器上启用NAT，其中3台电影服务器、游戏服务器在一个网段，网吧内部PC划分3个网段，分别为普通上网区、VIP区和包厢，采用不同的计时收费，启用内部PC的限速功能、数据不同的分区，限制不同的上传、下载速度。

主要设备的选择如下：

(1) 核心层交换机：核心交换机S5024P。

(2) 接入层交换机：接入交换机S1224。

(3) 出口路由器：核心路由器ER5100。

该网络选用千兆为主干、百兆到桌面的以太网组网技术。

该网吧的网络的拓扑结构见图9-2。

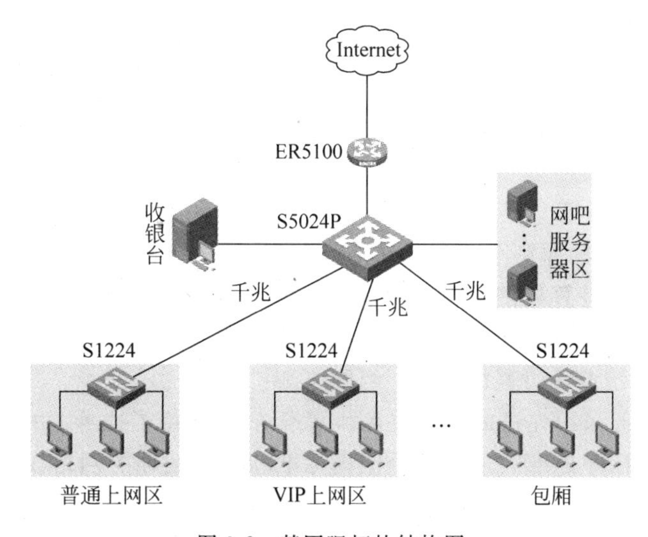

图9-2 某网吧拓扑结构图

路由器、交换机等设备的选择余地很大，表9-1给出了路由器ER5100的部分参数和规格。因为这些参数很容易在网上查到，所以其他设备从略。

表 9-1　H3C SOHO-ER5100-CN 详细参数

基本规格	路由器类型	双核千兆网吧级路由器
	传输速率	10/100/1000Mbps
	端口结构	非模块化
	路由器处理器	1GHz
	最大 DRAM 内存	64MB
网络功能	路由器包转发率	10 Mbps：14,880 pps,100 Mbps：148,810 pps ,1000 Mbps：1,488,100 pps
	网络协议	PPPoE，DHCP 客户端，DHCP 服务器，静态路由，NAPT，NTP，DDNS，VPN 透传(PPTP，L2TP，IPSEC)
	路由器网管功能	基于 Web 的用户管理接口(远程管理/ 本地管理)，命令行 CLI，通过 http 升级系统软件
	VPN 功能	是
	Qos 功能	支持
	防火墙功能	内置
网络端口	广域网接口	1 个 10/100Base-TX
	局域网接口	3 个 10/100/1000 Base-T
	其他控制端口	Console

9.2　企业网络

9.2.1　某公司的计算机系统

1. 计算机网络系统

1）网络系统设计的原则

某电子商务公司计算机网络系统的建设立足于高起点，采用目前先进成熟的网络技术，组成一个先进、灵活、高效且扩展性好的局域网，以利于各种快捷共享，提高工作效率。

计算机网络系统设计时遵循了以下组网原则：

(1) 技术先进。采用先进的网络技术和网络结构，保持了技术上的领先性。

(2) 符合国内国际标准。采用符合国内标准和国际标准的网络设备，选用国际上广泛使用的、成熟的网络软件和组网技术，使该网络具有良好的开放性，适应不同厂商产品的互连。

(3) 安全，可靠。充分考虑网络的稳定、可靠性。网络拓扑采用具有安全机制的结构；网络系统选用高品质的软硬件产品，以保证网络的安全性。

(4) 实用性强。符合各部门的应用环境,支持多媒体应用。

(5) 顺应发展趋势,结构易于升级。选用的网络技术代表了网络的发展方向,网络结构易于升级。当更新、更高档次产品出现或应用需求增大时,网络能够方便升级和平滑过渡。

2) 局域网技术的选择

考虑到该公司的空间布局和数据通信需求,公司网络采用了100BASE-T和1000BASE-SX技术混合组网。楼层的垂直系统、水平子系统采用100BASE-T技术,楼宇间选择1000BASE-SX技术。

在南配楼每个楼层设置一个楼层配线间,配置楼层局域网交换机,南配楼与各楼层之间的通信采用100BASE-T技术,楼层与各信息点之间采用100BASE-T技术,南配楼与主设备之间采用1000BASE-SX技术。

在主楼的每个楼层设置一个楼层配线间,配置楼层局域网交换机,主楼与各楼层之间的通信采用100BASE-T技术,楼层与各信息点之间采用100BASE-T技术,主楼与主设备之间采用1000BASE-SX技术。

在北配楼的5楼主设备间设置跳线模块,与楼内各信息之间采用100BASE-T技术。

为提高每个信息点的带宽和支持虚拟局域网技术,电子商务公司局域网采用交换式以太网技术,楼层配线间、配楼配线间、主楼配线间和主设备间均配置局域网交换机。

3) Internet的接入方式

Internet接入是通过光纤连接到CHINANET,出口带宽为100Mbps。向网上用户提供对网上业务的访问和用于公司内部用户Internet。

4) 网络软件系统平台

(1) 网络操作系统采用Windows2000Server。

(2) Web Server采用IIS 5.0。

(3) 数据库采用Oracle 8.0。

9.2.2 网络系统方案设计

1. 网络拓扑

电子商务公司网络拓扑如图9-3所示。

2. 网络设备配置

网络设备主要包括局域网交换机、路由器、防火墙和各种服务器。

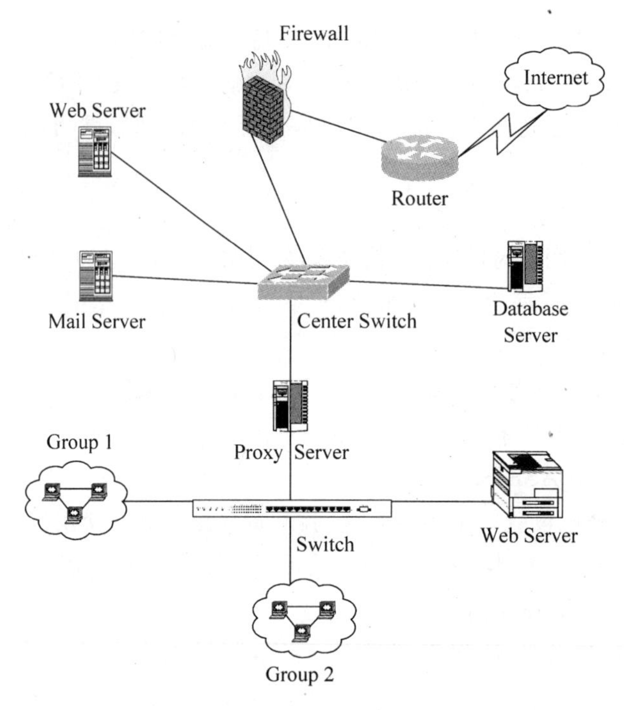

图 9-3 网络拓扑结构

(1) 中心交换机 Cisco Catalyst5509。Catalyst5509 采用千兆以太网体系结构,基本背板带宽为 3.6Gbps,系统结构可扩充到 50Gbps,吞吐量可达数千万包每秒,可作为大型交换式网络的核心交换机,主要特点如下:

一是提供千兆以太网、快速以太网、ATM155Mbps、622Mbps、FDDI、令牌环等接口模块。

二是一台交换机可支持 336 个 10BASE-T 以太网端口,或 168 个 100BASE-T 快速以太网端口,或 14 个 FDDI 端口,或 20 个 ATM155Mbps 端口,或 18 个 1000BASE-X 端口。

三是可配置路由模块,支持多种路由协议,如 OSPF、RIP、IGRP、EIGRP 等。

四是支持虚拟局域网技术。

五是支持 SNMP 网络管理协议。

六是电源模块、交换引擎模块可实现冗余热备份,接口模块可带电热插拔。

(2) Internet 接入路由器 Cisco4700M。Cisco4700M 路由器是 Cisco 公司路由器系列中的中档路由器,适用于中型应用系统,接口采用模块化结构,模块支持带电热插拔。支持多种上局域网协议,如 ATM、LANE、FDDI、令牌环、以太网。物理接口包括 RJ-45 接头、SC 和 SF 短波和长波光纤接头等。一块接口卡上支持多种局域网和广域网接口,降低了用户的投资。根据用户需要,可配置多种路由协议,如 OSPF、RIP、IGRP、EIGRP、BGP 等。Cisco4700M 路由器有 4 个网络接口模块插槽,接口模块有 2 个以太网端口、2

个高速串口模块、单端口的快速以太网模块、2个令牌环端口、4个G.703接口模块、单端口的ATM155Mbps模块和2端口FDDI模块等。

(3) Cisco PIX防火墙。Cisco PIX是一种集防火墙、VPN(虚拟专用网络)、流量控制三种功能于一体的网络产品，具有以下特点：

一是操作系统可选择UNIX或Windows2000Server，它是一个实时处理的嵌入式操作系统，最大可同时支持256 000个连接。

二是采用了专有的自适应安全算法，比一般的包过滤方式简单，但更灵活，比应用层的代理服务器防火墙的性能要高。

三是直通式代理技术，加强了对基于TCP和UDP应用的检查和控制。

四是基于Java的图形用户配置管理工具，使系统易于安装使用。

五是提供对虚拟专用网的安全管理控制技术。

六是支持合法IP地址和保留IP地址静态映射和动态映射。

七是支持SNMP网络管理协议。

9.3　校园网

9.3.1　校园网需求分析

高校校园宽带网用户集中且网络流量大，关注网络的可运营性和可管理性，校园网建网需求如下：

(1) 教学区、宿舍区用户对校园网、教育网、Internet的访问有相应的路由策略和相应的计费策略。

(2) 校园网存在多个出口需求，校园网至少要提供中国教育科研网(CERNET)和Internet两个出口。

(3) 校园网安全性要求较高，要求设备能够实现用户识别和动态绑定功能如通过“IP＋MAC＋端口”三元组的动态绑定来识别用户。

(4) 校园网Web页面可实现以下功能：用户Web自助服务功能，用户可通过Web自助服务页面，进行个人资料的查询、密码修改、上网明细查询、缴费记录查询以及在线预注册和在线账号充值。

(5) 校园网用户能实现多ISP权限选择。用户可通过不同的账号或采用相同账号的不同域名进行认证，以获得不同的权限，不同的权限对应不同的计费策略。

(6) 校园网要求实现多种支持普通包月、包月限时长、包月限流量、计天、计时长和计量等多种计费策略。支持用户卡和充值卡，充值卡配合用户卡以及提供的公用服务功能可以实现用户的完全自助管理。

(7) 校园网要求能对每个用户的使用情况进行事后审计，能够定位到IP地址以及用户所连接的端口和登录的用户名，限定账号的使用端口。

(8) 校园网要求能实现对用户带宽的动态控制。

(9) 校园网要求实现组播业务。

(10) 校园网要求在学校规模不断扩大，用户数持续增加时，网络具有很好的扩展性，能够根据需要逐步平滑升级到万兆的骨干连接。

(11) 网管平台能实现网络资源的管理、网络安全访问的控制，并且在平台上能方便地开发所需网络应用。

(12) 采用流行的、支持设备面广、有良好图形界面的网管平台。网管系统能够管理到网络中的每一个智能设备及有关设备的每一个端口，即能够远程对设备进行设置、调试、网络流量监测和必要的重置，能及时发现网络故障并报警。

9.3.2 校园网基本应用

作为校园网，需要连接多少个节点，怎样使用各种网络设备，以使分布在不同地理位置的节点连接到一个统一的网络中，怎样使整个网络上的节点相互连通，这些问题仅仅是校园网需要解决问题中的一部分，更重要的问题是，如何将这些资源有序地组织起来，需要实现什么功能，以满足现在和未来在教学、科研、管理、交流等方面的需求，形成在校园内部、校园与外部进行信息沟通的体系，建立满足教学、科研和管理需求的计算机环境，为学校各种人员提供充分的网络信息服务，在网络环境中进行教学、研究、收集信息等工作。

校园网需要的基本功能有：

(1) 计算机教学，包括多媒体教学和远程教学。

(2) 网络下载、网络聊天等。

(3) 电子邮件系统，主要进行与同行交往、开展技术合作、学术交流等活动。

(4) 文件传输 FTP，主要利用 FTP 服务获取重要的科技资料和技术文档。

(5) Internet 服务，学校可以建立自己的主页，利用外部网页进行学校宣传，提供各类咨询信息等；利用内部网页进行管理，如发布通知、收集学生意见等。

(6) 图书馆的访问系统，用于计算机查询、计算机检索、计算机阅读等。

(7) 其他应用，如大型分布式数据库系统、超性能计算资源共享和管理系统等。

1. 宽带上网

在信息化的今天，人们已经把网络当成获取信息的重要源泉，而 Web 应用则起到了举足轻重的作用。绝大多数的人都是通过浏览 Web 页面来获取新知识。校园网应该是宽带上网的前沿阵地，学生可以通过网络获取丰富的知识，增加与其他学校学生，甚至其他国家学生交流的机会。相比窄带的拨号，宽带的网络有着非常大的优势，通过宽带上网能够真正实现网上冲浪。

2. 交互式网络电视

IPTV 即交互式网络电视，是一种利用宽带 IP 网，向用户提供影视节目在线观看的

崭新业务。该业务将电视机或个人计算机作为显示终端，通过机顶盒接入宽带网络，可以向用户提供数字广播电视、VOD 点播、视频录像等诸多宽带业务。IPTV 是互联网的一种新的业务模式，也是传媒在互联网时代的一种更灵活的发行手段。IPTV 是通过宽带 IP 网络来看电视，用户可以通过"普通电视机＋机顶盒"方式来收看。与传统电视相比，其最大特点是交互式的全新电视观看体验。除此之外，IPTV 用户还可以方便地在电视机上进行节目定购、余额查询、费用缴纳、使用详细单查看等，做到消费快捷、明白消费。

IPTV 的主要特点在于其交互性和实时性。IPTV 既不同于传统的有线电视，也不同于目前正在兴起的数字电视。通过 IPTV 业务，用户可以得到高质量（接近 DVD 水平的）的数字媒体服务，可以自由选择宽带 IP 网的视频节目，实现媒体提供者和媒体消费者的实质性互动。IPTV 的出现在宽带视频应用方面填补了空白，支起了宽带市场的另一片蓝天。它将电视、通信和计算机三个领域结合在一起，被业界喻为"撬开宽带市场的新支点"。

视频点播（VOD）功能允许用户根据自己的安排而不是预先确定的时间欣赏视频。VOD 类似于 PVR，只不过节目内容存储在有线电视提供商的服务器上，而不是存储在客户端或者用户设备中。VOD 只是 IPTV 中的一项功能。

3. 视频点播

VOD(video on demand)是视频点播技术的简称，也称为交互式电视点播系统，意即根据用户的需要播放相应的视频节目，它从根本上改变了用户过去被动式看电视的不足。当您打开电视，您可以不看广告，不为某个节目赶时间，可随时直接点播希望收看的节目，就好像播放刚刚放进自己家里录像机或 VCD 机中的一部新片子，但是您又不需要购买录像带或者 VCD 盘，也不需要录像机或者 VCD 机。这就是信息技术带给您的梦想，它通过多媒体网络将视频节目按照个人的意愿送到千家万户。

对于校园网的用户来说，学校可以开展多媒体视频点播教学服务。通过把好的课件放到 VOD 服务器上，让学生们进行点播，可以灵活地开展教学服务，把枯燥的课堂教学转变成丰富的媒体服务。

4. 远程教学

21 世纪的热点是远程教育，这已成为人们的共识。远程教育的发展正在引发教育又一轮变革，民主的教育模式和信息技术手段已经被网校很好地利用，由此带来的教容改革和教法改革成为诸多网校吸引生源的法宝。

某高校校园网全面建成后，完全可以建立远程教育体系，实现对社会的开放了解学校，让更多希望上学的人有接受远程教育的机会。

5. 网络化教学

21世纪,人类将面临文明史上又一次大的飞跃,即由工业化社会进入到信息化社会,世界各国对当前信息技术在教育中的应用都给予了前所未有的关注。随着家用计算机的普及和网络技术的迅速发展,信息技术在教育中的应用越来越广泛,从前几年的多媒体课件制作等最基本的多媒体应用技术到今天的信息技术与课程整合的网络化教学,信息技术的作用已不再是单纯的多媒体带给人们的视听效果,而是将信息科技和普通学科的教学相结合,把信息技术有机地融合在课程学习中。

现在,除了传统的课堂教学外,很多学校对大量课程建设了精品课程网站,通过网站提供大量的教学资源,多媒体学习资料和教学录像等。老师和学生可以进行在线交流,学生可以在线完成自我测验、作业提交、甚至考试等。

6. 无线网络

基于校园网应用的普及和应用水平的不断提高,学校中工作和生活的关系越来越密切,而学校中的网络终端资源却很有限,越来越难以满足师生的需求。无线局域网技术的日趋成熟可以为此提供更加高效、灵活的解决方案,可以用较少的投资获得空前的应用灵活性。

随着国家对中国教育行业的更加重视并加大投入,中国教育网的建设得到了国家更大的支持和更加广泛的应用,并已经成为一种其他方式不能替代的获得资源的重要手段。因此,教师和学生对网络的依赖也越来越强,随时随地能够从网络中获得想要的资源成为教育用户追求的目标。

一般来说,如教室、图书馆、会议室等地方一般是不可能布设太多信息点的,但是随着学生中笔记本电脑的普及和现代化教学手段的广泛应用,上述场所往往在同一时刻有大量的计算机,而目前的有线校园网没有办法使学生在这些区域上网。采用无线方式,在有限的信息点上连接无线接入器,就可以轻松地从一个信息点扩展到成百上千个信息点的应用。

OIP 电话业务

电话技术是目前 Internet 应用领域的一个热门话题。它主要是指在

送声音,从广义上讲,它包括在 Internet 中实时传送多媒体信息。

迅速、备受人们关注,主要原因是其能节省大量长途电话费用,尤

话费用。传统电话是通过电话网传送的,而 IP 电话是利用

的。IP 电话和传统电话的区别主要就在于传输技术上。

Internet protocol,即基于 IP 协议的语音通信,因此也

实现了语音在 Internet 上的实时传送。其基本原理

料进行压缩编码处理,然后把这些语音资料按 TCP/IP

资料包送至接收地,再把这些语音资料包串起来,经过译码

语音信号,从而达到由互联网传送语音的目的。在许多场合,

VoIP 技术仅指通过 IP 网络实现类似于普通老式电话的功能。但是，在传统电话网的业务不断发展的情况下，VoIP 的含义和设计目标也超越了其字面意义。也就是说，VoIP 技术不仅提供双方会话的传统电话技术，而且包含话音、图像和数据、支持各种智能业务的双方及多方多媒体通信技术。

9.3.3　基本设计原则

校园网建设是一项大型网络工程，各个学校需要根据自身的实际情况来制定网络设计原则。学校网络需要完成包括图书信息、学校行政办公等综合业务信息管理系统，为广大教职工、科研人员和学生提供一个在网络环境下进行教学、管理和科研工作的先进平台。校园网覆盖整个学校校园，网络设计一般应遵循下列八个基本原则：

(1) 可靠性和高性能。网络必须是可靠的，包括网元级的可靠性(如引擎、风扇、单板、总计等)，以及网络级的可靠性(如路由、交换的汇聚，链路冗余，负载均衡等)。网络必须具有足够高的性能，以满足业务的需要。

(2) 实用性和经济性。由于学校资金并不是很充足，且不可能一步到位；同时，学校的应用水平参差不齐，某些系统即使安装了也利用不起来，因此，在校园网的建设过程中，系统建设应始终贯彻面向应用。注重实效的方针，坚持实用、经济的原则。

(3) 可扩展性和可升级性。系统要有可扩展性和可升级性。随着业务的增长和应用水平的提高，网络中的数据和信息流将按指数增长，需要网络有很好的可扩展性，并能随着技术的发展不断升级。设备应选用符合国际标准的系统和产品，以保证系统具有较强的生命力和扩展能力，满足将来系统升级的要求。

(4) 易管理，易维护。由于校园骨干网络系统规模庞大，应用丰富而复杂，需要网络系统具有良好的可管理性，网管系统具有监测、故障诊断、故障隔离、过滤设置等功能，以便于系统的管理和维护。同时应尽可能地选取集成度高、模块可通用的产品，以便于管理和维护。

(5) 先进性，成熟性。当前计算机网络技术发展很快，设备更新淘汰也很快。这就要求校园网建设在系统设计时既要采用先进的概念、技术和方法，又要注意结构、设备、工具的相对成熟。只有采用当前符合国际标准的成熟先进的技术和设备，才能确保校园网络能够适应将来网络技术发展的需要，保证在未来若干年内占主导地位。

(6) 安全性，保密性。网络系统应具有良好的安全性。由于校园骨干网络为多个用户内部网提供互联并支持多种业务，要求能进行灵活、有效的安全控制，同时还应支持虚拟专网，以提供多层次的安全选择。在系统设计中，既要考虑信息资源的充分共享，更要注意信息的保护和隔离，因此系统应分别针对不同的应用和不同的网络通信环境，采取不同的措施，包括系统安全机制、数据存取的权限控制等。

(7) 灵活性，综合性。通过采用结构化、模块化的设计形式，满足系统及用户各种不同的需求，适应不断变革中的要求。以满足系统目标与功能为目标，保证总体方案的设计合理，满足用户的需求，同时便于系统使用过程中的维护，以及今后系统的二次开发与移植。

(8) QoS(质量服务)保证。教育在语音和视频等多媒体应用方面一直走在社会的前列，这类应用对服务质量的要求很高。QoS(质量服务)需要在网络的端到端进行全盘计划和实施，由于各接入网络和端设备的复杂性与多样性，骨干网必须尽可能地支持各种质量服务技术，特别是最新的技术如 MPLS VPN 和流量工程，以提供简洁、透明的质量服务机制。

9.3.4 模块化与层次化

基于一个模块化、层次化的设计思想是对大型网络进行高效管理的首选方法。

所谓模块化，就是将把整个网络按功能和安全需求分为若干个组件，这些组件之间有一定的安全边界，组件内部有完整的网络设计。模块化设计的好处在于：

(1) 解决各网络之间的冲突问题；

(2) 简化安装和后台设备管理；

(3) 易于故障检测和分离问题；

(4) 易于执行不同类型的服务和安全方针；

(5) 易于扩展和(或)代替原来的技术。

一个完整的模块化设计如图 9-4 所示。

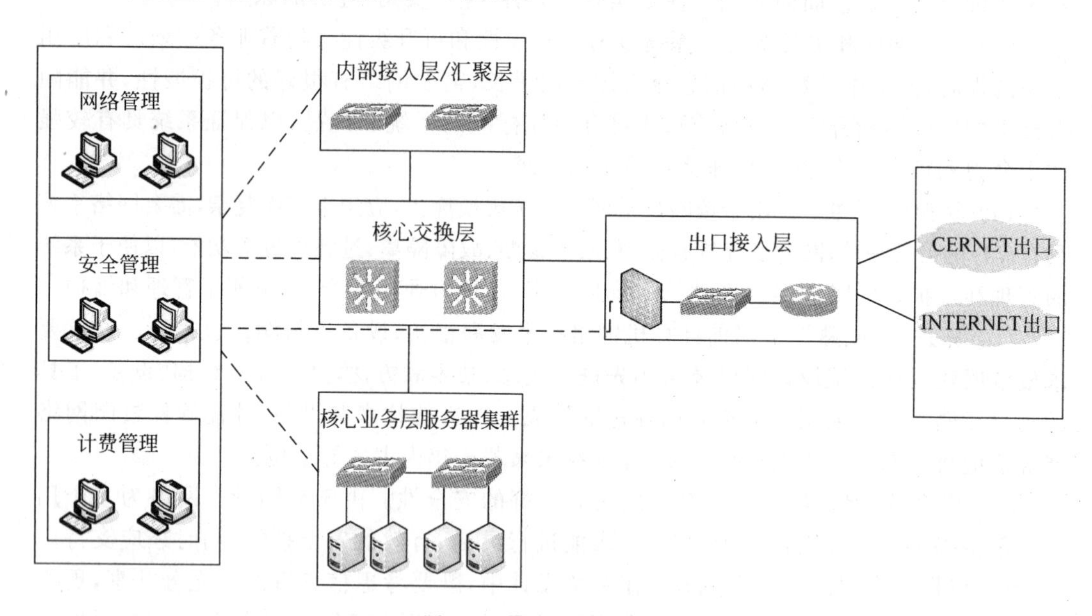

图 9-4 模块化网络设计

1. 层次化网络设计模型

对于大型网络，可以采用业界通用“核心层—汇聚层—接入层”层次化网络设计模型。

2. 核心层

核心层主要提供不同网络模块之间优化传输服务，将分组尽可能快地从一个网络传到另一个网络，通常要保证核心层具有很高的可靠性、最佳的网络性能。汇聚层到核心层要具备冗余传输链路，任何单条链路断连不影响网络的可用性。作为所有网络流量的传输中枢，核心层除了要求高性能交换设备和高带宽传输链路外，还要求选用支持负载均衡或负载分担特性的设备实现负荷均衡。此外，为了避免网络故障对网络造成冲击，需要网络采用支持快速聚合的特性，一旦主用通路断开，可以很快地切换到备用通路。

3. 汇聚层

顾名思义，汇聚层就是作为访问层到骨干层的汇聚，通常为访问层与骨干层实现基于策略的网络间连接。汇聚层主要由三层交换机组成，提供对网络流量模式控制、服务访问控制、QoS、定义路由路径度量(path metric)和路由协议网络通告控制。

4. 接入层

接入层作为各模块到交换骨干的连接，根据不同模块进行逻辑子网划分，并通过VLAN技术实现子网之间的隔离。访问层的主要功能在于隔离模块间的广播流量，避免不同模块之间相互影响。访问层主要由二层交换机组成。

层次化网络设计见图9-5。

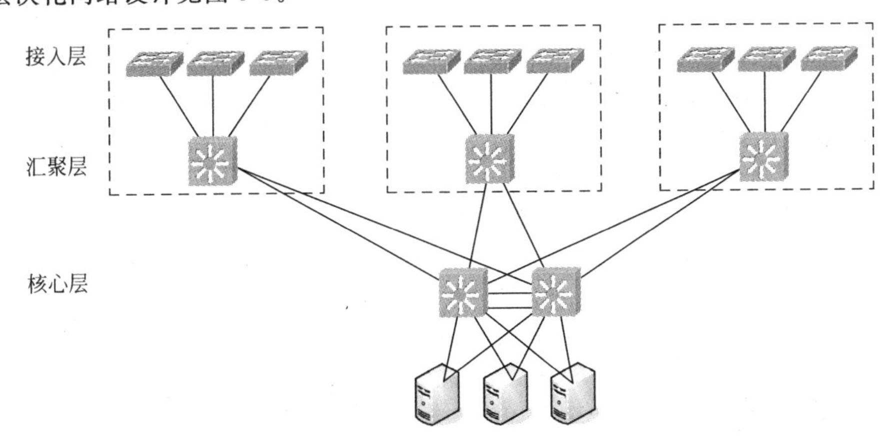

图9-5 层次化网络设计

“核心层—汇聚层—访问层”层次化网络设计模型有如下优点：

(1) 高可扩展性——遵循层次化模型网络比扁平式网络更具有伸缩性和可管理性，因为各功能网络通过模块化实现，潜在问题更易于识别。

(2) 易于实施——每一层的功能性清晰划分，简化每一层的实现。

(3) 易于故障排除——每一层的功能经过良好定义，网络更为简单，有助于故障的隔离。模块化设计也有效地限制了故障影响范围。

（4）易于规划和管理——层次化的功能划分，使得整个网络规划和管理更为简单。

IP 地址规划原则有以下几点：

（1）简单性。地址的分配应该简单，避免在主干上采用复杂的掩码方式。

（2）连续性。为同一个网络区域分配连续的网络地址，便于采用路由收敛(summarization)及 CIDR(classless inter-domain routing)技术缩减路由表的表项，提高路由器的处理效率。

（3）可扩充性。为一个网络区域分配的网络地址应该具有一定的容量，便于主机数量增加时仍然能够保持地址的连续性。

（4）灵活性。地址分配不应该基于某个网络路由策略的优化方案，应该便于多数路由策略在该地址分配方案上实现优化。

（5）可管理性。地址分配应该有层次，某个局部的变动不要影响上层、全局。

5. 网络拓扑结构

网络的拓扑结构如图 9-6 所示。

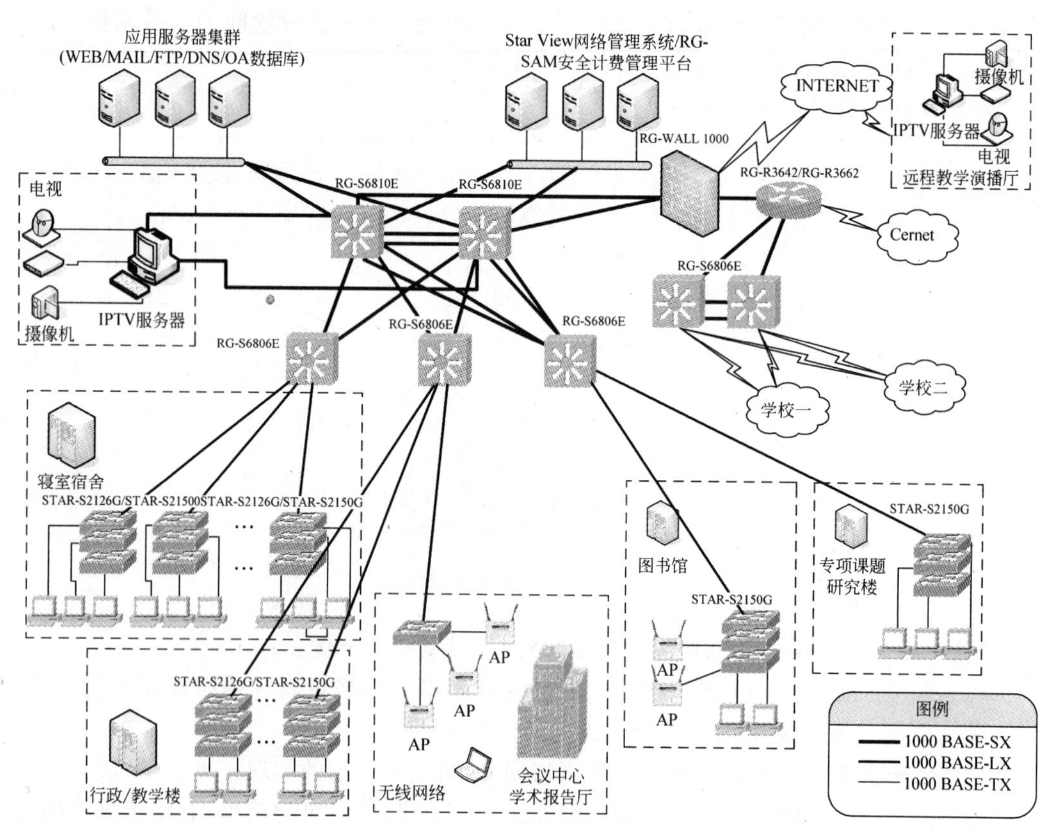

图 9-6　网络的拓扑结构

9.3.5 方案的特点

本网络组建方案的特点有以下几点。

1. 高安全

(1) 安全认证到桌面。采用 IEEE 802.1X、PPPoE 或 Web/Portal 认证技术,可以确保用户入网时身份唯一,并且避免了 IP 冲突。

(2) 管理分级授权。不同职能的管理者使用同一套系统时可以使用不同的操作界面,并被分配不同的权限,避免了管理的安全隐患。

(3) 控制网络病毒。统一对接入层交换机作动态下发安全策略,轻松、有效地控制网络病毒,使网络保持畅通。

(4) 抵御网络攻击。结合网络攻击的检测系统,能够抵御日益增多的内部网络攻击,并且自动对用户做出相应的控制动作,保证网络安全。

2. 可运营

(1) 适应校园的运营模式。结合校园的实际运营,在原有电信策略的基础上,开发出最适合校园的运营模式。

(2) 丰富的运营管理功能。保证管理者可以随时获得运营所需要的记录以及统计信息,从而给运营提供足够的数据支撑。

(3) 完善的自助服务系统。能够让用户方便地对自身账户的信息以及账务情况自助查询,并对部分信息做操作,极大地减轻了管理者的运营负担。

3. 易管理

全网设备统一管理。全网拓扑设计以及对事件、性能、日志的统一管理,可以方便地对全网设备统一管理。

4. 高性能

整网采用“万兆核心、千兆主线、百兆到桌面”的设计理念。高吞吐量,线速转发的核心路由器和三层交换机,所有关键器件的冗余,包括主控板、交换网板、电源等,支持板件的热插拔技术,保证了网络的高效运转。

本章小结

大多数 PC 机都是通过局域网连接到 Internet 的,也就是说,我们的计算机通常是处在一个局域网中。本章通过介绍局域网的组网实例,介绍了在家庭、企业和学校等环境中的联网技术和组网方案设计方法。

对于较大的企业网和校园网来说,需要进行需求分析和拓扑结构的设计,并为未来网

络扩展留有一定的余地。作为设计人员和网络管理者,必须理解基本的设计原则。

习题

1. 网络建设需求分析的要点是什么?
2. 简述网络系统方案设计的要点。
3. 上网查阅路由器和交换机的性能参数,选择适合于50台计算机和200台计算机的网吧设备。
4. 观察学校机房、图书馆、教学楼、宿舍和办公楼,分析这些地方分别作为一个独立子网时,各有什么特点,各自应该选择什么方案。

参 考 文 献

[1] 谢希仁. 计算机网络[M]. 北京：人民邮电出版社，2003.

[2] 上海教育委员会组. 计算机应用基础[M]. 华东师范大学出版社，2006.

[3] 赵喆等. 计算机网络实用技术[M]. 北京：中国铁道出版社，2008.

[4] 张连永，韩红梅，刘永强等. 计算机网络技术与应用教程[M]. 北京：清华大学出版社，2010.

[5] 满昌勇，崔学鹏，徐明. 计算机网络基础[M]. 北京：清华大学出版社，2010.

[6] 蔡开裕，朱培栋，赵文正等. 计算机网络 [M]. 北京：机械工业出版社，2008.

[7] Stevens W R. TCP/IP 详解：卷 1：协议[M]. 北京：机械工业出版社，2006.

[8] 吴功宜. 计算机网络教程[M]. 北京：清华大学出版社，2007.

[9] 徐征祥，曹忠民. 大学计算机网络公共基础教程[M]. 北京：清华大学出版，2006.

[10] 康辉，魏达等. 计算机网络公共基础教程[M]. 北京：清华大学出版社，2005.

[11] 孙践知. 计算机网络应用技术教程[M]. 北京：清华大学出版社，2005.

[12] Tanenbaum A S. Computer Networks[M]. Prentice Hall，2003.

[13] Allan R，Lorenz J. 思科网络技术学院教程 CCNA Discovery：在中小企业或 ISP 工作[M]. 北京：人民邮电出版社，2009.

[14] http://book. 51cto. com/art/200706/49314. htm.

[15] http://book. 51cot. com/art/200706/49300. htm.

[16] http://www. scutde. net/t3courses/0326-eemlbkkhoh/chapter1/Class1/1_3_3_sup. htm.

[17] http://baike. baidu. com/view/547338. htm? fr=ala0_1_1.

[18] http://www. docin. com/p-8001624. html.

[19] http://www. docin. com/p-101561798. html.

[20] http://www. docin. com/p-46745151. html.

[21] http://www. docin. com/p-42014822. html.